Stichproben

Horst Stenger

Stichproben

Mit 16 Abbildungen

Physica-Verlag Heidelberg Wien

Professor Dr. Horst Stenger
Seminar für Statistik
Universität Mannheim
A 5
6800 Mannheim, FRG

ISBN-13: 978-3-7908-0319-8   e-ISBN-13: 978-3-642-61651-8
DOI: 10.1007/978-3-642-61651-8

CIP-Kurztitelaufnahme der Deutschen Bibliothek
Stenger, Horst:
Stichproben / Horst Stenger. –
Heidelberg; Wien: Physica-Verlag, 1986.
(Physica-Paperback)
ISBN-13: 978-3-7908-0319-8

Druck: Kiliandruck Grünstadt
Bindearbeiten: J. Schäffer OHG, Grünstadt
7120/7130 – 543210

Vorwort

Totalerhebungen sind vielfach zu teuer und beanspruchen zu viel Zeit. Stichprobenerhebungen - vor allem zufällige - haben daher eine außerordentliche Verbreitung gefunden. Wir wollen gebräuchliche Vorgehensweisen beschreiben und motivieren, wollen aber auch ihre wahrscheinlichkeitstheoretischen Eigenschaften erörtern. Darüber hinaus sollen wichtige Stichprobenverfahren in die induktive Statistik eingeordnet und entscheidungstheoretisch fundiert werden.

Leser, die nicht über ausreichende Grundkenntnisse der Wahrscheinlichkeitsrechnung verfügen, sollten den Anhang A intensiv durcharbeiten. Die im Anhang B dargestellten Approximationen für Erwartungswerte und Varianzen sowie für Verteilungsfunktionen ermöglichen unter anderem die Konstruktion von Konfidenzintervallen; wer vor allem einen Eindruck davon zu gewinnen sucht, wie unterschiedlich Auswahl- und Schätzverfahren gestaltet werden können, braucht diese Approximationen nicht im einzelnen nachzuvollziehen.

Kapitel 1 und 2 haben einleitenden Charakter; zu beachten ist aber, daß bereits einige wichtige Begriffe und ein Teil der durchgehend verwendeten Symbolik eingeführt werden. Die Beziehungen zwischen den übrigen Kapiteln lassen sich anhand des folgenden Schemas erklären:

3 Teilerhe-
bungen

    4 Differenz- und
    Verhältnis-
    schätzung

    5 Variierende
    Auswahlwahr-
    scheinlichkeiten

    6 Schichtung

        7 2-stufige
        Verfahren

        8 2-phasige
        Verfahren

            11 Antwortfehler

        9 POISSON-
        Auswahl

        10 Inklusions-
        wahrschein-
        lichkeiten

        13 Superpo-
        pulationsmo-
        delle

        14 Minimax-
        strategien

    12 Zufallsver-
    schlüsselung

In derselben Spalte stehende Kapitel können in beliebiger Reihenfolge gelesen werden mit Ausnahme einiger Abschnitte, die mit * versehen sind. Andererseits ist es zweckmäßig, vor der Lektüre eines interessierenden Kapitels diejenigen Kapitel zu lesen, die links oberhalb vermerkt sind. Wer sich beispielsweise über 2-phasige Verfahren oder über Inklusionswahrscheinlichkeiten informieren will, sollte vorher die Kapitel 3, 4, 5 und 6 lesen.

Die vorliegende Einführung in die Theorie und die praktische Anwendung von Stichprobenverfahren unterscheidet sich grundlegend von einer früheren Darstellung (STENGER (1971)). Durch konsequente Verwendung bedingter Momentbildung, insbesondere aber durch Einbeziehung des Auswählens ohne Zurücklegen in alle asymptotischen Betrachtungen und damit in die Konstruktion von Konfidenzintervallen, hat sich die wahrscheinlichkeitstheoretische Argumentation geändert. Antwortfehlern und -ausfällen, sowie Möglichkeiten ihrer Vermeidung bzw. ihrer Berücksichtigung in der Analyse ist mehr Aufmerksamkeit gewidmet. Außerdem sind einige entscheidungstheoretische Überlegungen aufgenommen; wer sich primär hierfür interessiert, sollte die Abschnitte 6.6, 9.5, 10.3 sowie die Kapitel 13 und 14 lesen.

Die Aufgaben am Ende eines Kapitels sollen dem Leser die Möglichkeit geben, sein Verständnis zu überprüfen; die Zahlen sind dabei so gewählt, daß der Leser alle Rechnungen leicht nachvollziehen kann. Einige Aufgaben enthalten wichtige Ergänzungen; sie sind durch einen inhaltlichen Zusatz im Anschluß an die Aufgabennummer gekennzeichnet.

Für die Zusammenstellung der Aufgaben und für die Ausarbeitung ihrer Lösungen bedanke ich mich bei meinen Mitarbeitern Dr. S. Gabler, Dr. J.-D. Steinmetz und Dipl.-Math. C. Wolff. Ihnen danke ich gleichzeitig für Anregungen im Anschluß an frühere Fassungen des Manuskripts und auch für die Mühe, die sie auf das Korrekturlesen verwandt haben. Meiner Sekretärin B. Tietz habe ich für Geduld und Sorgfalt beim Schreiben des Manuskripts und vor allem für die Anfertigung des vollständigen Composersatzes zu danken.

Mannheim, Februar 1986   **HORST STENGER**

Inhalt

XI

Anhang

1 Einführung

1.1 Schlüsse von einer Teilmenge auf ihr Komplement

Wer eine Teilerhebung durchführt, sammelt Informationen für ausgewählte Elemente einer Gesamtheit - mit dem Ziel, eine Vorstellung auch über die nicht in die Auswahl gelangten Elemente zu gewinnen.

Wir wollen ein Beispiel aus dem Bereich der Qualitätskontrolle betrachten und nehmen an, man lege uns Werkstücke vor, die der Tagesproduktion einer Maschine entstammen. Von diesen vorgelegten Werkstücken seien 10% defekt; was kann dann über die nicht ausgewählten Werkstücke - und insofern auch über die gesamte Tagesproduktion - ausgesagt werden?

Eventuell sind die Werkstücke durch einen Experten ausgewählt worden, der sich bemüht hat, möglichst intakte Stücke vorzulegen - aus welchen Gründen auch immer; dann wäre zu folgern, daß der Ausschußsatz der Tagesproduktion weit über 10% liegt. Andererseits könnten aber auch diejenigen Werkstücke ausgewählt worden sein, bei denen aufgrund eines äußeren Merkmals der Verdacht entstanden ist, es liege ein Produktionsfehler vor; in diesem Fall würde man annehmen, der Ausschußsatz sei deutlich niedriger als 10%.

Welche Aussagen sich von den Beobachtungen an ausgewählten Einheiten herleiten lassen, hängt also wesentlich von der Art des Auswählens ab. Wir wollen zwei Möglichkeiten näher betrachten.

(a) Die Werkstücke sind zufällig ausgewählt worden. Wir denken etwa daran, daß sich jemand die Werkstücke (in beliebiger Reihenfolge) vorgenommen, jeweils einen Würfel ausgespielt und das entsprechende Werkstück (zur weiteren Prüfung) ausgewählt hat, falls beim Würfeln die Augenzahl 6 aufgetreten ist.

(b) Die Werkstücke sind alleine unter Berücksichtigung der Produktionsreihenfolge ausgewählt worden. Vielleicht hat man die an 10-ter, 20-ter, 30-ter ... Stelle gefertigten Werkstücke herausgegriffen; oder man hat die zuletzt hergestellten Werkstücke ausgewählt.

Wenn der Tagesproduktion eine Teilmenge gemäß (a) entnommen wurde, spricht nichts für die Annahme, im Komplement sei der Ausschußsatz höher als 10%, und es spricht auch nichts für die Annahme, er sei niedriger: Das eine ist so gut möglich wie das andere, so daß es naheliegt, davon auszugehen, der Ausschußanteil des Komplements stimme mit dem der ausgewählten Teilmenge überein. Man wird also den sog. Stichprobenanteil - in unserem Beispiel 10% - als Schätzung für den Ausschußanteil der Tagesproduktion verwenden.

Wenn - wie in (b) beschrieben - die Reihenfolge, in der die Werkstücke produziert wurden, für die Auswahl der zu untersuchenden Teilmenge maßgebend ist, läßt sich die obige Überlegung nicht übertragen. Möglicherweise weiß man aber, daß keine Durchführung des Produktionsprozesses gegenüber einer anderen ausgezeichnet ist - bei der einen Durchführung also ebenso gut ein Defekt vorkommen kann wie bei jeder anderen. Dann wird man den Stichprobenanteil wiederum als Schätzung für den Anteil in der Tagesproduktion verwenden.

Im Falle (a) begründen wir unsere Folgerung aus dem sog. Stichprobenbefund mit den wahrscheinlichkeitstheoretischen Eigenschaften des Auswahlvorgangs. Demgegenüber berufen wir uns im Falle (b) auf die wahrscheinlichkeitstheoretischen Eigenschaften des Produktionsprozesses.

1.2 Erhebung ökonomischer und sozialer Tatbestände auf Stichprobenbasis

Wir werden uns nur am Rande mit Fragestellungen der statistischen Qualitätskontrolle beschäftigen. Vor allem interessieren uns Teilerhebungen im ökonomisch-sozialen Bereich. Auch hier verfügt man vielfach über A-priori-Vorstellungen, die stochastische Eigenschaften des Entstehungsprozesses der Merkmalsausprägungen für interessierende Personen oder Objekte betreffen. Die A-priori-Vorstellungen sind aber selten so gut abgesichert, daß sie - entsprechend (b) in Abschnitt 1.1 - als Grundlage für Schlüsse von der Teilmenge auf die Gesamtheit in Frage kommen (vgl. Kapitel 13); ganz überwiegend muß man sich auf die wahrscheinlichkeitstheoretischen Eigenschaften des Auswahlvorgangs stützen, um in jedem Falle Verzerrungen zu vermeiden. Natürlich wird man den Auswahlvorgang - und die darauf basierende Methode des Folgerns, d.h. das Schätzen - so anlegen, daß bei Zutreffen der A-priori-Vorstellungen mit hoher Wahrscheinlichkeit nur geringe Schätzfehler auftreten.

Bei Erhebungen ökonomischer und sozialer Tatbestände ist typischerweise aus Gesamtheiten auszuwählen, die vielfältig gegliedert sind, insbesondere regional. Man denke an die Bevölkerung eines Landes mit ihrer Gliederung in Regierungsbezirke, Kreise und Gemeinden, wobei die Zuordnung über den Geburtsort, die Wohnung (genauer: Erstwohnsitz), die Arbeitsstelle etc. erfolgen kann. Das Auswahlverfahren ist unter Kostengesichtspunkten auf eine dieser Gliederungen abzustimmen.

Die Anpassung von Auswahl- und Schätzverfahren an die jeweilige A-priori-Vorstellung und an die Kostenstruktur ist das Hauptthema der Kapitel 4 bis 8; hierbei werden aus der Sicht des Praktikers naheliegende und traditionelle (heuristische) Argumente erörtert. Das grundsätzliche Problem wird in den Kapiteln 13 und 14 behandelt.

In der Regel erhält man bei den hier interessierenden Erhebungen nicht für alle in die Auswahl gelangenden Einheiten die gewünschten Informationen. Antwortausfälle ergeben sich, weil zu befragende Personen

- nicht erreicht werden (eventuell trotz mehrfachen Aufsuchens durch Interviewer bzw. trotz mehrfachen Anschreibens)
- den Zeitaufwand für ein Interview bzw. für das Ausfüllen eines Fragebogens scheuen
- sich durch ihre Auskünfte zu kompromittieren fürchten, sei es dem Interviewer gegenüber, sei es Behörden gegenüber, denen die Daten zugänglich gemacht werden (könnten).

Schlimmer noch ist, daß gegebene Auskünfte nicht unbedingt zutreffen. Man hat mit Antwortfehlern zu rechnen, die

- auf Mißverständnissen beruhen bzw.
- auf der Befürchtung, eine korrekte Antwort könne Nachteile (etwa finanzieller Art) zur Folge haben, oder sie könne kompromittieren.

In Kapitel 12 befassen wir uns mit der sog. Zufallsverschlüsselung von Antworten, einer Technik, mit deren Hilfe man Antwortverweigerung und

Antwortfehler zu vermeiden sucht. In Kapitel 11 überlegen wir, wie unvermeidlichen Antwortfehlern im Rahmen eines Stichprobenverfahrens Rechnung zu tragen ist; entsprechend gehen wir in Abschnitt 10.4 auf die Frage ein, wie das Schätzverfahren im Hinblick auf Antwortausfälle modifiziert werden kann. In diesem Zusammenhang sei auch auf 6.8 Aufgabe 10 hingewiesen.

1.3   Anwendungsbeispiele

Um einen ersten Eindruck davon zu vermitteln, wie unterschiedlich die Fragen sind, für deren Beantwortung heute zufällige Auswahlverfahren eingesetzt werden, skizzieren wir im folgenden drei Beispiele: den Mikrozensus (vgl. STATISTISCHES BUNDESAMT (1975)), die Erstellung von Mietenspiegeln (vgl. STADT MANNHEIM (1978), HÜTTEBRÄUKER (1980)) und die Inventur auf Stichprobenbasis (vgl. UNGERER (1980)). Leser, die sich ausführlicher über Anwendungsmöglichkeiten informieren wollen, seien etwa auf STATISTISCHES BUNDESAMT (1960), KRUG/ NOURNEY (1982) und KIRSCHNER (1983), sowie die dort genannten Quellen verwiesen.

1.3.1   Mikrozensus

Seit 1957 wird in der Bundesrepublik Deutschland der sogenannte Mikrozensus durchgeführt - eine Erhebung, bei der für 1% aller Haushalte Merkmale erfaßt werden, die die wirtschaftliche und soziale Situation von Haushalten und Einzelpersonen charakterisieren. Insbesondere werden Fragen nach der Erwerbstätigkeit, nach der Aus- und Weiterbildung, nach Urlaubs- und Erholungsreisen, nach der Mietbelastung, bei Ausländern nach den Sprachkenntnissen und der Aufenthaltsdauer in Deutschland, bei Pendlern nach den benützten Verkehrsmitteln und der Länge und Dauer des Weges zur Arbeitsstätte gestellt. Während anfangs jährlich mehrere Befragungen stattfanden, wird seit 1975 nur noch eine Befragung pro Jahr durchgeführt; einige Merkmale werden nur jedes zweite Jahr erhoben.

Seit 1962 werden die Erhebungen in räumlich abgegrenzten Interviewbezirken durchgeführt. Ursprünglich waren dies Zählbezirke der Volks- und Berufszählung 1961. Aufgrund der Daten der Volks- und Berufszählung

1970 wurden kleinere Bezirke gebildet, sogenannte Segmente, deren Größe - gemessen durch die Zahl der ansässigen Haushalte - weit weniger schwankt.

In jedem Bundesland gliederte man die Gemeinden mit mindestens 5000 Einwohnern in 6 Größenklassen. Dann betrachtete man die Straßen aller Gemeinden einer Größenklasse und unterschied 3 Typen: Straßen mit weniger als 14 Haushalten, Straßen mit mindestens 14 Haushalten und überwiegend 1- und 2-Familienhäusern, Straßen mit mindestens 14 Haushalten und überwiegend Mehrfamilienhäusern.

Für jeden Straßentyp in jedem Bundesland verfuhr man dann wie folgt:
Man ordnete die Straßen nach Gemeinden, Kreisen und Regierungsbezirken an und unterteilte sie in Segmente. Die Segmente der unteren Gemeindegrößenklassen umfassen je etwa 20 Haushalte, die der oberen Gemeindegrößenklassen je etwa 30 Haushalte.
Straßen mit weniger als 14 Haushalten bestehen aus einem Segment. Man numerierte die Segmente und faßte die Segmente 1, 2 ,...,100 , die Segmente 101 , 102 , ... , 200, ... je zu einer Zone zusammen. Die Segmenteinteilung der Haushalte in Gemeinden mit weniger als 5000 Einwohnern war schwieriger, da nicht in allen Fällen eine zuverlässige Zuordnung der Haushalte zu Straßen gegeben war. Im übrigen wurden große Anstalten (mit mindestens 50 Personen), Großgebäude mit mindestens 25 Haushalten und Neubaugebiete gesondert behandelt.

Aufgrund der in großen Zügen beschriebenen Verzeichnisse der zu Zonen zusammengefaßten Segmente ist eine Auswahl einfach durchzuführen:
Man greift aus jeder Zone ein Segment zufällig heraus.

1.3.2 Mietenspiegel

Nach geltendem Mietrecht ist eine Kündigung zum Zwecke der Mieterhöhung ausgeschlossen. Ein Vermieter, der die Miete für eine Wohnung erhöhen will, hat darzulegen, daß für vergleichbare Wohnungen entsprechend hohe Mieten üblich sind. Um den Mietparteien und gegebenenfalls Gerichten Entscheidungshilfen an die Hand zu geben, hat man in größeren Städten Mietenspiegel erstellt, denen ortsübliche Vergleichsmieten, d.h. durchschnittliche Mieten für Wohnungen - nach Größe, Alter, Lage und Ausstattung gegliedert - zu entnehmen sind.

Bei der Erstellung eines Mietenspiegels alle relevanten Wohnungen einzubeziehen - alle Wohnungen also, die vermietet und nicht mietpreisgebunden sind - ist völlig unmöglich. Man hat einige Wohnungen auszuwählen, Informationen für diese Wohnungen zu sammeln und dann in geeigneter Weise auf die tatsächlichen Durchschnittswerte zu schließen.

Zusätzliche Schwierigkeiten entstehen dadurch, daß kein Verzeichnis der relevanten Wohnungen vorliegt, ja nicht einmal ein Verzeichnis aller Wohnungen gegeben ist. Meist fehlt sogar ein Gebäudeverzeichnis, das auf dem neuesten Stand wäre. Von welchen Unterlagen soll man also bei der Auswahl von Wohnungen ausgehen? Wir wollen zwei Beispiele betrachten, die wir allerdings stark vereinfacht beschreiben müssen.

Zur Erstellung des Mannheimer Mietenspiegels von 1977 ging man von der Einwohnermeldedatei aus, mit deren Hilfe man eine Datei der Haushaltsvorstände erzeugte. Annähernd 4000 Haushaltsvorstände wurden zufällig ausgewählt und aufgesucht. Die Befragung konnte sofort abgebrochen werden, wenn sich herausstellte, daß die Wohnung des Haushalts mietpreisgebunden oder eigengenutzt war.
Um die Wege der Interviewer kurz zu halten, führte man das beschriebene Verfahren nicht für die Stadt als Ganzes, sondern für zufällig ausgewählte Stimmbezirke durch. Insgesamt wurden rund 2000 relevante Wohnungen erfaßt.

In Hamburg wollte man 1979 bei der Erstellung eines Mietenspiegels von der Stromzählerdatei der zuständigen Elektrizitätswerke ausgehen. Aus Datenschutzgründen wurde aber lediglich eine auf Gebäude verdichtete Datei zur Verfügung gestellt, praktisch also eine Liste der Gebäude, in der jeweils die Zahl der Stromzähler eines Gebäudes vermerkt war. Jeder Stromzähler war mit einer Wohnung zu identifizieren.

Unter Zuhilfenahme mehrerer anderer Dateien eliminierte man weitgehend Wohnungen, die im Sinne des Mietenspiegels nicht relevant waren. Dann wählte man Gebäude aus und griff aus der Gesamtheit der zugeordneten Wohnungen einige heraus. Das beschriebene "zweistufige" Vorgehen

war im einzelnen so eingerichtet, daß es für die Wohnungen jeder Altersklasse auf eine uneingeschränkt zufällige Auswahl hinauslief. Insgesamt
wurden etwa 23 000 Wohnungen ausgewählt.

1.3.3 Inventur

Ein mengen- und wertmäßiges Verzeichnis aller Vermögensgegenstände
eines Unternehmens wird Inventarverzeichnis genannt. Eine Stichtagsin-
ventur durchzuführen, d.h. ein solches Verzeichnis zum Bilanzstichtag an-
zufertigen, ist mit außerordentlichem Aufwand verbunden. Aus diesem
Grund hat der Gesetzgeber bereits 1965 Ersatzverfahren wie die vor- oder
nachverlegte Inventur und die permanente Inventur zugelassen. Für ein
anderes Ersatzverfahren, die Inventur auf Stichprobenbasis, fehlte lange eine rechtliche Grundlage. Die Verwendung von Stichprobenmethoden be-
durfte stets der ausdrücklichen Zustimmung des zuständigen Finanzamtes,
bis am 1.1.1977 in § 39 Absatz 2a HGB festgelegt wurde: "Bei der Aufstel-
lung des Inventars darf der Bestand der Vermögensgegenstände nach Art,
Menge und Wert auch mit Hilfe anerkannter mathematisch-statistischer
Methoden auf Grund von Stichproben ermittelt werden..."

Wie eine Inventur auf Stichprobenbasis zweckmäßigerweise angelegt wird,
hängt von den Informationen ab, die man im vorhinein besitzt. In jedem
Fall wird man einzelne Gegenstände, die in Art und Preis ähnlich sind, zu
sogenannten Positionen zusammenfassen. Für jede Position berechnet man
- etwa von Ergebnissen einer früheren körperlichen Vollaufnahme oder von
einer Lagerkartei ausgehend - einen vorläufigen Positionswert. Positionen
mit sehr hohen vorläufigen Werten erfaßt man dann total, d.h. ihre tatsächlichen Werte werden exakt ermittelt. Bei Positionen mit niedrigen vorläufigen Werten begnügt man sich mit einer stichprobenweisen Korrektur der
vorläufigen Werte.

Bei einer Stichprobeninventur müssen viel weniger Positionen körperlich
aufgenommen werden als bei einer Inventur herkömmlicher Art, so daß
sich eine erhebliche Ersparnis an Aufnahmearbeit ergibt. Man benötigt
also weniger Personal und kann die Inventur schneller abwickeln, wodurch
längere Produktionsunterbrechungen vermieden werden.

2 Deskriptive Methoden

2.1 Erhebungs- und Untersuchungseinheiten

Statistische Erhebungen haben datenorientierte Aussagen über sogenannte *Untersuchungseinheiten* zum Ziel. Diejenigen Einheiten, über die man sich Zugang zu den benötigten Daten verschafft, heißen *Erhebungseinheiten*.

Während die Untersuchungseinheiten durch die zugrundeliegende Fragestellung festgelegt sind, hat man bei der Wahl der Erhebungseinheiten vielfach einen breiten Spielraum. Nehmen wir etwa an, die (bewohnten) Einfamilienhäuser einer Region seien als Untersuchungseinheiten vorgegeben. Als Erhebungseinheiten kommen dann die Eigentümer in Frage, vorausgesetzt, man verfügt über ein Verzeichnis (eine Liste oder eine Kartei aller Eigentümer), das Telefonnummern oder Adressen enthält, so daß man anrufen, anschreiben bzw. aufsuchen kann. Man kann aber auch die in Einfamilienhäusern wohnenden Haushalte bzw. die jeweiligen Haushaltsvorstände als Erhebungseinheiten behandeln, wenn entsprechende Vorkenntnisse über die Einfamilienhäuser bzw. die darin wohnenden Haushalte vorliegen. In beiden Fällen erhält man Auskünfte über alle Untersuchungseinheiten.

Die Anzahl der herangezogenen Erhebungseinheiten bezeichnen wir stets mit N Durch eine Liste, eine Kartei oder dergleichen sind diese Erhebungseinheiten geordnet. Wir verwenden g_i als Symbol für diejenige Erhebungseinheit, die an i-ter Stelle steht, und nennen

$$g = \{g_1, g_2, \ldots g_N\}$$

Erhebungsgesamtheit. (Wo keine Mißverständnisse zu befürchten sind, werden wir an Stelle von g_i einfacher i schreiben.) Untersuchungs- und Erhebungseinheiten können einander eindeutig zugeordnet sein; vielfach liegen jedoch weniger einfache Beziehungen vor. Wir veranschaulichen uns diese Beziehungen in Diagrammen, in denen die Untersuchungseinheiten, die Erhebungseinheiten und Pfeile von Erhebungs- zu Untersuchungseinheiten dargestellt sind; die von einer Erhebungseinheit g_i ausgehenden Pfeile führen zu den Untersuchungseinheiten, über die man durch g_i Auskunft erhält. Beispielsweise kann die in Abbildung 1 skizzierte Situation vorliegen.

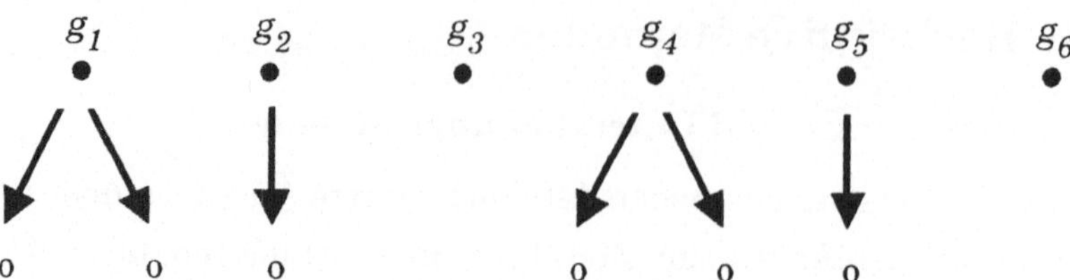

Abb. 1: Erhebungseinheiten $g_1, \dots g_6$ und (durch Pfeile) zugeordnete Untersuchungseinheiten

Man denke etwa daran, daß g_1, g_2, ... Hausbesitzer sind und Einfamilienhäuser interessieren; g_2 und g_5 besitzen dann je 1 Einfamilienhaus, g_1 und g_4 besitzen je 2 Einfamilienhäuser, während g_3 und g_6 nur Mehrfamilienhäuser besitzen.

Wir betrachten ein weiteres Beispiel. Man interessiert sich für die PKW-Fahrer, die im abgelaufenen Jahr an schweren Verkehrsunfällen eines Kreises beteiligt waren. Wie soll man an diese Untersuchungseinheiten herankommen?

Wir dürfen unterstellen, daß alle schweren Verkehrsunfälle von der Polizei aufgenommen wurden und daß die entsprechenden Akten zentral gesammelt vorliegen. Es liegt also nahe, Akte für Akte herzunehmen und die darin verzeichneten Angaben über die beteiligten PKW-Fahrer zu notieren, bzw. die in den Akten vermerkten Anschriften zu benützen, um notwendige Befragungen durchzuführen. Bei einem derartigen Vorgehen sind die einzelnen Unfälle bzw. die entsprechenden Akten Erhebungseinheiten. Zwischen Untersuchungs- und Erhebungseinheiten könnten etwa die in Abbildung 2 illustrierten Beziehungen vorliegen.

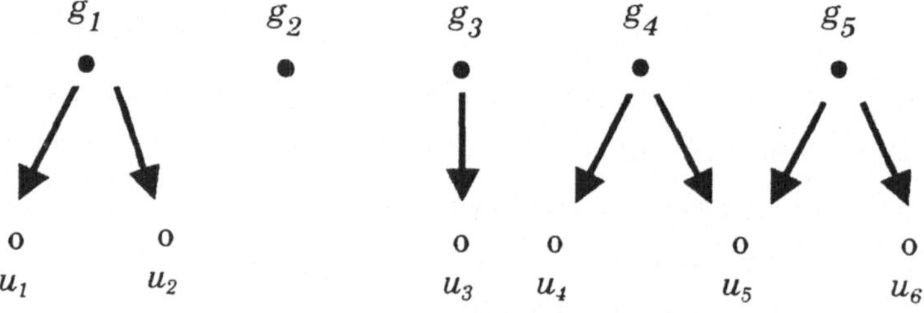

Abb. 2: Unfälle g_1, g_2, ... g_5 und an (schweren Unfällen) beteiligte PKW-Fahrer u_1, u_2, ... u_6

An den Unfällen g_1, g_4 und g_5 waren demnach je 2 PKW-Fahrer beteiligt, insgesamt jedoch nur 5, weil der PKW-Fahrer u_5 sowohl an g_4 als auch an g_5 beteiligt war. Nur einen PKW-Fahrer gab es bei Unfall g_3, während dem

Unfall g_2 keine Untersuchungseinheit zugeordnet ist: Vielleicht war kein PKW-Fahrer beteiligt, oder es handelt sich um einen leichten Unfall.

2.2   Summen, Mittelwerte und Anteilswerte

Durch ein Merkmal Y ist jeder Untersuchungseinheit eine Ausprägung zugeordnet. Wir unterstellen, daß diese Ausprägungen reelle Zahlen sind, für deren Summe man sich interessiert. Welche Informationen benötigt man für die einzelnen Erhebungseinheiten, um diese Summen berechnen zu können?

Nehmen wir zunächst an, jede Untersuchungseinheit sei genau einer Erhebungseinheit zugeordnet, d.h. daß zu jeder Untersuchungseinheit genau ein Pfeil führt (vgl. Abb.1 in Abschnitt 2.1). Dann genügt es offenbar, für jede Erhebungseinheit die Summe der Ausprägungen aller zugeordneten Untersuchungseinheiten zu kennen. Wenn wir diese Summen mit $y_1, y_2, \ldots y_N$ bezeichnen, ist

$$y = y_1 + y_2 + \ldots + y_N = \sum_1^N y_i \tag{1}$$

die gesuchte Zahl.

Was wird man tun, wenn einige Untersuchungseinheiten mehreren Erhebungseinheiten zugeordnet sind, wenn es also Untersuchungseinheiten gibt, zu denen mehrere Pfeile führen (vgl. Abb. 2 in Abschnitt 2.1)? Wir stellen uns vor, daß man die Ausprägungen des interessierenden Merkmals für eine Untersuchungseinheit zu gleichen Teilen den Erhebungseinheiten zuweist, von denen Pfeile zur betrachteten Untersuchungseinheit führen. Dadurch wird die Summe aller Ausprägungen auf die Erhebungseinheiten verteilt. Wenn y_i die Summe ist, die auf g_i entfällt, erhält man die gesuchte Summe y nach Formel (1). Demnach hat man für jede Erhebungseinheit g_i zu ermitteln

- welche Ausprägungen ihre Untersuchungseinheiten besitzen
- wieviele Pfeile jeweils zu ihren Untersuchungseinheiten führen.

Wenn die Ausprägungen für die Untersuchungseinheiten von g_i

$$n_{i1}, n_{i2}, \ldots$$

lauten und jeweils

$$v_{i1}, v_{i2}, \ldots$$

Pfeile zu diesen Untersuchungseinheiten führen, hat man

$$y_i = \frac{n_{i1}}{v_{i1}} + \frac{n_{i2}}{v_{i2}} + \dots$$

zu berechnen und erhält y gemäß (1).

Unter Umständen wird nach der Anzahl vorhandener Untersuchungseinheiten gefragt. Dies kann als Frage nach einer Merkmalssumme interpretiert werden. Wenn Y jeder Untersuchungseinheit die Ausprägung 1 zuordnet, gibt nämlich y_i an, wieviele Untersuchungseinheiten auf g_i entfallen, und $y = \Sigma\, y_i$ ist die gesuchte Anzahl.

Vielfach interessiert man sich für eine Verhältniszahl, d.h. für den Quotienten zweier Merkmalssummen.

Bezeichnen wir die interessierenden Merkmale mit Y und Z, die Werte, die sie den Erhebungseinheiten in der vorangehend beschriebenen Weise zuordnen, mit $y_1, y_2, \dots y_N$ bzw. $z_1, z_2, \dots z_N$, so ist

$$\frac{y}{z} = \frac{\Sigma\, y_i}{\Sigma\, z_i}$$

der interessierende Quotient. Wenn z_i speziell die Zahl der Untersuchungseinheiten bezeichnet, die auf g_i entfallen, ist y/z das arithmetische Mittel aller Ausprägungen für die Untersuchungseinheiten, der Wert also, der bei gleichmäßiger Aufteilung der Merkmalssumme auf jede Untersuchungseinheit entfallen würde.

Häufig gilt $z_1 = z_2 = \dots = z_N = 1$. Der Quotient y/z ist dann identisch mit dem arithmetischen Mittel

$$\bar{y} = \frac{\Sigma\, y_i}{N}$$

der Werte $y_1, y_2, \dots y_N$. Ganz allgemein ist y/z gleich $\bar{y}/\bar{z}$ (wenn $\bar{z} = \Sigma\, z_i /N$ gesetzt wird).

Jetzt wollen wir annehmen, es interessiere der Anteil der Untersuchungseinheiten, die eine bestimmte Eigenschaft besitzen. Man definiert dann zweckmäßigerweise ein Merkmal Y dadurch, daß man jeder Untersuchungseinheit die Zahl 1 oder 0 zuordnet, je nachdem, ob sie die fragliche

Eigenschaft besitzt oder nicht. Dann verfährt man wie oben beschrieben. Der gesuchte Anteil lautet $\bar{y}/\bar{z}$ und im Falle $z_1 = z_2 = ... = z_N = 1$ speziell $\bar{y}$.

2.3   Varianzen und Kovarianzen

Neben Mittelwerten und Merkmalssummen interessiert vielfach die *Varianz*

$$\sigma_{yy} = \frac{1}{N} \sum (y_i - \bar{y})^2$$

des Merkmals, das den Erhebungseinheiten $g_1, g_2, ... g_N$ die Werte $y_1, y_2, ...$ y_N zuordnet. Sie ist nichtnegativ und genau dann 0, wenn gilt $y_1 = y_2 = ... =$ y_N $(= \bar{y})$. Man verwendet σ_{yy} zur Kennzeichnung der Unterschiedlichkeit der Werte $y_1, y_2, ... y_N$; man sagt in diesem Sinne auch, σ_{yy} sei ein Maß für die Streuung der Werte $y_1, y_2, ... y_N$.

$$\sigma_y = \sqrt{\sigma_{yy}}$$

heißt *Standardabweichung*.

Wenn zwei Merkmale betrachtet werden, die den Erhebungseinheiten die Werte $y_1, y_2, ... y_N$ bzw. $z_1, z_2, ... z_N$ zuordnen, berechnet man häufig die *Kovarianz*

$$\sigma_{yz} = \frac{1}{N} \sum \left(y_i - \bar{y} \right) \left(z_i - \bar{z} \right).$$

Um eine Veranschaulichung von σ_{yz} zu erreichen, fertigen wir das sog. *Streuungsdiagramm* an, d.h. wir tragen die Punkte

$$(z_i, y_i) \; ; \; i = 1, 2, ... N$$

sowie ihren Schwerpunkt $(\bar{z}, \bar{y})$ in ein z-y-Koordinatensystem ein.

Offenbar ist σ_{yz} jedenfalls dann positiv, wenn die Produkte $(y_i - \bar{y})(z_i - \bar{z})$ positiv sind, d.h. wenn alle Punkte des Streuungsdiagramms rechts oberhalb bzw. links unterhalb des Schwerpunkts $(\bar{z}, \bar{y})$ liegen (vgl. Abbildung 3)

Analog haben wir jedenfalls dann $\sigma_{yz} < 0$, wenn keine Punkte des Streuungsdiagramms rechts oberhalb oder links unterhalb des Schwerpunkts liegen.

Umgekehrt bedeutet $\sigma_{yz} > 0$ natürlich nur, daß die Punkte des Streuungsdiagramms "überwiegend" rechts oberhalb und links unterhalb des Schwerpunkts liegen.

Entsprechendes gilt für $\sigma_{yz} < 0$.

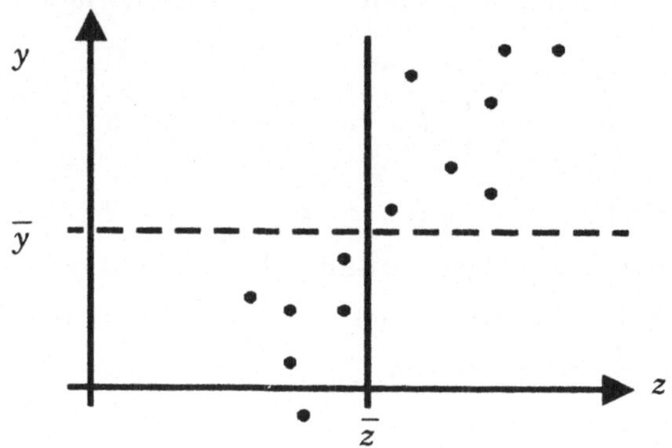

Abb. 3: Streuungsdiagramm

Bei der Berechnung von σ_{yz} nützt man häufig aus, daß

$$\sigma_{yz} = \frac{1}{N} \sum y_i z_i - \bar{y}\,\bar{z} \tag{1}$$

gilt. Zunächst hat man nämlich

$$\sigma_{yz} = \frac{1}{N} \sum \left(y_i z_i - \bar{y}\,z_i - \bar{z}\,y_i + \bar{y}\,\bar{z} \right)$$

woraus wegen der Linearität der Summenbildung

$$\sigma_{yz} = \frac{1}{N} \sum y_i z_i - \bar{y}\,\frac{1}{N} \sum z_i - \bar{z}\,\frac{1}{N} \sum y_i + \frac{1}{N} \sum \bar{y}\bar{z}$$

$$= \frac{1}{N} \sum y_i z_i - \bar{y}\,\bar{z} - \bar{y}\bar{z} + \bar{y}\,\bar{z}$$

$$= \frac{1}{N} \sum y_i z_i - \bar{y}\,\bar{z}$$

folgt, wie oben behauptet.

Wenn für alle $i = 1,2,\dots N$ gilt $y_i = z_i$, geht σ_{yz} in σ_{yy} über. Also ist nach (1) erfüllt

$$\sigma_{yy} = \frac{1}{N} \sum y_i^2 - \bar{y}^2. \tag{2}$$

2.4   (Korrigierte) Varianzen und Kovarianzen

Nach dem Vorangehenden ist σ_{yy} eine eher komplizierte Funktion der Mittelwerte der Zahlen $y_1, y_2, \dots y_N$ und der Zahlen

$$y_1^2,\ y_2^2,\ \dots\ y_N^2 \ .$$

Wir betrachten statt σ_{yy}

$$s_{yy} = \frac{N}{N-1}\,\sigma_{yy}$$

und haben

$$s_{yy} = \frac{1}{N}\sum y_i^2 - \frac{1}{N\,(N-1)}\sum_{i\neq j} y_i y_j \qquad (1)$$

wobei

$$\sum_{i\neq j} y_i y_j = y_1 y_2 + y_1 y_3 + \dots + y_2 y_1 + y_2 y_3 + \dots + y_N y_1 + y_N y_2 + \dots + y_N y_{N-1}$$

gesetzt ist. Um (1) einzusehen, gehen wir von

$$\bar{y}^2 = \frac{1}{N^2}y^2 = \frac{1}{N^2}\left(\sum y_i^2 + \sum_{i\neq j} y_i y_j\right)$$

aus; wegen (2) in Abschnitt 2.3 erhalten wir dann

$$s_{yy} = \frac{N}{N-1}\left(\frac{1}{N}\sum y_i^2 - \frac{1}{N^2}\sum y_i^2 - \frac{1}{N^2}\sum_{i\neq j} y_i y_j\right)$$

$$= \frac{N}{N-1}\left(\frac{N-1}{N^2}\sum y_i^2 - \frac{1}{N^2}\sum_{i\neq j} y_i y_j\right)$$

und hieraus unmittelbar (1).

Nach (1) ist die von σ_{yy} kaum unterschiedene Kennzahl s_{yy} die Differenz des arithmertischen Mittels der N Zahlen

$$y_i^2 \ ;\ i = 1\,,2\,, \dots N$$

und des arithmetischen Mittels der $N\,(N\text{-}1)$ Zahlen

$$y_i\,y_j \ ;\ i \neq j$$

d.h. eine lineare Funktion von Mittelwerten.

Entsprechend setzen wir

$$s_{yz} = \frac{N}{N-1}\,\sigma_{yz}$$

und haben

$$s_{yz} = \frac{1}{N}\sum y_i z_i - \frac{1}{N(N-1)}\sum_{i \neq j} y_i z_i\,.$$

s_{yy} und s_{yz} werden als *korrigierte Varianz* bzw. *Kovarianz* bezeichnet. Der Zusatz "korrigiert" wird vielfach unterschlagen, ohne daß Mißverständnisse zu befürchten sind: Durch Verwendung von σ bzw. s ist jeweils klargestellt, daß durch die Zahl N der einbezogenen Werte bzw. durch die um 1 verminderte Zahl $N-1$ dividiert wird.

2.5   Mittelwerte und Varianzen bei Schichtung

Erhebungen der Amtlichen Statistik der BRD werden vom Statistischen Bundesamt in Zusammenarbeit mit den Landesämtern durchgeführt. Man ermittelt also Mittelwerte und Varianzen der interessierenden Merkmale für die einzelnen Bundesländer und berechnet dann aus den Kennzahlen der Bundesländer entsprechende Kennzahlen für die BRD.

Wir wollen im folgenden allgemeiner annehmen, die Erhebungsgesamtheit g werde in H Teilgesamtheiten, in sog. *Schichten* $g(1), g(2), \ldots g(H)$, zerlegt.

Für $h = 1, 2, \ldots H$ bezeichnen wir die Anzahl der Erhebungseinheiten von $g(h)$ mit $N(h)$.

Es gilt also

$$N = \Sigma\, N(h)\,.$$

Wir schreiben

$$g_1(h), g_2(h), \ldots g_{N(h)}(h)$$

für die Erhebungseinheiten in $g(h)$ und

$$y_1(h), y_2(h), \ldots y_{N(h)}(h)$$

für die Werte, die ihnen durch ein Merkmal Y zugeordnet sind. Es wird gesetzt

$$y(h) = \sum_{1}^{N(h)} y_i(h)$$

$$\bar{y}(h) = \frac{1}{N(h)} \sum_{1}^{N(h)} y_i(h)$$

$$\sigma_{yy}(h) = \frac{1}{N(h)} \sum_{1}^{N(h)} \left[y_i(h) - \bar{y}(h) \right]^2$$

$$s_{yy}(h) = \frac{N(h)}{N(h)-1} \sigma_{yy}(h) \ .$$

$\bar{y}(h)$, $\sigma_{yy}(h)$ und $s_{yy}(h)$ sind also Mittelwert, Varianz und korrigierte Varianz für die Schicht $g(h)$; $h = 1, 2, \ldots H$. Demgegenüber beziehen sich $\bar{y}$ und σ_{yy} auf die Erhebungsgesamtheit g . Es gilt

$$\bar{y} = \sum \frac{N(h)}{N} \bar{y}(h)$$

$$\sigma_{yy} = \sum \frac{N(h)}{N} \sigma_{yy}(h) + \sum \frac{N(h)}{N} \left[\bar{y}(h) - \bar{y} \right]^2 \ .$$

Offenbar ist nämlich

$$y(h) = N(h) \bar{y}(h)$$

die Summe aller Ausprägungen für die Erhebungseinheiten der h-ten Schicht. Also ist

$$\sum_{1}^{H} y(h) = \sum_{1}^{H} N(h) \bar{y}(h)$$

die Merkmalssumme für die Erhebungseinheiten und

$$\bar{y} = \frac{\sum y(h)}{N} = \sum \frac{N(h)}{N} \bar{y}(h)$$

das entsprechende arithmetische Mittel.

Für den Beweis der zweiten Behauptung gehen wir von der Identität

$$y_i(h) - \bar{y} = \left[y_i(h) - \bar{y}(h) \right] + \left[\bar{y}(h) - \bar{y} \right]$$

aus. Durch Quadrieren und anschließendes Summieren erhalten wir

$$\sum \sum \left[y_i(h) - \bar{y} \right]^2 = \sum \sum \left[y_i(h) - \bar{y}(h) \right]^2$$
$$+ \sum \sum 2 \left[y_i(h) - \bar{y}(h) \right] \left[\bar{y}(h) - \bar{y} \right]$$
$$+ \sum \sum \left[\bar{y}(h) - \bar{y} \right]^2$$

wobei $\sum \sum$ als Abkürzung für

$$\sum_{h=1}^{H} \sum_{i=1}^{N(h)}$$

geschrieben ist. Der mittlere Ausdruck der rechten Seite dieser Gleichung ist wegen der Linearität der Summenbildung

$$2 \sum_h \left[\bar{y}(h) - \bar{y} \right] \sum_i \left[y_i(h) - \bar{y}(h) \right]$$

und verschwindet wegen

$$\sum_i \left[y_i(h) - \bar{y}(h) \right] = \sum_i y_i(h) - \sum_i \bar{y}(h)$$
$$= \sum_i y_i(h) - N(h)\,\bar{y}(h) = 0 \,.$$

Demnach erhält man

$$\frac{1}{N} \sum \sum \left[y_i(h) - \bar{y} \right]^2 = \frac{1}{N} \sum \sum \left[y_i(h) - \bar{y}(h) \right]^2 + \frac{1}{N} \sum \sum \left[y_i(h) - \bar{y} \right]^2$$

$$= \sum \frac{N(h)}{N} \frac{1}{N(h)} \sum \left[y_i(h) - \bar{y}(h) \right]^2 + \sum \frac{N(h)}{N} \left[\bar{y}(h) - \bar{y} \right]^2$$

woraus die Behauptung folgt, weil gilt

$$\sigma_{yy} = \frac{1}{N} \sum \sum \left[y_i(h) - \bar{y} \right]^2$$

$$\sigma_{yy}(h) = \frac{1}{N(h)} \sum \left[y_i(h) - \bar{y}(h) \right]^2 \,.$$

Beispiel: Für die Fakultäten A, B, C einer Hochschule wurden folgende Werte ermittelt:

Fakultät	Zahl der Studierenden	Durchschnittsalter in Jahren	Standardabweichung des Alters in Jahren
A	3000	21,0	2
B	5000	23,4	1,5
C	2000	22,5	1,5

Das Durchschnittsalter aller Studierenden der Hochschule beträgt demzufolge

$$\frac{3\,000}{10\,000} 21,0 + \frac{5\,000}{10\,000} 23,4 + \frac{2\,000}{10\,000} 22,5 = 22,5 \, .$$

Als Varianz des Alters aller Studierenden erhält man

$$\frac{3\,000}{10\,000} 2^2 + \frac{5\,000}{10\,000} 1,5^2 + \frac{2\,000}{10\,000} 1,5^2 + \frac{3\,000}{10\,000} (21,0 - 22,5)^2$$

$$+ \frac{5\,000}{10\,000} (23,4 - 22,5)^2 + \frac{2\,000}{10\,000} (22,5 - 22,5)^2$$

$$= 3,855 \, .$$

2.6 Aufgaben

Aufgabe 1

Zehn Studenten feiern ein Grillfest. Man interessiert sich für die Zahl der zur Anreise benutzten Autos und fragt jeden Studenten, ob er in einem PKW angereist ist, gegebenenfalls mit wieviel anderen Teilnehmern des Grillfestes:

Student	Anreise mit PKW	Zahl der Mitfahrer
1	ja	3
2	ja	3
3	ja	1
4	nein	-
5	ja	3
6	ja	0
7	ja	1
8	ja	3
9	ja	0
10	nein	-

a) Welches sind bezüglich obiger Fragestellung die Untersuchungseinheiten, welches die Erhebungseinheiten?

b) Geben Sie die Ausprägungen $y_1, \ldots y_{10}$ des Untersuchungsmerkmals an.

c) Wieviele Autos wurden zur Anreise benutzt?

d) Mit wieviel Teilnehmern waren die Autos im Durchschnitt besetzt?

Lösung:

a) Untersuchungseinheiten sind die zur Anreise benutzten Autos; Erhebungseinheiten sind die 10 Teilnehmer des Grillfestes.

b) $y_i \, (i = 1, \ldots 10)$ gibt an, wieviele Untersuchungseinheiten auf die Erhebungseinheit g_i entfallen:

i	1	2	3	4	5	6	7	8	9	10
y_i	1/4	1/4	1/2	0	1/4	1	1/2	1/4	1	0

c) Σy_i ist die Anzahl der zur Anreise benutzen Autos. Nach b) ist $\Sigma y_i = 4$.

d) Wir definieren für $i = 1, 2, \ldots 10$

$$z_i = \begin{cases} 1 & \text{falls } i\text{-ter Student mit PKW anreiste} \\ 0 & \text{sonst} . \end{cases}$$

Dann ist $\Sigma z_i / \Sigma y_i = 8 / 4 = 2$ die gesuchte Größe.

Im Durchschnitt saßen in jedem der 4 Autos 2 Teilnehmer des Grillfestes.

Aufgabe 2

Wir interessieren uns für den Anteil θ der Einheiten $g_1, g_2, \ldots g_N$ einer Erhebungsgesamtheit, die eine bestimmte Eigenschaft A aufweisen. Dazu definieren wir für $i = 1, \ldots N$

$$y_i = \begin{cases} 1 & \text{falls } g_i \text{ Eigenschaft } A \text{ besitzt} \\ 0 & \text{sonst} . \end{cases}$$

Beweisen Sie

$$\bar{y} = \theta$$
$$\sigma_{yy} = \theta (1 - \theta) .$$

Lösung: Es ist Σy_i die Zahl der Einheiten der Erhebungsgesamtheit mit Eigenschaft A und daher $\bar{y} = \theta$.

Aus $y_i^2 = y_i$ für $i = 1, \ldots N$ folgt

$$\sigma_{yy} = \frac{1}{N} \sum \left(y_i - \bar{y} \right)^2 = \frac{1}{N} \sum y_i^2 - \bar{y}^2$$

$$= \frac{1}{N} \sum y_i - \bar{y}^2 = \bar{y} \left(1 - \bar{y} \right) = \theta \left(1 - \theta \right).$$

Aufgabe 3

Weisen Sie nach, daß gilt

$$\sigma_{yz} = \frac{1}{2 N^2} \sum_{i,j} \left(y_i - y_j \right) \left(z_i - z_j \right).$$

Lösung: Es ist

$$\sigma_{yz} = \frac{1}{N} \sum \left(y_i - \bar{y} \right) \left(z_i - \bar{z} \right) = \frac{1}{N} \sum y_i z_i - \bar{y}\,\bar{z}.$$

Wegen

$$\frac{1}{2 N^2} \sum_{i,j} \left(y_i - y_j \right) \left(z_i - z_j \right)$$

$$= \frac{1}{2 N^2} \left[N \sum_i y_i z_i - \sum_j y_j \sum_i z_i - \sum_i y_i \sum_j z_j + N \sum_j y_j z_j \right]$$

$$= \frac{1}{N} \sum_i y_i z_i - \bar{y}\,\bar{z}$$

folgt die Behauptung.

Aufgabe 4

In einer Erhebungsgesamtheit vom Umfang $N = 4$ sei

$$y_1 = 2, \; y_2 = 5, \; y_3 = 7, \; y_4 = 14$$

und

$$z_1 = 0, \; z_2 = 1, \; z_3 = 1, \; z_4 = 1$$

Berechnen Sie

$$\bar{y}, \; \bar{z}, \; \sigma_{yy}, \; s_{yy}, \; \sigma_{yz}, \; s_{yz}, \; \sigma_{zz}, \; s_{zz}.$$

Lösung: Aus der Tabelle

i	y_i	z_i	y_i^2	z_i^2	$y_i\,z_i$
1	2	0	4	0	0
2	5	1	25	1	5
3	7	1	49	1	7
4	14	1	196	1	14
Σ	28	3	274	3	26

ergibt sich

$$\bar{y} = \frac{1}{4}\cdot 28 = 7$$

$$\bar{z} = \frac{1}{4}\cdot 3 = 0{,}75$$

$$\sigma_{yy} = \frac{1}{N}\sum y_i^2 - \bar{y}^2 = \frac{1}{4}\cdot 274 - 49 = \frac{39}{2}$$

$$s_{yy} = \frac{N}{N-1}\sigma_{yy} = \frac{5}{4}\cdot\frac{39}{2} = 26$$

$$\sigma_{yz} = \frac{1}{N}\sum y_i z_i - \bar{y}\,\bar{z} = \frac{1}{4}\cdot 26 - 7\cdot\frac{3}{4} = \frac{5}{4}$$

$$s_{yz} = \frac{N}{N-1}\sigma_{yz} = \frac{4}{3}\cdot\frac{5}{4} = \frac{5}{3}$$

$$\sigma_{zz} = \bar{z}\,(1 - \bar{z}) = \frac{3}{4}\cdot\frac{1}{4} = \frac{3}{16}$$

$$s_{zz} = \frac{N}{N-1}\,\bar{z}\,(1 - \bar{z}) = \frac{4}{3}\cdot\frac{3}{16} = \frac{1}{4}\,.$$

Aufgabe 5

Beweisen Sie

$$\frac{1}{N-1}\sum\left(y_i - \frac{\bar{y}}{\bar{z}}z_i\right)^2 = s_{yy} - 2\,\frac{\bar{y}}{\bar{z}}\,s_{yz} + \left(\frac{\bar{y}}{\bar{z}}\right)^2 s_{zz}\,.$$

Lösung: Es gilt

$$\frac{1}{N-1}\sum\left(y_i - \frac{\bar{y}}{\bar{z}}z_i\right)^2 = \frac{1}{N-1}\sum\left(\left(y_i - \bar{y}\right) - \frac{\bar{y}}{\bar{z}}\left(z_i - \bar{z}\right)\right)^2$$

$$= \frac{1}{N-1}\sum\left(y_i - \bar{y}\right)^2 - 2\,\frac{\bar{y}}{\bar{z}}\,\frac{1}{N-1}\sum\left(y_i - \bar{y}\right)\left(z_i - \bar{z}\right)$$

$$+ \left(\frac{\bar{y}}{\bar{z}}\right)^2 \frac{1}{N-1}\sum\left(z_i - \bar{z}\right)^2 = s_{yy} - 2\,\frac{\bar{y}}{\bar{z}}\,s_{yz} + \left(\frac{\bar{y}}{\bar{z}}\right)^2 s_{zz}$$

Aufgabe 6

Beweisen Sie

$$\sigma_{yz} = \sum \frac{N(h)}{N} \sigma_{yz}(h) + \sum \frac{N(h)}{N} \left[\bar{y}(h) - \bar{y} \right] \left[\bar{z}(h) - \bar{z} \right] .$$

Lösung: Es ist

$$\sigma_{yz} = \frac{1}{N} \sum_{i=1}^{N} \left(y_i - \bar{y} \right) \left(z_i - \bar{z} \right) = \frac{1}{N} \sum_{h=1}^{H} \sum_{i=1}^{N(h)} \left(y_i(h) - \bar{y} \right) \left(z_i(h) - \bar{z} \right)$$

$$= \frac{1}{N} \sum_{h=1}^{H} \sum_{i=1}^{N(h)} \left(y_i(h) - \bar{y}(h) + \bar{y}(h) - \bar{y} \right) \left(z_i(h) - \bar{z}(h) + \bar{z}(h) - \bar{z} \right)$$

$$= \sum_{h=1}^{H} \frac{N(h)}{N} \frac{1}{N(h)} \sum_{i=1}^{N(h)} \left(y_i(h) - \bar{y}(h) \right) \left(z_i(h) - \bar{z}(h) \right)$$

$$+ \sum_{h=1}^{H} \frac{N(h)}{N} \left(\bar{y}(h) - \bar{y} \right) \left(\bar{z}(h) - \bar{z} \right)$$

da die gemischten Produkte verschwinden. Die Behauptung folgt durch Einsetzen von $\sigma_{yz}(h)$.

3 Teilerhebungen

3.1 Gebräuchliche Vorgehensweisen

Vorangehend haben wir gesehen, wie Mittelwerte und Anteilswerte zu berechnen sind, wenn geeignete Angaben für alle Erhebungseinheiten vorliegen, wenn also die relevanten Angaben in einer *Totalerhebung* gesammelt wurden.

Nun beanspruchen Totalerhebungen häufig unvertretbar viel Zeit und verursachen hohe Kosten. Bei manchen Fragestellungen sind Totalerhebungen auch gar nicht durchführbar. Nehmen wir z.B. an, es interessiere die Qualität einer Produktionsserie von Blitzlichtbirnen. An eine Prüfung aller Birnen ist jedenfalls dann nicht zu denken, wenn die Prüfung einer Birne zugleich ihre Zerstörung bedeutet.

Wenn Informationen über Kennzahlen - im allgemeinen sind das Mittel- oder speziell Anteilswerte - benötigt werden und eine Totalerhebung unzweckmäßig oder unmöglich ist, liegt es nahe, eine *Teilerhebung* vorzunehmen, d.h. die relevanten Angaben für ausgewählte Erhebungseinheiten zu beschaffen.

Teilerhebungen können ganz unterschiedlich ablaufen.

Reporter, die sich für die Einstellung der Bevölkerung zu irgendeiner Maßnahme der Regierung interessieren, begeben sich gelegentlich an belebte Plätze und interviewen willkürlich herausgegriffene Passanten.

Wenn die Reaktion der Arbeitnehmer auf eine Tarifvereinbarung ermittelt werden soll, könnte man einen Betrieb auswählen und alle Arbeitnehmer befragen. Man würde sich selbstverständlich für einen Betrieb entscheiden, dessen Arbeitnehmerschaft sich bereits bei früheren Gelegenheiten typisch verhalten hat, d.h. so wie die große Mehrheit aller Arbeitnehmer.

Im ersten Fall würde man von *Auswahl aufs Geratewohl* sprechen, im zweiten von *typischer* oder *monographischer Auswahl*. Wir wollen eine weitere Vorgehensweise kennenlernen, das sogenannte *Quotenverfahren*.

Es interessiere wieder die Einstellung der Bevölkerung zu einer politischen Frage. Man vermutet, daß diese Einstellung vor allem vom Geschlecht, der

Konfession und vom Alter abhängt. Nun sind die Anteile p_1 und p_2 der beiden Geschlechter an der gesamten Bevölkerung bekannt; ebenso kennt man die Anteile q_1, q_2, ... der verschiedenen Konfessionen, und man kennt die Anteile r_1, r_2, ... die auf einzelne Altersklassen entfallen. Man schreibt den Interviewern deshalb vor, insgesamt n Personen zu befragen und dabei die Quoten p_1, p_2 bzw. q_1, q_2, ... bzw. r_1, r_2, ... einzuhalten; d.h. sie müssen dafür sorgen, daß sich unter den n Befragten np_1 Männer, nq_i Angehörige der Konfession i und nr_j Personen der j-ten Altersklasse befinden $(i, j = 1, 2, ...)$. Ansonsten werden den Interviewern keine Anweisungen gegeben. Sie dürfen also aufs Geratewohl Passanten ansprechen, beliebige Wohnungen aufsuchen, usw.

Wir wollen uns vorstellen, daß die Auswahl Zug um Zug durchgeführt wird; als Ergebnis erhält man dann eine Folge von Erhebungseinheiten, für die man alle benötigten Informationen sammelt. Je nach Art des Auswahlverfahrens können Erhebungseinheiten mehrfach in der erwähnten Folge vorkommen; es liegt auf der Hand, daß man die eigentliche Erhebung des interessierenden Merkmals in einem solchen Falle nicht zu wiederholen braucht.

Wir bezeichnen jede Folge, die aus Erhebungseinheiten (mit oder ohne Wiederholung) gebildet ist, als *Stichprobe*. Die Länge der Folge heißt *Stichprobenumfang*, die Zahl der vorkommenden (unterschiedlichen) Einheiten wird als *effektiver Stichprobenumfang* bezeichnet.

Demnach sind im Falle $N \geq 10$

$$(g_7, g_2, g_7)$$

$$(g_1, g_9, g_2, g_{10})$$

Stichproben, und zwar vom Umfang *3* bzw. *4*. Die effektiven Stichprobenumfänge sind *2* bzw. *4*.

Nehmen wir an, daß man die Erhebungseinheiten

$$g_{a_1}, g_{a_2}, \cdots g_{a_n}$$

in dieser Reihenfolge auswählt, d.h. zur Stichprobe

$$G = \left(g_{a_1}, g_{a_2}, \cdots g_{a_n} \right)$$

gelangt. Man sagt dann, G werde *gezogen, ausgewählt, herausgegriffen*. Die
den Einheiten

$$g_{a_1}, g_{a_2}, \cdots g_{a_n}$$

zugeordneten Werte

$$y_{a_1}, y_{a_2}, \cdots y_{a_n}$$

eines interessierenden Merkmals Y, für die wir auch

$$Y_1, Y_2, \cdots Y_n$$

schreiben, werden als *Stichprobenvariablen* bezeichnet. Jede Funktion der
Stichprobenvariablen heißt *Stichprobenfunktion*. Die besonders wichtigen
Stichprobenfunktionen

$$\overline{Y} = \frac{1}{n} \sum_1^n Y_i$$

$$S_{yy} = \frac{1}{n-1} \sum \left(Y_i - \overline{Y} \right)^2$$

nennt man *Stichprobenmittel* und *Stichprobenvarianz*.

Im Anschluß an eine Stichprobenziehung wird man Mittelwerte, die sich für
die ausgewählten Erhebungseinheiten ergeben, auf die Gesamtheit über-
tragen. Beispielsweise wird man $\overline{Y}$ als Ersatz für den unbekannten Wert $\overline{y}$
verwenden. Entsprechend bietet sich

$$S_{yy} = \frac{1}{n} \sum Y_i^2 - \frac{1}{n\,(n-1)} \sum_{i \neq j} Y_i\, Y_j$$

als Ersatz für

$$s_{yy} = \frac{1}{N} \sum \overline{y}_i^2 - \frac{1}{N\,(N-1)} \sum_{i \neq j} y_i\, y_j$$

an.

Leider kann eine Übertragung der Mittelwerte von der Stichprobe auf die
Erhebungsgesamtheit zu gravierenden Fehlurteilen führen.

Bei der oben beschriebenen Auswahl aufs Geratewohl etwa hängt es vom
gewählten Standort des Reporters ab, wie stark verschiedene soziale Grup-
pen zum Zuge kommen; es hängt von der gewählten Tageszeit ab, ob vor allem Hausfrauen oder Berufstätige befragt werden; außerdem werden poli-
tisch besonders Interessierte eventuell eher bereit sein, Auskunft zu geben.

Der in der beschriebenen Weise zustande kommende Ersatzwert (für $\bar{y}$) kann also deutlich von $\bar{y}$ abweichen - und wie groß die Abweichung in etwa ist, kann auf keine Weise beurteilt werden.

Die Schlüsse, die im Anschluß an eine typische Auswahl oder im Anschluß an eine Quotenauswahl gezogen werden, sind ebenso unzuverlässig. Daß die Belegschaft eines Betriebes sich in der Vergangenheit "typisch" verhalten hat, ist keine Garantie für typisches Verhalten in der Zukunft. Und beim Quotenverfahren zieht man zwar eine Stichprobe, die bzgl. eines jeden Quotenmerkmals "repräsentativ" ist, sich also so zusammensetzt, wie die Erhebungsgesamtheit. Trotzdem kann die Stichprobe natürlich bzgl. des interessierenden Merkmals völlig anders zusammengesetzt sein als die Erhebungsgesamtheit.

3.2 Zufällige Auswahlverfahren

Da auf keine Weise sicherzustellen ist, daß $\bar{Y}$ und $\bar{y}$ identisch sind, wird man ein Auswahlverfahren suchen, bei dessen Durchführung $\bar{Y}$ wenigstens mit hoher Wahrscheinlichkeit nahe bei $\bar{y}$ liegt. Das setzt aber voraus, daß $\bar{Y}$ eine Zufallsvariable ist, d.h. daß den möglichen Stichproben Wahrscheinlichkeiten zugeordnet werden. Mit anderen Worten: Welche Stichprobe zu ziehen ist, muß durch ein Zufallsexperiment - durch ein Würfelexperiment oder durch ein Urnenexperiment etwa - festgelegt werden.

Wir wollen jede Wahrscheinlichkeitsverteilung auf der Menge der Stichproben (aus einer Erhebungsgesamtheit) als *zufälliges Auswahlverfahren* oder als *Zufallsauswahl* bezeichnen. Die Menge der Stichproben, denen von 0 verschiedene Wahrscheinlichkeiten zugeordnet sind, nennen wir *Stichprobenraum*.

Nehmen wir beispielsweise an, man habe

$$g = \left\{ g_1, g_2, \cdots g_{60} \right\} \; .$$

Man spielt einen echten Würfel aus und zieht die Stichprobe

$$\left(g_i, g_{i+6}, g_{i+2 \cdot 6}, \cdots \right)$$

wenn der Würfel die Augenzahl i liefert. Dann führt man ein zufälliges Auswahlverfahren durch. Der Stichprobenraum dieses Verfahrens besteht aus den *6* Stichproben

$$\left(g_i, g_{i+6}, g_{i+2\cdot6}, \ldots \right) \quad ; \quad i = 1, 2, \ldots 6$$

und jede dieser Stichproben besitzt die Wahrscheinlichkeit *1/6* .

Oder stellen wir uns vor, daß man einen echten Würfel *N*-mal wirft und g_i in die Auswahl einbezieht, wenn beim *i*-ten Wurf eine gerade Augenzahl erscheint. Für den Fall, daß keine gerade Augenzahl auftritt, verabredet man, eine Totalerhebung durchzuführen.

Auch so ist ein zufälliges Auswahlverfahren festgelegt. Der Stichprobenraum dieses Verfahrens besteht aus allen Stichproben

$$G = \left(g_{a_1}, g_{a_2}, \ldots g_{a_k} \right)$$

mit $a_1 < a_2 < \ldots < a_k$ und $k \geq 1$. Für $k < N$ besitzt G die Wahrscheinlichkeit $(1/2)^N$, für $k = N$ die Wahrscheinlichkeit $2(1/2)^N$.

Als *uneingeschränkt zufällig* bezeichnen wir ein Auswahlverfahren, wenn

- sein Stichprobenraum aus allen Stichproben besteht, die ohne Wiederholungen gebildet sind und denselben Umfang aufweisen

- alle Stichproben des Stichprobenraumes dieselbe Wahrscheinlichkeit besitzen.

Eine uneingeschränkte Zufallsauswahl vornehmen, heißt also, eine natürliche Zahl *n* - den Stichprobenumfang - festzulegen und so vorzugehen, daß jede Stichprobe vom Umfang *n* , die keine Wiederholungen aufweist, mit der Wahrscheinlichkeit

$$\frac{1}{N(N-1)(N-2)\ldots(N-n+1)}$$

gezogen wird.

Nehmen wir etwa an, man notiere alle

$$N(N-1)(N-2)$$

möglichen Stichproben vom Umfang *3* , und zwar jede auf eine eigene Karte. Man legt die Karten in einen Behälter, mischt, greift eine Karte blindlings heraus und betrachtet die darauf vermerkte Stichprobe als aufgetreten.

Wir betrachten ein anderes Vorgehen (vgl. Abschnitt A 1): Man füllt eine Urne mit N gleichartigen Kugeln, die von 1 bis N numeriert sind. Diese Kugeln werden gemischt. Dann greift man blindlings n Kugeln (ohne Zurücklegen) heraus und notiert ihre Nummern in der Reihenfolge des Auftretens. Wenn man die Zahlenfolge $a_1, a_2, \dots a_n$ erhält, zieht man die Stichprobe

$$\left(g_{a_1}, g_{a_2}, \dots g_{a_n} \right).$$

In der Praxis ist N meist eine große Zahl - mindestens eine 4-stellige, meist eine 5-, 6- oder sogar höher-stellige Zahl. Üblicherweise benützt man dann eine sog. Zufallszahlentafel, deren Herstellung man sich wie folgt vorstellen kann:

Man legt 10 nur durch die aufgedruckten Zahlen $0, 1, \dots 9$ unterschiedene Kugeln in eine Urne, mischt diese Kugeln, greift eine Kugel (bei geschlossenen Augen) heraus, notiert die aufgedruckte Zahl und legt die Kugel in die Urne zurück. Den beschriebenen Vorgang wiederholt man sehr oft. Dadurch erhält man eine aus Ziffern $0, 1, \dots 9$ gebildete Folge, die *Zufallszahlentafel* genannt wird. Alle Sammlungen statistischer Tabellen enthalten umfangreiche Zufallszahlentafeln. (Vgl. Anhang C 2.)

Nun sei N eine m-stellige Zahl. Wenn n **Erhebungseinheiten** auszuwählen sind, faßt man die ersten m Ziffern einer Zufallszahlentafel zu einem Block zusammen, die nächsten m zu einem zweiten usw. Man liest die Blöcke als m-stellige Zahlen und notiert diejenigen, die zwischen 1 und N liegen. In der dadurch entstandenen Folge streicht man diejenigen Zahlen weg, die bereits an früherer Stelle vorkommen. Die ersten n verbleibenden Zahlen spielen dann die Rolle von $a_1, a_2, \dots a_n$.

Neben der uneingeschränkten Zufallsauswahl betrachtet man vielfach die sog. *uneingeschränkte Zufallsauswahl mit Zurücklegen.* Auch hier besitzen alle Stichproben des Stichprobenraumes dieselbe Wahrscheinlichkeit. Der Stichprobenraum besteht jetzt aber aus allen Stichproben desselben Umfangs - nicht nur aus denjenigen, die ohne Wiederholungen gebildet sind.

Uneingeschränkt zufällig mit Zurücklegen auswählen, heißt demnach, eine natürliche Zahl n festlegen und so vorgehen, daß jede Stichprobe vom Umfang n mit der Wahrscheinlichkeit $1/N^n$ gezogen wird. Beispielsweise kann man folgendermaßen verfahren.

Man füllt eine Urne mit N gleichartigen Kugeln, die von 1 bis N numeriert sind. Dann mischt man die Kugeln, greift eine "wahllos" heraus, notiert ihre Nummer und legt die Kugel in die Urne zurück. Dieses Zufallsexperiment des Ziehens einer Kugel führt man n-mal durch. Wenn man die Zahlenfolge $a_1, a_2, \ldots a_n$ erhält, zieht man die Stichprobe

$$\left(g_{a_1}, g_{a_2}, \ldots g_{a_n} \right).$$

In der Praxis wird man meist eine Zufallszahlentafel heranziehen und so wie bei der uneingeschränkten Zufallsauswahl (*ohne Zurücklegen*) verfahren, ohne allerdings die Zahlenblöcke wegzustreichen, die früher bereits vorkommen.

Wenn ein zufälliges Auswahlverfahren festegelegt ist, hat man jede Stichprobenfunktion als Zufallsvariable auf dem entsprechenden Stichprobenraum anzusehen. Durch das Auswahlverfahren wird nämlich eine Wahrscheinlichkeitsverteilung auf dem Stichprobenraum definiert, und die Stichprobenfunktion ordnet - bei festen Werten $y_1, y_2, \ldots y_N$ - jedem Element des Stichprobenraumes eine reelle Zahl zu. Es liegt auf der Hand, was unter dem Erwartungswert, der Varianz und der Kovarianz von Stichprobenfunktionen zu verstehen ist.

3.3 Uneingeschränkte Zufallsauswahl und Schätzung durch das Stichprobenmittel: Standardstrategie

Wir nehmen an, man wähle n Erhebungseinheiten uneingeschränkt zufällig aus und verwende das Stichprobenmittel $\overline{Y}$ als Schätzung für den eigentlich interessierenden Mittelwert $\overline{y}$. Der Stichprobenraum lautet also

$$\Omega = \left\{ \left(g_{a_1}, g_{a_2}, \ldots g_{a_n} \right) : a_1, a_2, \ldots a_n = 1, 2, \ldots N ; \ i \neq j \rightarrow a_i \neq a_j \right\}$$

und alle Stichproben in Ω besitzen dieselbe Wahrscheinlichkeit. Diese Wahrscheinlichkeitsverteilung legt - zusammen mit den tatsächlichen Ausprägungen $y_1, y_2, \dots y_N$ - die Verteilung der Stichprobenvariablen $Y_1, Y_2, \dots Y_n$ und der Stichprobenfunktionen $\overline{Y}, S_{yy}, \dots$ fest.

Satz

Bei uneingeschränkter Zufallsauswahl von n Erhebungseinheiten gilt

$$E\,\overline{Y} = \overline{y}$$

$$E\,S_{yy} = s_{yy}$$

$$var\,\overline{Y} = \frac{s_{yy}}{n}\left(1 - \frac{n}{N}\right)\ .$$

Beweis: Nach Abschnitt A 1 besitzt

$$A_{i\,k} = \left\{\left(g_{a_1}, \dots g_{a_n}\right) \in \Omega\ :\ a_i = k\right\}$$

die Wahrscheinlichkeit $1/N$. Folglich erhalten wir

$$E\,Y_i = \sum y_k\,W\left(A_{i\,k}\right) = \overline{y}$$

$$E\,Y_i^2 = \sum y_k^2\,W\left(A_{i\,k}\right) = \frac{1}{N}\sum y_k^2$$

und

$$var\,Y_i = E\,Y_i^2 - \left(E\,Y_i\right)^2$$

$$= \frac{1}{N}\sum y_k^2 - \overline{y}^{\,2} = \sigma_{yy}$$

Weil

$$A_{i\,k} \cap A_{j\,l} = \left\{\left(g_{a_1}, \dots g_{a_n}\right) \in \Omega\ :\ a_i = k\,,\,a_j = l\right\}$$

für $i \ne j\,,\,k \ne l$ nach Abschnitt A 1. die Wahrscheinlichkeit $1/N\,(N-1)$ besitzt, erhält man

$$E\,Y_i\,Y_j = \sum_{k \ne l} y_k\,y_l\,W\left(A_{i\,k} \cap A_{j\,l}\right)$$

$$= \frac{1}{N\,(N-1)}\sum_{k \ne l} y_k\,y_l$$

und

$$\operatorname{cov}\left(Y_i, Y_j\right) = E\,Y_i\,Y_j - E\,Y_i\,E\,Y_j$$

$$= \frac{1}{N(N-1)} \sum_{k \neq l} y_k y_l - \bar{y}^2$$

$$= \frac{1}{N(N-1)} \sum_{k,l} y_k y_l - \frac{1}{N(N-1)} \sum_{k} y_k^2 - \bar{y}^2$$

$$= -\frac{1}{N(N-1)} \sum_{k} y_k^2 + \frac{N}{N-1}\,\bar{y}^2 - \bar{y}^2$$

$$= -\frac{\sigma_{yy}}{N-1}\ .$$

Für die Zufallsvariablen $\bar{Y},\ S_{yy}$ folgert man

$$E\,\bar{Y} = \frac{1}{n} \sum E\,Y_i = \bar{y}$$

$$\operatorname{var}\bar{Y} = \frac{1}{n^2} \sum \operatorname{var}Y_i + \frac{1}{n^2} \sum_{i \neq j} \operatorname{cov}\left(Y_i, Y_j\right)$$

$$= \frac{1}{n^2} \cdot n\,\sigma_{yy} - \frac{1}{n^2}\,n(n-1)\,\frac{\sigma_{yy}}{N-1}$$

$$= \frac{\sigma_{yy}}{n}\,\frac{N-n}{N-1} = \frac{s_{yy}}{n}\left(1 - \frac{n}{N}\right) \qquad \text{(Vgl. Abschnitt 2.4)}$$

$$E\,S_{yy} = \frac{1}{n} \sum E\,Y_i^2 - \frac{1}{n(n-1)} \sum_{i \neq j} E\,Y_i\,Y_j$$

$$= \frac{1}{N} \sum y_k^2 - \frac{1}{N(N-1)} \sum_{k \neq l} y_k y_l$$

$$= \frac{N}{N-1}\,\sigma_{yy} = s_{yy} \qquad \text{(Vgl. Abschnitt 2.4.)}$$

womit der Satz bewiesen ist. ∎

Demnach streut das Stichprobenmittel $\bar{Y}$ bei mehrfacher Durchführung des Auswahlverfahrens um den interessierenden Wert $\bar{y}$ und ist somit eine *unverzerrte* (auch: *erwartungstreue) Schätzung* (oder: *Schätzfunktion*) für $\bar{y}$. Als Maß für die erwähnte Streuung haben wir

$$\operatorname{var}\bar{Y} = \frac{s_{yy}}{n}\left(1 - \frac{n}{N}\right)\ .$$

anzusehen. $\overline{Y}$ streut also um so weniger um $\overline{y}$, je kleiner s_{yy} ist; im übrigen hängt die Streuung natürlich vom Stichprobenumfang n ab.

$$\frac{n}{N}$$

heißt *Auswahlsatz*,

$$1 - \frac{n}{N}$$

Korrekturfaktor .

Die Stichprobenvarianz S_{yy} ist bei uneingeschränkter Zufallsauswahl eine unverzerrte Schätzung für s_{yy} . Folglich ist

$$\frac{S_{yy}}{n} \left(1 - \frac{n}{N} \right)$$

eine unverzerrte Schätzung für $var \, \overline{Y}$.

Wenn die Durchführung einer Totalerhebung zur Berechnung von $\overline{y}$ zu hohe Kosten verursachen würde, kann man nach dem Vorangehenden wie folgt verfahren:

Man wählt uneingeschränkt zufällig aus und verwendet $\overline{Y}$ als "Ersatz" für $\overline{y}$. Mit diesem Ersatz wird man um so eher zufrieden sein können, je kleiner

$$\frac{S_{yy}}{N} \left(1 - \frac{n}{N} \right)$$

ist.

Wir wollen in Zukunft kurz von *Standardstrategie* sprechen, wenn uneingeschränkt zufällig ausgewählt und *Mittelwertschätzung* vorgenommen, d.h. das Stichprobenmittel zur Schätzung berechnet wird.

Wir betrachten ein Beispiel.

In einem (seit 5 Jahren bestehenden) Unternehmen mit (jetzt) 5000 Beschäftigten wählt man 10 Beschäftigte uneingeschränkt zufällig aus und befragt sie nach der Dauer ihrer Unternehmenszugehörigkeit. Man erhält folgende Angaben (in Jahren)

$$2 \, , 3 \, , 2 \, , 2 \, , 5 \, , 1 \, , 5 \, , 5 \, , 4 \, , 1$$

die im folgenden mit $Y_1, Y_2, ... Y_{10}$ identifiziert werden.

Als Schätzung für die durchschnittliche Dauer $\bar{y}$ der Unternehmenszugehörigkeit aller Beschäftigten berechnet man

$$\bar{Y} = \frac{1}{10}\left(2 + 3 + 2 + 2 + 5 + 1 + 5 + 5 + 4 + 1\right) = 3 \; .$$

Wegen

$$\frac{1}{N}\sum Y_i^2 = \frac{1}{10}\left(4 + 9 + \dots + 1\right) = 11{,}4$$

ist die Varianz s_{yy} durch

$$S_{yy} = \frac{n}{n-1}\left(\frac{1}{n}\sum Y_i^2 - \bar{Y}^2\right)$$

$$= \frac{10}{9}\left(11{,}4 - 9\right) = \frac{8}{3}$$

zu schätzen, und als Schätzwert für $var\ \bar{Y}$ ergibt sich

$$\frac{8}{3 \cdot 10}\left(1 - \frac{10}{5\,000}\right) \approx \frac{4}{15} \; .$$

3.4   Konfidenzintervalle bei uneingeschränkter Zufallsauswahl

Das Stichprobenmittel stimmt im allgemeinen nicht mit dem zu schätzenden Wert überein. Insofern macht man - bei Verwendung des Stichprobenmittels zur Schätzung des tatsächlichen Mittels - so gut wie immer einen Fehler.

Sollte man dann nicht auf die Angabe eines einzelnen Schätzwertes verzichten und statt dessen ein Intervall angeben - ein Intervall, das den tatsächlichen Mittelwert mit hoher Wahrscheinlichkeit überdeckt?

Aus der Ungleichung von TSCHEBYSCHEFF folgt für $t > 0$

$$W\left(\,|\,\bar{Y} - \bar{y}\,| \leq t \sqrt{var\ \bar{Y}}\,\right) \geq 1 - \frac{1}{t^2}$$

und speziell für $t = 2$

$$W\left(\,|\,\bar{Y} - \bar{y}\,| \leq 2 \sqrt{var\ \bar{Y}}\,\right) \geq 0{,}75$$

d.h. das Intervall

$$\left[\ \bar{Y} - 2 \sqrt{var\ \bar{Y}}\ ,\ \bar{Y} + 2 \sqrt{var\ \bar{Y}}\ \right]$$

$$= \left[\ \bar{Y} - 2 \sqrt{\frac{s_{yy}}{n}\left(1 - \frac{n}{N}\right)}\ ,\ \bar{Y} + 2 \sqrt{\frac{s_{yy}}{n}\left(1 - \frac{n}{N}\right)}\ \right] \qquad (1)$$

überdeckt den unbekannten Wert $\bar{y}$ mit einer Wahrscheinlichkeit von mindestens $0{,}75$.

Nun kennt man aber im allgemeinen s_{yy} nicht und kann das beschriebene Intervall nicht angeben. Oft wird man sich daher mit einer oberen Schranke für s_{yy} zufrieden geben müssen (vgl. Aufgabe 3). Man kann aber auch

$$\frac{s_{yy}}{n} \left(1 - \frac{n}{N} \right)$$

als Schätzung für $var\,\bar{Y}$ verwenden und das Intervall

$$\left[\bar{Y} - 2\sqrt{\frac{s_{yy}}{n}\left(1 - \frac{n}{N}\right)}\ ,\ \bar{Y} + 2\sqrt{\frac{s_{yy}}{n}\left(1 - \frac{n}{N}\right)}\ \right] \tag{2}$$

als Schätzung für das Intervall (1), dessen Überdeckungswahrscheinlichkeit nach unseren obigen Überlegungen $0{,}75$ übersteigt.

In der Praxis sind n und N große Zahlen. Um für diese Fälle eine Vorstellung von der tatsächlichen Überdeckungswahrscheinlichkeit des Intervalls (2) zu gewinnen, betrachten wir eine Folge

$$g^{(1)},\ g^{(2)},\ g^{(3)},\ \dots$$

von Erhebungsgesamtheiten, deren Umfänge

$$N_0\ ,\ 2N_0\ ,\ 3N_0\ ,\ \dots$$

sein sollen. Wir stellen uns vor, daß ein Erhebungsmerkmal Y interessiert, für das nur einige wenige Ausprägungen, sagen wir $\eta_1, \eta_2, \dots \eta_H$ möglich sind. H_{0h} gebe an, wievielen der N_0 Einheiten von $g^{(1)}$ durch Y die Ausprägung η_h zugeordnet ist. Wir gehen davon aus, daß die Ausprägung η_h in den Gesamtheiten $g^{(2)}, g^{(3)}, \dots$ mit derselben relativen Häufigkeit N_{0h}/N_0 wie in $g^{(1)}$ vorkommt; dies gelte für $h = 1, 2, \dots H$.

Man kann dann kurz sagen, die Gesamtheiten $g^{(1)}, g^{(2)}, \dots$ seien bezüglich der Ausprägungen $\eta_1, \eta_2, \dots \eta_H$ gleich zusammengesetzt. Insbesondere besitzen dann alle Gesamtheiten dasselbe arithmetische Mittel $\bar{y}$ und dieselbe Varianz σ_{yy} .

Wir nehmen schließlich an, daß aus allen Gesamtheiten uneingeschränkt zufällig ausgewählt wird und zwar

$$\text{aus} \quad g^{(1)}: \ n^{(1)} = n_0 \qquad \text{Einheiten}$$
$$\text{aus} \quad g^{(2)}: \ n^{(2)} = 2\,n_0 \qquad \text{Einheiten}$$

so daß wir in allen Fällen den Auswahlsatz n_0/N_0 haben. $\overline{Y}^{(K)}$ und $Syy^{(K)}$ seien Stichprobenmittel und Stichprobenvarianz für die aus $g^{(K)}$ ausgewählten Einheiten. Wir betrachten nun das Intervall

$$I^{(K)} = \left[\ \overline{Y}^{(K)} - 2 \sqrt{\frac{S_{yy}^{(K)}}{n^{(K)}} \left(1 - \frac{n_0}{N_0}\right)} \quad ; \quad \overline{Y}^{(K)} + 2 \sqrt{\frac{S_{yy}^{(K)}}{n^{(K)}} \left(1 - \frac{n_0}{N_0}\right)} \ \right]$$

und die Wahrscheinlichkeit $w^{(K)}$, mit der es den Wert $\overline{y}$ überdeckt $(K = 1, 2, \dots)$. Aus B 3 Satz 2 folgt

$$\lim_{K \to \infty} w^{(K)} = 0{,}9544 \tag{3}$$

Hierbei spielt es keine Rolle, wie die relativen Häufigkeiten N_{0h}/N_0 $(h = 1,2, \dots H)$ und demzufolge $\overline{y}$ und σ_{yy} lauten. Wenn K groß ist, wird man also $I^{(K)}$ berechnen und behaupten, $I^{(K)}$ überdecke $\overline{y}$; diese Aussage ist näherungsweise mit Wahrscheinlichkeit $0{,}9544$ richtig.

(3) läßt sich unter wesentlich schwächeren Voraussetzungen hinsichtlich der Gesamtheiten $g^{(1)}$, $g^{(2)}$, ... herleiten; man vergleiche hierzu Anhang B. Man wird also grundsätzlich davon ausgehen, daß das Intervall (2) bei großen N und n den gesuchten Mittelwert $\overline{Y}$ mit einer Wahrscheinlichkeit von etwa $0{,}9544$ überdeckt, d.h. ein Konfidenzintervall zum Sicherheitsgrad $0{,}9544$ ist (vgl. Abschnitt B 2).

Wenn ein Sicherheitsgrad von $1 - 2a$ erwünscht ist, hat man den Faktor 2 in (2) durch γ_a zu ersetzen (vgl. Abschnitt B 2).

Wir greifen das Beispiel aus Abschnitt 3.3 wieder auf und nehmen an, ein $0{,}95$-Konfidenzintervall für die durchschnittliche Dauer der Unternehmenszugehörigkeit für 5000 Beschäftigte solle konstruiert werden.

Für eine zu diesem Zweck uneingeschränkt zufällig ausgewählte Stichprobe vom Umfang 400 ermittelt man:

Dauer der Zugehörigkeit (in Jahren)	Häufigkeit in der Stichprobe
1	60
2	170
3	100
4	50
5	20

Hieraus berechnet man, ohne auf Y_1, Y_2, ... Y_{400} im einzelnen zurückkommen zu müssen

$$\overline{Y} = \frac{1}{400}\left(1 \cdot 60 + 2 \cdot 170 + 3 \cdot 100 + 4 \cdot 50 + 5 \cdot 20\right) = 2{,}5$$

$$\frac{1}{n}\sum_i Y_i^2 = \frac{1}{400}\left(1 \cdot 60 + 4 \cdot 170 + 9 \cdot 100 + 16 \cdot 50 + 25 \cdot 20\right) = 7{,}75 \ .$$

Als Schätzung für $var\,\overline{Y}$ erhalten wir

$$\frac{1}{n}\left(1 - \frac{n}{N}\right)S_{yy} \approx \frac{1}{n}\left(1 - \frac{n}{N}\right)\left(\frac{1}{n}\sum_i Y_i^2 - \overline{Y}^2\right) = 0{,}00253$$

und das gesuchte Konfidenzintervall lautet

$$\left[2{,}5 - 1{,}96 \cdot \sqrt{0{,}00253} \ ; 2{,}5 + 1{,}96 \cdot \sqrt{0{,}00253}\ \right] \approx \left[2{,}45 : 2{,}55\right] \ .$$

3.5 Uneingeschränkte Zufallsauswahl mit Zurücklegen und Mittelwertschätzung

Die uneingeschränkt zufällige Auswahl mit Zurücklegen wird in der Praxis sicherlich seltener durchgeführt als die uneingeschränkte Zufallsauswahl im engeren Sinn (ohne Zurücklegen). Trotzdem wollen wir auch dieses Vorgehen hier diskutieren.

Wir betrachten also bei vorgegebenem $n \in \mathbb{N}$ den Stichprobenraum

$$\Omega = \left\{\left(g_{a_1}, g_{a_2}, \cdots g_{a_n}\right) : a_1, a_2, \ldots a_n = 1, 2, \ldots N\right\}$$

mit gleichen Wahrscheinlichkeiten für alle Stichproben in Ω . Offenbar sind dann die Stichprobenvariablen

$$Y_1, Y_2, \ldots Y_n$$

unabhängig und identisch verteilt mit dem Erwartungswert

$$\sum y_k \frac{1}{N} = \bar{y}$$

und der Varianz

$$\sum \left(y_k - \bar{y} \right)^2 \frac{1}{N} = \sigma_{yy} .$$

Aus A 5 Satz 1 folgt also:

Satz

Bei uneingeschränkter Zufallsauswahl mit Zurücklegen gilt

$$E \bar{Y} = \bar{y}$$
$$E S_{yy} = \sigma_{yy}$$
$$var \bar{Y} = \frac{\sigma_{yy}}{n} .$$

Demnach ist $\bar{Y}$ auch bei uneingeschränkter Zufallsauswahl mit Zurücklegen eine erwartungstreue Schätzung für $\bar{y}$ und streut um so weniger um $\bar{y}$, je kleiner σ_{yy} ist. Als erwartungstreue Schätzung für $var \bar{Y}$ ergibt sich jetzt wegen $E S_{yy} = \sigma_{yy}$

$$\frac{S_{yy}}{n} .$$

Wie bei uneingeschränkt zufälliger Auswahl im engeren Sinn, betrachten wir auch hier das Intervall

$$\left[\bar{Y} - 2 \sqrt{var \bar{Y}} \ , \ \bar{Y} + 2 \sqrt{var \bar{Y}} \right] \qquad (1)$$

bzw. die Schätzung

$$\left[\bar{Y} - 2 \sqrt{\frac{S_{yy}}{n}} \ , \ \bar{Y} + 2 \sqrt{\frac{S_{yy}}{n}} \right] \qquad (2)$$

für dieses Intervall. Nach B 2 Satz 2 überdeckt das Intervall (2) den unbekannten Wert $\bar{y}$ mit einer Wahrscheinlichkeit, die mit wachsendem Stichprobenumfang n gegen $0,9544$ konvergiert. (2) ist also für großes n ein Konfidenzintervall zur Sicherheitswahrscheinlichkeit $0,9544$.

Man beachte, daß das Intervall (2) in Abschnitt 2.4 weit schwieriger zu interpretieren war.

3.6 Aufgaben

Aufgabe 1

Beweisen Sie, daß bei uneingeschränkter Zufallsauswahl gilt

$$E\,S_{yz} = s_{yz}$$

$$\mathrm{cov}\left(\overline{Y},\overline{Z}\right) = \frac{s_{yz}}{n}\left(1 - \frac{n}{N}\right)\,.$$

Lösung: Wir verwenden zur Lösung der Aufgabe die Symbolik von Abschnitt 3.3. Danach ist für $i,j = 1,2,\dots N$; $i \neq j$

$$E\,Y_i Z_i = \sum y_k z_k\, W\left(A_{ik}\right) = \frac{1}{N}\sum y_k z_k$$

$$E\,Y_i Z_j = \sum_{k \neq l} y_k z_l\, W\left(A_{ik} \cap A_{jl}\right) = \frac{1}{N(N-1)}\sum_{k \neq l} y_k z_l$$

und damit

$$\mathrm{cov}\left(Y_i,Z_i\right) = E\,Y_i Z_i - E\,Y_i\,E\,Z_i = \frac{1}{N}\sum y_k z_k - \overline{y}\,\overline{z} = \frac{N-1}{N}\,s_{yz}$$

$$\mathrm{cov}\left(Y_i,Z_j\right) = E\,Y_i Z_j - E\,Y_i\,E\,Z_j = \frac{1}{N(N-1)}\sum_{k \neq l} y_k z_l - \overline{y}\,\overline{z}$$

$$= \frac{1}{N(N-1)}\sum_{k,l} y_k z_l - \frac{1}{N(N-1)}\sum y_k z_k - \overline{y}\,\overline{z}$$

$$= \left(\frac{N}{N-1} - 1\right)\overline{y}\,\overline{z} - \frac{1}{N(N-1)}\sum y_k z_k = -\frac{1}{N}\,s_{yz}\,.$$

Mit

$$S_{yz} = \frac{1}{n}\sum_{i=1}^{n} Y_i Z_i - \frac{1}{n(n-1)}\sum_{i \neq j} Y_i Z_j$$

ergibt sich

$$E\,S_{yz} = \frac{1}{n}\sum_i E\,Y_i Z_i - \frac{1}{n(n-1)}\sum_{i \neq j} E\,Y_i Z_j$$

$$= \frac{1}{n}\sum_i \frac{1}{N}\sum_k y_k z_k - \frac{1}{n(n-1)}\sum_{i \neq j} \frac{1}{N(N-1)}\sum_{k \neq l} y_k z_l$$

$$= \frac{1}{N}\sum_k y_k z_k - \frac{1}{N(N-1)}\sum_{k \neq l} y_k z_l = s_{yz}\,.$$

Weiter gilt

$$cov\left(\overline{Y},\overline{Z}\right) = \frac{1}{n^2}\sum_{i,j} cov\left(Y_i,Z_j\right) = \frac{1}{n^2}\left[\sum_i \frac{N-1}{N}\,s_{yz} - \sum_{i\neq j}\frac{1}{N}\,s_{yz}\right]$$

$$= \frac{1}{n^2}\left[\frac{N-1}{N}\,n - \frac{1}{N}\,n\,(n-1)\right]s_{yz} = \frac{s_{yz}}{n}\left(1 - \frac{n}{N}\right).$$

Aufgabe 2

In einer Erhebungsgesamtheit sei

$$y_1 = 2,\; y_2 = 5,\; y_3 = 7,\; y_4 = 14\;.$$

a) Schreiben Sie alle möglichen Stichproben vom Umfang 2 auf, wenn un-eingeschränkt zufällig

  ohne Zurücklegen

  mit Zurücklegen

ausgewählt wird, und ermitteln Sie für jede Stichprobe $\overline{Y}$ und S_{yy} .

b) Berechnen Sie unter Verwendung der in a) bereitgestellten Ergebnisse $E\,\overline{Y}$ und $E\,S_{yy}$.

Lösung:

a) Bei uneingeschränkter Zufallsauswahl ohne Zurücklegen erhält man

Stichprobe	$\overline{Y}$	S_{yy}
(g_1,g_2) ; (g_2,g_1)	3,5	4,5
(g_1,g_3) ; (g_3,g_1)	4,5	12,5
(g_1,g_4) ; (g_4,g_1)	8	72
(g_2,g_3) ; (g_3,g_2)	6	2
(g_2,g_4) ; (g_4,g_2)	9,5	40,5
(g_3,g_4) ; (g_4,g_3)	10,5	24,5

Bei der uneingeschränkten Zufallsauswahl mit Zurücklegen ergibt sich die obige Tabelle, erweitert um folgende Zeilen

Stichprobe	$\bar{Y}$	S_{yy}
(g_1, g_1)	2	0
(g_2, g_2)	5	0
(g_3, g_3)	7	0
(g_4, g_4)	14	0

b) Durch Mitteln erhält man aus den Tabellen des Teils a)

$$E\,\bar{Y} = \frac{2 \cdot 3{,}5 + 2 \cdot 4{,}5 + 2 \cdot 8 + 2 \cdot 6 + 2 \cdot 9{,}5 + 2 \cdot 10{,}5}{12} = \frac{84}{12} = 7$$

$$E\,S_{yy} = \frac{2 \cdot 4{,}5 + 2 \cdot 12{,}5 + 2 \cdot 72 + 2 \cdot 2 + 2 \cdot 40{,}5 + 2 \cdot 24{,}5}{12} = \frac{312}{12} = 26$$

wenn uneingeschränkt zufällig ohne Zurücklegen ausgewählt wird.

Im Falle der uneingeschränkten Zufallsauswahl mit Zurücklegen ergibt sich

$$E\,\bar{Y} = \frac{2 \cdot 3{,}5 + 2 \cdot 4{,}5 + 2 \cdot 8 + 2 \cdot 6 + 2 \cdot 9{,}5 + 2 \cdot 10{,}5 + 2 + 5 + 7 + 14}{16} = \frac{112}{16} = 7$$

$$E\,S_{yy} = \frac{2 \cdot 4{,}5 + 2 \cdot 12{,}5 + 2 \cdot 72 + 2 \cdot 2 + 2 \cdot 40{,}5 + 2 \cdot 24{,}5 + 0 + 0 + 0 + 0}{16} = \frac{312}{16} = 19{,}5$$

(Auf diese Weise hat man $E\,\bar{Y}$ und $E\,S_{yy}$ berechnet, ohne auf 3.3 Satz und 3.5 Satz zurückzugreifen.

Wegen

$$\bar{y} = \frac{2 + 5 + 7 + 14}{4} = 7$$

$$\sigma_{yy} = 19{,}5$$

$$s_{yy} = 26$$

hätten sich die Ergebnisse schneller mit Hilfe dieser Sätze finden lassen.)

Aufgabe 3

In einer Statistikklausur können *40* Punkte erreicht werden. Von den *500* abgegebenen Klausuren sind *16* zufällig herausgegriffene Klausuren bereits korrigiert. Als durchschnittliche Punktzahl ergab sich *21*.

Bestimmen Sie (mittels der Ungleichung von TSCHEBYSCHEFF) ein Intervall, das die durchschnittliche Punktzahl aller Klausuren mit einer Wahrscheinlichkeit von mindestens $0{,}75$ überdeckt.

Lösung: Wir setzen für $i = 1, 2, \ldots 500$

$\quad y_i = $ Anzahl der Punkte des i-ten Teilnehmers in der Klausur.

Wegen $0 \le y_i \le 40$ für alle i ist σ_{yy} (und damit auch s_{yy}) am größten, wenn die Hälfte der Teilnehmer 0 und die andere Hälfte 40 Punkte erreicht. Daher ist $\sigma_{yy} \le 400$.

Das nach TSCHEBYSCHEFF konstruierte Konfidenzintervall (vgl. (1) in Abschnitt 3.4)

$$\left[\overline{Y} - 2 \sqrt{\frac{s_{yy}}{n}\left(1 - \frac{n}{N}\right)} \; ; \; \overline{Y} + 2 \sqrt{\frac{s_{yy}}{n}\left(1 - \frac{n}{N}\right)} \right]$$

$$= \left[\overline{Y} - 2 \sqrt{\frac{\sigma_{yy}}{n} \frac{N-n}{N-1}} \; ; \; \overline{Y} + 2 \sqrt{\frac{\sigma_{yy}}{n} \frac{N-n}{N-1}} \right]$$

ist wegen $N - n < N - 1$ sicher enthalten im Intervall

$$\left[21 - 2 \sqrt{\frac{400}{16}} \; ; \; 21 + 2 \sqrt{\frac{400}{16}} \right] = \left[11 \; ; \; 31 \right] .$$

Aufgabe 4

Ein Buch weist bemerkenswert viele Druckfehler auf. Man entschließt sich, 10 der insgesamt 800 Seiten durchzusehen, um eine genauere Vorstellung von der Häufigkeit der Druckfehler zu gewinnen.

a) Welche Seiten wählt man aus, wenn die folgende Tabelle von Zufallszahlen zugrundegelegt wird:

$\quad$ 03 47 43 73 86 36 96 47 36 61 46 98 63 71 62 33 26 16 80 45.

Man zählt auf den ausgewählten Seiten

$\quad$ 3 , 0 , 0 , 2 , 3 , 1 , 1 , 0 , 0 , 2

Fehler.

b) Schätzen Sie die durchschnittliche Fehlerzahl pro Seite und geben Sie einen Schätzwert für die Standardabweichung der dabei verwendeten Schätzfunktion an.

c) Schätzen Sie die Gesamtfehlerzahl und geben Sie einen Schätzwert für die Standardabweichung der dabei vewendeten Schätzfunktion an.

Wir nehmen jetzt an, man habe *40* Seiten uneingeschränkt zufällig ausgewählt und folgende Häufigkeitsverteilung erhalten:

Fehler pro Seite	Häufigkeit
0	20
1	10
2	5
3	2
4	1
5	2

d) Berechnen Sie einen Schätzwert für die durchschnittliche Fehlerzahl pro Seite und geben Sie die geschätzte Standardabweichung an.

e) Konstruieren Sie ein Konfidenzintervall zum Sicherheitsgrad *95,44%* für die durchschnittliche Fehlerzahl pro Seite und eines für die Gesamtfehlerzahl.

f) Schätzen Sie den Anteil der **Seiten** mit Fehlern im Buch und berechnen Sie einen Schätzwert für die Standardabweichung.

g) Konstruieren Sie ein Konfidenzintervall zum Sicherheitsgrad *95,44%* für die Gesamtzahl der Fehler aufweisenden Seiten des Buches.

Lösung:

a) Da der Umfang des Buches eine *3*-stellige Zahl ist, bildet man Dreierblöcke und streicht diejenigen Blöcke weg, die als dreistellige Zahlen gelesen gleich *0* oder größer als *800* sind

   03 4|7 43| 73 8|6 36| 96 4|7 36| 61 4|6 98| 63 7|1 62| 33 2|6 ... .

Man untersucht also die Seiten mit den Nummern

   34 743 738 636 736 614 698 637 162 332

oder angeordnet

   34 162 332 614 636 637 698 736 738 743 .

b) Wir definieren für $i = 1, 2, \ldots 800$

$$y_i = \text{Fehlerzahl auf } i\text{-ter Seite.}$$

Die durchschnittliche Fehlerzahl $\bar{y}$ pro Seite wird durch

$$\bar{Y} = \frac{1}{10}\left(3 + 0 + 0 + 2 + 3 + 1 + 1 + 0 + 0 + 2 \right) = 1{,}2$$

und die Varianz s_{yy} der Fehlerzahl pro Seite durch

$$S_{yy} = \frac{1}{10-1}\left[4\left(0-1{,}2\right)^2 + 2\left(1-1{,}2\right)^2 + 2\left(2-1{,}2\right)^2 + 2\left(3-1{,}2\right)^2 \right] = 13{,}6$$

geschätzt.

Da der Auswahlsatz 5% nicht übersteigt, darf der Korrekturfaktor bei der Berechnung der geschätzten Standardabweichung von $\bar{Y}$ vernachlässigt werden, und man erhält

$$\sqrt{\frac{\overline{S_{yy}}}{n}} = \sqrt{\frac{\overline{13{,}6}}{9 \cdot 10}} \approx 0{,}3887 \; .$$

c) Zu schätzen ist $\Sigma y_i = N \bar{y}$. Aus b) ergibt sich als Schätzwert 960 und als Schätzwert für die Standardabweichung $310{,}9841$.

d) Es ist jetzt $n = 40$. y_i ist wie in b) definiert. $\bar{y}$ wird geschätzt durch

$$\bar{Y} = \frac{0 \cdot 20 + 1 \cdot 10 + 2 \cdot 5 + 3 \cdot 2 + 4 \cdot 1 + 5 \cdot 2}{40} = 1$$

und s_{yy} durch

$$S_{yy} = \frac{1}{40-1}\left[20\left(0-1\right)^2 + 10\left(1-1\right)^2 + 5\left(2-1\right)^2 \right.$$
$$\left. + 2\left(3-1\right)^2 + 1\left(4-1\right)^2 + 2\left(5-1\right)^2 \right] = \frac{74}{39} \; .$$

Als Schätzwert für die Standardabweichung von $\bar{Y}$ erhält man

$$\sqrt{\frac{\overline{S_{yy}}}{n}} \approx 0{,}2178$$

wenn der Korrekturfaktor vernachlässigt wird.

e) Als *0,9544*-Konfidenzintervall für die durchschnittliche Fehlerzahl pro Seite ergibt sich

$$\left[\ \overline{Y} - 2\sqrt{\frac{S_{yy}}{n}}\ ;\ \overline{Y} + 2\sqrt{\frac{S_{yy}}{n}}\ \right] = [\,0,5644\ ;\ 1,4356\,]$$

und für die Gesamtzahl aller Fehler

$$\left[\ N\overline{Y} - 2N\sqrt{\frac{S_{yy}}{n}}\ ;\ N\overline{Y} + 2N\sqrt{\frac{S_{yy}}{n}}\ \right] = [\,451,52\ ;\ 1148,48\,]\ .$$

f) Wir definieren für $i = 1, \ldots 10$

$$Y_i = \begin{cases} 1 & \text{falls } i\text{-te Seite fehlerhaft} \\ 0 & \text{sonst} \end{cases}$$

und schätzen den gesuchten Anteilswert $\overline{y}$ durch

$$\overline{Y} = \frac{20}{40} = \frac{1}{2}\ .$$

Als Schätzwert für die Standardabweichung erhält man bei Vernachlässigung des Korrekturfaktors

$$\sqrt{\frac{1}{n-1}\,\overline{Y}\,(1 - \overline{Y})} \approx 0,08\ .$$

g) Das gesuchte Konfidenzintervall lautet

$$\left[\ N\overline{Y} - 2N\sqrt{\frac{1}{n-1}\,\overline{Y}\,(1 - \overline{Y})}\ ;\ N\overline{Y} + 2N\sqrt{\frac{1}{n-1}\,\overline{Y}\,(1 - \overline{Y})}\ \right]$$
$$= [\,272\ ;\ 528\,]\ .$$

Aufgabe 5

Für eine Großstadt mit *300 000* Einwohnern soll

a) die Zahl der Haushalte

b) die Zahl der Haushalte mit PKW

c) die Zahl der PKW

geschätzt werden. Dazu wählt man aus der Einwohnerdatei *6* Personen uneingeschränkt zufällig aus und erhält folgende Angaben

ausgewählte Person	Größe des zugehörigen Haushalts	Zahl der vom Haushalt gehaltenen PKW
1	2	1
2	4	0
3	4	0
4	5	2
5	5	3
6	10	5

Berechnen Sie für die Größen a) - c) Schätzwerte, und schätzen Sie die Varianz der Schätzung.

Lösung: Im folgenden bezeichnet z_i die Größe des Haushalts, in dem die i-te Person lebt, $i = 1, 2, \ldots 300\,000$.

a) Wir setzen für $i = 1, 2, \ldots 300\,000$

$$y_i = \frac{1}{z_i}.$$

Dann ist $y = \Sigma y_i$ die Anzahl der Haushalte. Eine erwartungstreue Schätzfunktion für y ist

$$N\,\overline{Y} = 300\,000 \cdot \frac{1}{6} \left[\frac{1}{2} + \frac{1}{4} + \frac{1}{4} + \frac{1}{5} + \frac{1}{5} + \frac{1}{10} \right] = 300\,000 \cdot \frac{1}{4} = 75\,000.$$

Die Varianz der Schätzung ist (bei Vernachlässigung der Korrekturfaktoren) zu schätzen durch

$$N^2 \frac{S_{yy}}{n} = \frac{N^2}{n(n-1)} \sum \left(Y_i - \overline{Y} \right)^2$$

$$= \frac{300\,000^2}{6 \cdot 5} \left[\left(\frac{1}{2} - \frac{1}{4} \right)^2 + \left(\frac{1}{4} - \frac{1}{4} \right)^2 + \left(\frac{1}{4} - \frac{1}{4} \right)^2 \right.$$

$$\left. + \left(\frac{1}{5} - \frac{1}{4} \right)^2 + \left(\frac{1}{5} - \frac{1}{4} \right)^2 + \left(\frac{1}{10} - \frac{1}{4} \right)^2 \right] = 2{,}7 \cdot 10^8.$$

48

b) Wir setzen für $i = 1, 2, \dots 300\,000$

$$y_i = \begin{cases} 1/z_i & \text{falls der Haushalt, in dem die } i\text{-te Person lebt, wenigstens} \\ & \text{einen PKW hält} \\ 0 & \text{sonst} . \end{cases}$$

Dann ist $y = \Sigma y_i$ die Anzahl der Haushalte mit PKW.

Als Schätzwert für y ergibt sich

$$300\,000 \cdot \frac{1}{6} \cdot \left[\frac{1}{2} + 0 + 0 + \frac{1}{5} + \frac{1}{5} + \frac{1}{10} \right] = 300\,000 \cdot \frac{1}{6} = 50\,000$$

und als Schätzwert für die Varianz

$$\frac{300\,000^2}{6 \cdot 5} \left[\left(\frac{1}{2} - \frac{1}{6} \right)^2 + \left(0 - \frac{1}{6} \right)^2 + \left(0 - \frac{1}{6} \right)^2 \right.$$

$$\left. + \left(\frac{1}{5} - \frac{1}{6} \right)^2 + \left(\frac{1}{5} - \frac{1}{6} \right)^2 + \left(\frac{1}{10} - \frac{1}{6} \right)^2 \right] = 5{,}2 \cdot 10^8 .$$

c) Für $i = 1, 2, \dots 300\,000$ bezeichne x_i die Anzahl der PKW die der Haushalt, in dem die i-te Person lebt, hält, und es sei weiter

$$y_i = \frac{x_i}{z_i} .$$

Dann ist $y = \Sigma y_i$ die Zahl aller in der betreffenden Großstadt gehaltenen PKW. Als Schätzwert für y ergibt sich

$$300\,000 \cdot \frac{1}{6} \cdot \left[\frac{1}{2} + 0 + 0 + \frac{2}{5} + \frac{3}{5} + \frac{5}{10} \right] = 300\,000 \cdot \frac{1}{3} = 100\,000$$

und als Schätzwert für die Varianz

$$\frac{300\,000^2}{6 \cdot 5} \left[\left(\frac{1}{2} - \frac{1}{3} \right)^2 + \left(0 - \frac{1}{3} \right)^2 + \left(0 - \frac{1}{3} \right)^2 \right.$$

$$\left. + \left(\frac{2}{5} - \frac{1}{3} \right)^2 + \left(\frac{3}{5} - \frac{1}{3} \right)^2 + \left(\frac{5}{10} - \frac{1}{3} \right)^2 \right] = 10{,}6 \cdot 10^8 .$$

Aufgabe 6

In zwei unabhängig voneinander aus einer Erhebungsgesamtheit vom Umfang *12 000* gezogenen Stichproben (jeweils uneingeschränkte Zufallsauswahl mit Zurücklegen) mit den Umfängen $n_1 = 300$ und $n_2 = 600$ ergeben sich für einen unbekannten Anteilswert θ die Schätzwerte *0,18* und *0,21*. Berechnen Sie ein *0,9544*-Konfidenzintervall für θ.

Lösung: Wir bezeichnen mit $\overline{Y}_i$ den Anteilswert der *i*-ten ($i = 1, 2$) Stichprobe und verwenden als Schätzfunktion für θ

$$\alpha\, \overline{Y}_1 + \beta\, \overline{Y}_2 + \gamma\, .$$

Offensichtlich ist diese Schätzfunktion genau dann erwartungstreu für θ, wenn $\beta = 1-\alpha$ und $\gamma = 0$ gilt.

Wegen

$$var\left[\alpha\, \overline{Y}_1 + (1-\alpha)\, \overline{Y}_2\right] = \alpha^2\, var\, \overline{Y}_1 + (1-\alpha)^2\, var\, \overline{Y}_2$$

$$= \alpha^2\, \frac{\theta(1-\theta)}{n_1} + (1-\alpha)^2\, \frac{\theta(1-\theta)}{n_2}$$

$$= \frac{\theta(1-\theta)}{n_1 n_2}\left[\left(n_1 + n_2\right)\alpha^2 - 2\,n_1\alpha + n_1\right]$$

hat man $\alpha = n_1/(n_1 + n_2)$ zu setzen. Man verfährt also so, als hätte man eine Stichprobe vom Umfang $n = n_1 + n_2$ uneingeschränkt zufällig (mit Zurücklegen) ausgewählt.

Wegen

$$\overline{Y} = \frac{n_1 \overline{Y}_1 + n_2 \overline{Y}_2}{n_1 + n_2} = \frac{300 \cdot 0{,}18 + 600 \cdot 0{,}21}{900} = 0{,}2$$

erhält man als *0,9544*-Konfidenzintervall für θ

$$\left[\overline{Y} - 2\sqrt{\frac{\overline{Y}(1-\overline{Y})}{n}}\ ;\ \overline{Y} + 2\sqrt{\frac{\overline{Y}(1-\overline{Y})}{n}}\ \right] = [\,0{,}17\overline{3}\ ;\ 0{,}22\overline{6}\,]\, .$$

Aufgabe 7

An einer Universität mit *5 400* Studierenden werden *600* Studierende uneingeschränkt zufällig ausgewählt und nach ihrem monatlich verfügbaren Einkommen befragt. *150* der Befragten gaben an, weniger als *500 DM* im Monat zur Verfügung zu haben. Wie lautet ein *0,9544*-Konfidenzintervall für den Anteil der an dieser Universität Studierenden, die über weniger als *500 DM* monatlich verfügen?

Lösung: Wir setzen für $i = 1, \ldots 5\,400$

$$y_i = \begin{cases} 1 & \text{falls } i\text{-ter Studierender über weniger als } 500\,DM \\ & \quad \text{monatlich verfügt} \\ 0 & \text{sonst} \end{cases}$$

und schätzen $\bar{y}$ durch

$$\overline{Y} = \frac{150}{600} = \frac{1}{4}\,.$$

Als Konfidenzintervall für $\bar{y}$ ergibt sich

$$\left[\; \overline{Y} - 2\sqrt{\frac{\overline{Y\,(1-\overline{Y})}}{n-1}\left(1 - \frac{n}{N}\right)} \;\; ; \;\; \overline{Y} + 2\sqrt{\frac{\overline{Y\,(1-\overline{Y})}}{n-1}\left(1 - \frac{n}{N}\right)} \;\right]\,.$$

Die Ersetzung von $n - 1$ durch n ist sicherlich zulässig und führt zum Ergebnis

$$\left[\frac{1}{4} - 2\sqrt{\frac{\frac{1}{4}\cdot\frac{3}{4}}{600}\left(1 - \frac{600}{5400}\right)} \;\;;\;\; \frac{1}{4} + 2\sqrt{\frac{\frac{1}{4}\cdot\frac{3}{4}}{600}\left(1 - \frac{600}{5400}\right)}\right] = \left[\frac{13}{60}\,;\,\frac{17}{60}\right]\,.$$

Aufgabe 8 (Festlegung des Stichprobenumfangs)

Man interessiert sich für den Stimmenanteil, den eine Partei bei einer bevorstehenden Wahl erhalten wird, und möchte ein *0,9544*-Konfidenzintervall berechnen.

a)   Wieviele Wahlberechtigte sind zu befragen, wenn das Konfidenzintervall eine Länge von höchstens *0,05* haben soll?

Wieviele Wahlberechtigte sind zu befragen, wenn das Konfidenzintervall eine Länge von

b) etwa *0,05*

c) etwa *10%* des Schätzwertes für den unbekannten Stimmenanteil mit großer Wahrscheinlichkeit nicht überschreiten soll und bekannt ist, daß der Stimmenanteil der fraglichen Partei

(1) bei etwa *0,2*

(2) zwischen *0,1* und *0,3*

liegen wird?

Lösung:

a) Das Konfidenzintervall

$$\left[\overline{Y} - 2\sqrt{\frac{\overline{Y}(1-\overline{Y})}{n}} \; ; \; \overline{Y} + 2\sqrt{\frac{\overline{Y}(1-\overline{Y})}{n}} \right]$$

hat eine Länge von höchstens *0,05* , wenn gilt

$$4\sqrt{\frac{\overline{Y}(1-\overline{Y})}{n}} \le 0{,}05$$

oder

$$\overline{Y}(1-\overline{Y}) \le n \cdot 0{,}000\,156\,25 \; .$$

Da man aus Kostengründen n möglichst klein wählen möchte, wird man n so festlegen, daß die obige Ungleichung für alle $\overline{Y} \in [\,0\,;\,1\,]$ gerade noch erfüllt ist. Nun hat die Funktion

$$f(\overline{Y}) = \overline{Y}(1-\overline{Y})$$

ihr Maximum an der Stelle $\overline{Y} = 1/2$ (vgl. Abbildung 4).

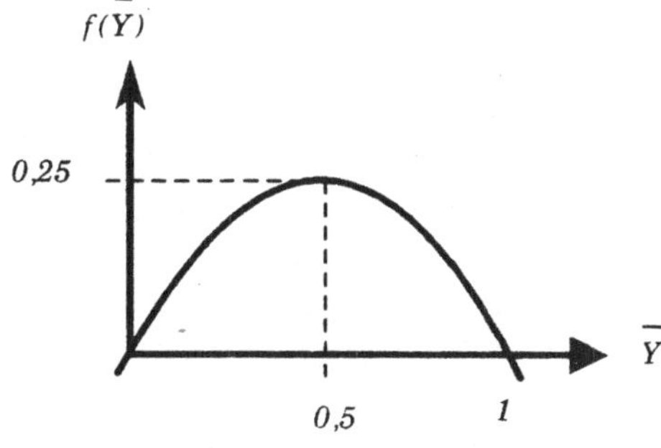

Abb. 4

Durch Auflösen der Gleichung

$$0{,}25 = n \cdot 0{,}000\,156\,25$$

erhält man

$$n = 1\,600 \ .$$

Man hat also $1\,600$ Wahlberechtigte zu befragen.

b_1) Wenn $\bar{y} \approx 0{,}2$ bekannt ist, darf man auch $\overline{Y} \approx 0{,}2$ erwarten, sofern man n nicht allzu klein vorgibt. Man wird n also so festlegen, daß gerade noch

$$0{,}2 \cdot 0{,}8 \leq n \cdot 0{,}000\,156\,25$$

erfüllt ist; durch Auflösen der Gleichung

$$0{,}2 \cdot 0{,}8 = n \cdot 0{,}000\,156\,25$$

erhält man

$$n = 1\,024 \ .$$

Man sollte infolgedessen eine Stichprobe vom Umfang $1\,024$ ziehen.

b_2) Wenn $0{,}1 \leq \bar{y} \leq 0{,}3$ bekannt ist, darf man bei nicht zu kleinem n erwarten, daß die Doppelungleichung

$$0{,}1 \leq \overline{Y} \leq 0{,}3$$

näherungsweise erfüllt ist. Man sollte deshalb n so festlegen, daß

$$\overline{Y}\,(1 - \overline{Y}) \leq n \cdot 0{,}000\,156\,25$$

für alle $\overline{Y} \in [\,0{,}1\,;0{,}3\,]$ gerade noch erfüllt ist. Da die Funktion $\overline{Y}\,(1 - \overline{Y})$ im angegebenen Intervall monoton wächst, bestimmt sich n aus der Gleichung

$$0{,}3 \cdot 0{,}7 = n \cdot 0{,}000\,156\,25 \ .$$

Folglich hat man $n = 1\,344$ als Stichprobenumfang zugrunde zu legen.

c_1) Man wird n jetzt so festlegen, daß die Länge

$$4\sqrt{\dfrac{\overline{Y}\,(1 - \overline{Y})}{n}}$$

des Konfidenzintervalls höchstens *10%* von $\overline{Y}$ ausmacht, d.h. es soll

$$\frac{4\sqrt{\dfrac{\overline{Y}\,(1-\overline{Y})}{n}}}{\overline{Y}} \le 0,1 \quad \text{bzw.} \quad \frac{1-\overline{Y}}{\overline{Y}} \le n \cdot 0,000\,625$$

gelten. Wenn man $\overline{y} \approx 0,2$ weiß, wird man aus Kostengründen als Stichprobenumfang die kleinste Zahl wählen, für die die Ungleichung

$$\frac{1-0{,}2}{0{,}2} \le n \cdot 0,000\,625$$

erfüllt ist. Der gesuchte Stichprobenumfang ist demnach

$$n = 6\,400\ .$$

c_2) Da bei nicht zu kleinem n die Doppelungleichung $0,1 \le \overline{Y} \le 0,3$ annähernd erfüllt sein wird, sollte n so festgelegt werden, daß

$$\frac{1-\overline{Y}}{\overline{Y}} \le n \cdot 0,000\,625$$

für alle $\overline{Y} \in [\,0,1\,;0,3]$ gerade noch gilt. Die Funktion

$$g(\overline{Y}) = \frac{1-\overline{Y}}{\overline{Y}}$$

ist monoton fallend (vgl. Abbildung 5).

n sollte also so gewählt werden, daß

$$\frac{1-0{,}1}{0{,}1} \le n \cdot 0,000\,625$$

erfüllt ist, und im übrigen möglichst klein. Man hat demnach *14 400* Wahlberechtigte zu befragen.

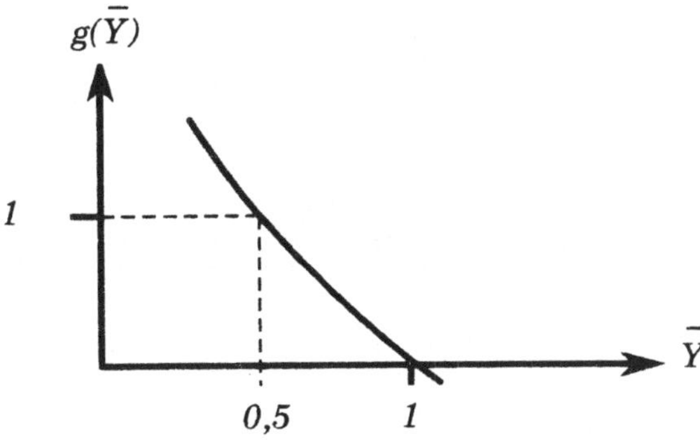

Abb.5

Aufgabe 9 (Systematische Auswahl)

Einer Erhebungsgesamtheit vom Umfang $N = nH$ werden durch *systematische Auswahl* n Einheiten entnommen, d.h. beginnend mit einer zufälligen Startzahl $K(1 \leq K \leq H)$ wählt man die Einheiten mit den Nummern

$$K, \; K + H, \; K + 2H, \; ... K + (n\text{-}1)H$$

aus. Wir setzen

$$\bar{y}(K) = \frac{1}{n} \sum_{i=0}^{n-1} y_{K+iH}$$

$$s_{yy}(K) = \frac{1}{n-1} \sum_{i=0}^{n-1} \left[y_{K+iH} - \bar{y}(K) \right]^2 .$$

a)   Ist das Stichprobenmittel $\bar{y}(K)$ eine erwartungstreue Schätzfunktion für $\bar{y}$?

b)   Unter welcher Voraussetzung ist die Varianz des Stichprobenmittels $\bar{y}(K)$ ebenso groß wie die Varianz des Stichprobenmittels einer uneingeschränkt zufällig ausgewählten Stichprobe gleichen Umfangs?

c)   Ist es gerechtfertigt, $var \; \bar{y}(K)$ durch

$$\frac{s_{yy}(K)}{n} \left(1 - \frac{n}{N} \right)$$

zu schätzen, d.h. so zu tun, als sei die Stichprobe uneingeschränkt zufällig ausgewählt?

d)   Die Numerierung der Erhebungsgesamtheit sei zufällig, d.h. alle möglichen Numerierungen sind gleichwahrscheinlich. Ist es dann gerechtfertigt, eine Stichprobe systematisch auszuwählen und so zu schätzen, als wäre sie uneingeschränkt zufällig ausgewählt?

Lösung:

a)   Wenn die Startzahl K zufällig gewählt wird, gilt

$$W(K = k) = \frac{1}{H} \; \text{für} \; k = 1, 2, ... H$$

und

$$E \, \bar{y}(K) = \sum_{k=1}^{H} \bar{y}(k) \frac{1}{H} = \frac{1}{H} \sum_{k=1}^{H} \frac{1}{n} \sum_{i=0}^{n-1} y_{k+iH} = \frac{1}{nH} \sum_{j=1}^{N} y_j = \bar{y} \, .$$

Das Stichprobenmittel $\bar{y}(K)$ ist also erwartungstreue Schätzfunktion für $\bar{y}$.

b) Aus

$$\sigma_{yy} = \frac{1}{H} \sum \sigma_{yy}(k) + \frac{1}{H} \sum \left(\bar{y}(k) - \bar{y} \right)^2$$

(vgl. Abschnitt 2.5) folgt

$$var\ \bar{y}(K) = E\left[\bar{y}(K) - \bar{y} \right]^2 = \frac{1}{H} \sum \left[\bar{y}(k) - \bar{y} \right]^2$$

$$= \sigma_{yy} - \frac{1}{H} \sum \sigma_{yy}(k)$$

$$= \frac{N-1}{N} s_{yy} - \frac{n-1}{n} \frac{1}{H} \sum s_{yy}(k)$$

$$= \frac{N-1}{N} s_{yy} - \frac{n-1}{n} \frac{1}{H} E\ s_{yy}(K) \ .$$

Wegen

$$\frac{1}{n} \left(1 - \frac{n}{N} \right) = \frac{N-1}{N} - \frac{n-1}{n}$$

hat man daher die beiden Beziehungen

$$var\ \bar{y}(K) = \frac{s_{yy}}{n} \left(1 - \frac{n}{N} \right) + \frac{n-1}{n} \left[s_{yy} - E\ s_{yy}(K) \right] \tag{1}$$

$$var\ \bar{y}(K) = E\ \frac{s_{yy}(K)}{n} \left(1 - \frac{n}{N} \right) + \frac{N-1}{n} \left[s_{yy} - E\ s_{yy}(K) \right] \ . \tag{2}$$

Nach (1) ist

$$var\ \bar{y}(K) = var\ \overline{Y}$$

gleichbedeutend mit

$$E\ s_{yy}(K) = s_{yy} \ . \tag{3}$$

c) Die Varianz des Stichprobenmittels einer systematischen Stichprobe so zu schätzen, als wäre sie uneingeschränkt zufällig ausgewählt, ist gerechtfertigt, wenn gilt

$$var\ \bar{y}(K) = E\ \frac{s_{yy}(K)}{n} \left(1 - \frac{n}{N} \right) \ .$$

Nach (2) ist auch das gleichbedeutend mit (3).

In Abbildung 6 sind

$$var\ \bar{y}\ (K) = \sigma_{yy} - \frac{1}{H} \sum \sigma_{yy}(k) = \sigma_{yy} - \frac{n-1}{n} \frac{1}{H} \sum s_{yy}(k)$$

und

$$E\ \frac{s_{yy}(K)}{n} \left(1 - \frac{n}{N}\right) = \frac{1}{n}\left(1 - \frac{n}{N}\right) \frac{1}{H} \sum s_{yy}(k)$$

als Funktionen von $(1/H)\ \Sigma s_{yy}\ (k)$ dargestellt.

Wie Abbildung 6 zeigt, wird $var\ \bar{y}(K)$ durch

$$\frac{s_{yy}(K)}{n}\left(1 - \frac{n}{N}\right)$$

stark unterschätzt, wenn die Numerierung der Erhebungsgesamtheit dazu führt, daß $(1/H)\ \Sigma s_{yy}\ (k)$ klein ist im Vergleich zu σ_{yy}, wenn also die systematischen Stichproben homogen sind. (Diese Situation wäre z.B. gegeben, wenn zur Analyse des Anzeigenteils einer Tageszeitung ein Wochentag zufällig ausgewählt und die Untersuchung aufgrund der betreffenden Wochentagsausgaben dieser Tageszeitung vorgenommen würde. Denn bekanntlich ist der Anzeigenteil zweier Ausgaben nach Umfang und Struktur für gleiche Wochentage sehr ähnlich, für unterschiedliche Wochentage aber sehr verschieden.)

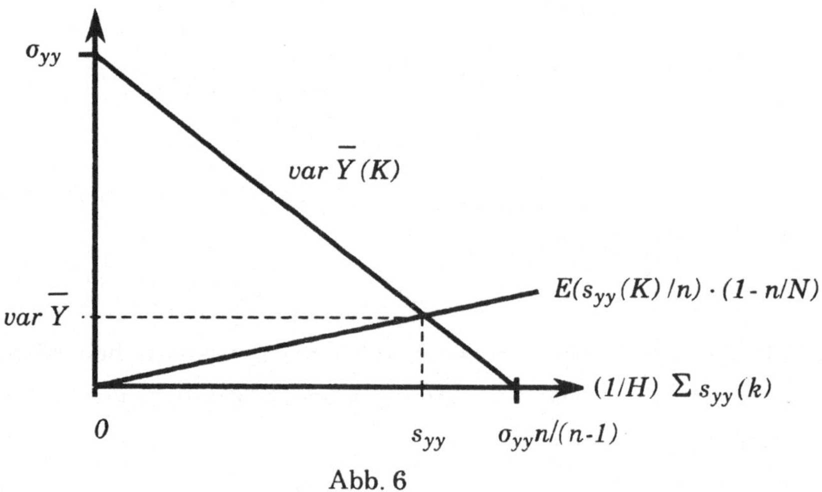

Abb. 6

d) Wir betrachten das zusammengesetzte Zufallsexperiment: Zufälliges Auswählen der Numerierung der Erhebungsgesamtheit unter allen $N!$ möglichen Numerierungen und anschließendes Auswählen der systematischen Stichprobe. Durch das 1. Teilexperiment werden das Stichprobenmittel und die Stichprobenvarianz der möglichen systematischen Stichproben zu Zufallsvariablen, für die $\overline{Y}(k)$ bzw. $S_{yy}(k)$; $(k=1, 2, ... H)$ geschrieben wird. Dabei gilt

$$\frac{1}{H} \sum \overline{Y}(k) = \overline{y} \ .$$

Die Momentbildung für das Gesamtexperiment bezeichnen wir mit **E** bzw. **var** . Mit den Daten einer systematischen Stichprobe so zu schätzen, als wäre die Stichprobe uneingeschränkt zufällig ausgewählt, ist gerechtfertigt, wenn gilt

$$\mathbf{E} \ \overline{Y}(K) = \overline{y}$$

$$\mathbf{var} \ \overline{Y}(K) = \mathbf{E} \ \frac{S_{yy}(K)}{n} \left(1 - \frac{n}{N} \right) \ .$$

Die Momentbildung bzgl. des 1. Teilexperiments kennzeichnen wir mit E_1 bzw. var_1, die bzgl. des 2. mit E_2 bzw. var_2. Da $\overline{Y}(k)$ bzw. $S_{yy}(k)$ offenbar die gleiche Wahrscheinlichkeitsverteilung besitzen wie das Stichprobenmittel $\overline{Y}$ bzw. die Stichprobenvarianz S_{yy} einer aus der Erhebungsgesamtheit uneingeschränkt zufällig entnommenen Stichprobe gleichen Umfangs, gilt

$$var_1 \ \overline{Y}(k) = var \ \overline{Y} = \frac{s_{yy}}{n} \left(1 - \frac{n}{N} \right)$$

$$E_1 S_{yy}(k) = E \ S_{yy} = s_{yy} \ .$$

Damit erhalten wir

$$\mathbf{E} \ \overline{Y}(K) = E_1 E_2 \ \overline{Y}(K) = E_1 \frac{1}{H} \sum \overline{Y}(k) = \overline{y}$$

$$\mathbf{var} \ \overline{Y}(K) = E_1 var_2 \ \overline{Y}(K) + var_1 E_2 \ \overline{Y}(K)$$

$$= E_1 \frac{1}{H} \sum \left(\overline{Y}(k) - \overline{y} \right)^2 + var_1 \frac{1}{H} \sum \overline{Y}(k)$$

$$= \frac{1}{H} \sum var_1 \ \overline{Y}(k) + var_1 \ \overline{y}$$

$$= \frac{s_{yy}}{n} \left(1 - \frac{n}{N} \right)$$

$$\mathrm{E} \, \frac{S_{yy}(K)}{n} \left(1 - \frac{n}{N}\right) = \frac{1}{n} \left(1 - \frac{n}{N}\right) E_1 E_2 \, S_{yy}(K)$$

$$= \frac{1}{n} \left(1 - \frac{n}{N}\right) E_1 \, \frac{1}{H} \sum S_{yy}(k)$$

$$= \frac{s_{yy}}{n} \left(1 - \frac{n}{N}\right) .$$

Wenn die Numerierung der Erhebungsgesamtheit als zufällig betrachtet werden kann, ist es also gerechtfertigt, bei systematisch ausgewählten Stichproben so zu schätzen, als wären sie uneingeschränkt zufällig ausgewählt. (Dieses Resultat folgt natürlich auch aus der Überlegung, daß der Startzahl K durch die Zufälligkeit der Numerierung eine uneingeschränkt zufällig ausgewählte Teilmenge der Erhebungsgesamtheit zugeordnet wird.)

Aufgabe 10

Wir wählen durch uneingeschränkte Zufallsauswahl vom Umfang n eine Stichprobe aus und verwenden

$$\overline{Y}_n = \frac{1}{n} \sum_{i=1}^{n} Y_i$$

als Schätzung für $\bar{y}$. Hierbei sei der Stichprobenumfang n zufallsabhängig mit $E\,n = n_0$. Die natürliche Zahl n_0 liege zwischen 1 und N.

a) Beweisen Sie, daß $\overline{Y}_n$ erwartungstreu für $\bar{y}$ ist.

b) Schätzen Sie die Varianz von $\overline{Y}_n$ erwartungstreu.

c) Zeigen Sie, daß gilt

$$var \, \overline{Y}_n \geq \frac{s_{yy}}{n_0} \left(1 - \frac{n_0}{N}\right) .$$

Interpretieren Sie diese Ungleichung.

Lösung: Es bezeichne E_2 die Erwartungswertbildung bei vorgegebenem Stichprobenumfang und E_1 die Erwartungswertbildung bezüglich n. Entsprechend sind var_2 und var_1 zu verstehen.

59

a) Es ist

$$E_2 \overline{Y}_n = \overline{y}$$

und daher

$$E \overline{Y}_n = E_1 E_2 \overline{Y}_n = \overline{y} \; .$$

b) Mit

$$S_{yyn} = \frac{1}{n-1} \sum \left(Y_i - \overline{Y}_n \right)^2$$

ist

$$\mathrm{var}\, \overline{Y}_n = \mathrm{var}_1 E_2 \overline{Y}_n + E_1 \mathrm{var}_2 \overline{Y}_n$$

$$= E_1 \frac{s_{yy}}{n} \left(1 - \frac{n}{N} \right) = E_1 E_2 \frac{S_{yyn}}{n} \left(1 - \frac{n}{N} \right) \; .$$

Also ist $\dfrac{S_{yyn}}{n} \left(1 - \dfrac{n}{N} \right)$ eine erwartungstreue Varianzschätzung.

c) Offensichtlich ist

$$\mathrm{cov} \left(n, \frac{1}{n} \right) \le 0$$

d.h.

$$E\, n\, \frac{1}{n} - E\, n\, E\, \frac{1}{n} \le 0$$

und daher

$$E\, \frac{1}{n} \ge \frac{1}{E\, n} \; .$$

Nach b) ist

$$\mathrm{var}\, \overline{Y}_n = E_1 \frac{s_{yy}}{n} \left(1 - \frac{n}{N} \right)$$

$$= s_{yy} \left(E_1 \frac{1}{n} - \frac{1}{N} \right)$$

$$\ge s_{yy} \left(\frac{1}{E_1 n} - \frac{1}{N} \right)$$

$$= \frac{s_{yy}}{n_0} \left(1 - \frac{n_0}{N} \right) \; .$$

Weil

$$\frac{s_{yy}}{n_0}\left(1 - \frac{n_0}{N}\right)$$

gleich der Varianz des Stichprobenmittels bei uneingeschränkter Zufallsauswahl vom Umfang n_0 ist, besagt die Ungleichung, daß es unzweckmäßig ist, den Stichprobenumfang vom Zufall abhängen zu lassen.

4 Differenz- und Verhältnisschätzung

4.1 Differenzschätzung

Unter Umständen interessieren Merkmale Y und Z, die den Erhebungseinheiten $g_1, g_2, \ldots g_N$ Werte $y_1, y_2, \ldots y_N$ bzw. $z_1, z_2, \ldots z_N$ zuordnen, und es wird nach

$$\bar{y} - \bar{z}$$

gefragt. Man stelle sich etwa vor, daß

$\quad y_i \quad$ die Zahl der Beschäftigten des Unternehmens g_i zum Zeitpunkt t_1

$\quad z_i \quad$ die Zahl der Beschäftigten des Unternehmens g_i zu einem weiter zurückliegenden Zeitpunkt t_0

bedeuten und daß nach der Differenz $\bar{y} - \bar{z}$ gefragt wird, d.h. nach der Zahl der Personen, die pro Unternehmen im Durchschnitt mehr beschäftigt werden.

Man wird eine uneingeschränkte Zufallsauswahl von n Erhebungseinheiten vornehmen und die Stichprobenvariablen $Y_1, Y_2, \ldots Y_n$, evtl. auch $Z_1, Z_2, \ldots Z_n$ betrachten, sowie geeignete Stichprobenfunktionen.

Wenn die Werte $z_1, z_2, \ldots z_N$ bekannt sind, bietet sich

$$\bar{Y} - \bar{z}$$

als Schätzung an. Die Varianz **dieser** offensichtlich unverzerrten Schätzung lautet nach 3.3 Satz

$$\frac{s_{yy}}{n}\left(1 - \frac{n}{N}\right)$$

und man erhält als Varianzschätzung

$$\frac{S_{yy}}{n}\left(1 - \frac{n}{N}\right) .$$

Wenn man die Werte $z_1, z_2, \ldots z_N$ dagegen nicht kennt, wird man

$$\bar{Y} - \bar{Z} = \frac{1}{n} \sum \left(Y_i - Z_i\right)$$

als Schätzung verwenden. Diese Schätzung ist unverzerrt. Ihre Varianz lautet nach 3.3 Satz

$$\frac{s_{xx}}{n}\left(1 - \frac{n}{N}\right)$$

wenn

$$x_i = y_i - z_i$$

und $\quad \bar{x} = \sum \frac{x_i}{N}\quad$ und $\quad s_{xx} = \frac{\sum\left(x_i - \bar{x}\right)}{(N-1)}\quad$ gesetzt wird .

Die zuletzt beschriebene Vorgehensweise empfiehlt sich unter Umständen aber auch, wenn die z-Werte bekannt sind, dann nämlich, wenn

$$s_{xx} < s_{yy}$$

erfüllt ist, d.h. wenn die Differenzen $x_1, x_2, \dots x_N$ weniger streuen als die y-Werte $y_1, y_2, \dots y_N$. Eine typische Situation zeigt das Streuungsdiagramm von Abbildung 7.

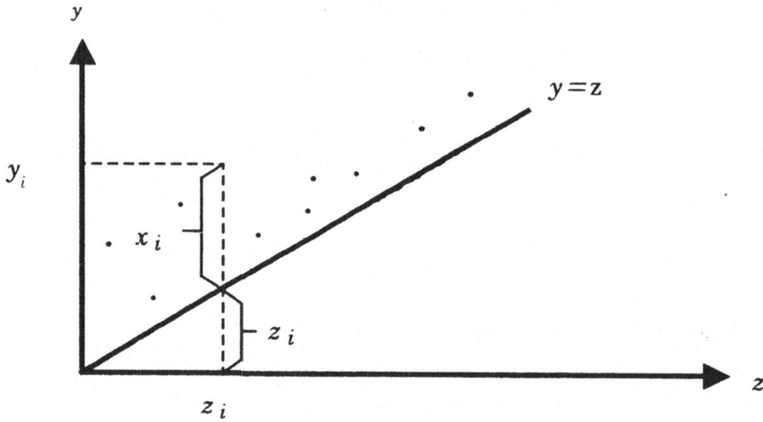

Abb. 7

Jetzt nehmen wir an, es sei $\bar{y}$ zu schätzen. Bekannt seien Werte $z_1, z_2, \dots z_N$ mit

$$s_{xx} < s_{yy} . \tag{1}$$

Dann bietet sich die sog. *Differenzschätzung*

$$\overline{Y} - \overline{Z} + \overline{z} = \frac{1}{n} \sum \left(Y_i - Z_i \right) + \overline{z}$$

an, denn es gilt ja

$$\overline{y} = \left(\overline{y} - \overline{z} \right) + \overline{z}$$

und $\overline{Y} - \overline{Z}$ eignet sich nach dem Vorangehenden bei Gültigkeit von (1) zur Schätzung von $(\overline{y} - \overline{z})$. Man würde bei diesem Vorgehen Z als *Hilfsmerkmal* oder als *Bezugsmerkmal* bezeichnen.

Man überlegt sich leicht, daß

$$s_{xx} = s_{yy} - 2\,s_{yz} + s_{zz}$$

gilt; aus 3.3 Satz und 3.6 Aufgabe 1 folgt also:

Satz

Bei uneingeschränkt zufälliger Auswahl von n Einheiten gilt

$$E\left(\overline{Y} - \overline{Z} + \overline{z} \right) = \overline{y}$$

$$var\left(\overline{Y} - \overline{Z} + \overline{z} \right) = \frac{1}{n}\left(1 - \frac{n}{N} \right)\left(s_{yy} - 2\,s_{yz} + s_{zz} \right)$$

$$= E\,\frac{1}{n}\left(1 - \frac{n}{N} \right)\left(S_{yy} - 2\,S_{yz} + S_{zz} \right).$$

Die Differenzschätzung ist somit unverzerrt. Unter der Voraussetzung (1) ist sie der gewöhnlichen Mittelwertschätzung $\overline{Y}$ vorzuziehen. Konfidenzintervalle sind in naheliegender Weise zu konstruieren; wir wollen dies an einem Zahlenbeispiel verdeutlichen.

In einer Stadt gibt es 50 Großbetriebe, deren durchschnittliche Beschäftigtenzahl am 15.1.1980 interessiert. Es ist bekannt, daß am 15.1.1970 insgesamt 5000 Personen beschäftigt waren. Und es wird vermutet, daß die Beschäftigtenzahlen überwiegend in etwa gleicher Weise gestiegen sind, so daß die Differenz zwischen aktueller und früherer Beschäftigtenzahl von Betrieb zu Betrieb wenig schwankt. Man wählt daher uneingeschränkt zufällig aus und ermittelt die aktuellen und die früheren Beschäftigtenzahlen:

Betrieb	Zahl der Beschäftigten am 15.10.1970	Zahl der Beschäftigten am 15.1.1980
1	80	85
2	110	120
3	90	98
4	100	118
5	70	74

Aus der Hilfstabelle

Y_i	Z_i	$Y_i-\overline{Y}$	$Z_i-\overline{Z}$	$(Y_i-\overline{Y})^2$	$(Z_i-\overline{Z})^2$	$(Y_i-\overline{Y})(Z_i-\overline{Z})$
85	80	-14	-10	196	100	140
120	110	21	20	441	400	420
98	90	-1	0	1	0	0
118	100	19	10	361	100	190
74	70	-25	-20	625	400	500
495	**450**			**1 624**	**1 000**	**1 250**

erhält man

$$\overline{Y} = \frac{495}{5} = 99$$

$$\overline{Z} = \frac{450}{5} = 90$$

und als Schätzwert für die durchschnittliche Beschäftigtenzahl ergibt sich wegen $\overline{z} = 5\,000/50 = 100$

$$99 - 90 + 100 = 109\,.$$

Als Varianzschätzung berechnet man

$$\frac{1}{n}\left(1 - \frac{n}{N}\right)\left(S_{yy} - 2\,S_{yz} + S_{zz}\right)$$

$$= \frac{1}{n(n-1)}\left(1 - \frac{n}{N}\right)\sum\left[\left(Y_i - \overline{Y}\right)^2 - 2\left(Y_i - \overline{Y}\right)\left(Z_i - \overline{Z}\right) + \left(Z_i - \overline{Z}\right)^2\right]$$

$$= \frac{1}{5\cdot 4}\cdot\frac{45}{50}\left(1\,624 - 2\,500 + 1\,000\right) = 5{,}58\,.$$

Das gesuchte *0.9544*-Konfidenzintervall lautet also

$$\left[109 - 2\cdot 2{,}36;\, 109 + 2\cdot 2{,}36\right] = \left[104{,}28;\, 113{,}72\right].$$

Man beachte, daß Mittelwertschätzung zum Intervall

$$\left[99 - 2\cdot 8{,}55;\, 99 + 2\cdot 8{,}55\right] = \left[81{,}90;\, 116{,}10\right]$$

führt.

4.2 Schätzung eines Quotienten von arithmetischen Mitteln

Häufig wird nach dem Quotienten zweier arithmetischer Mittel gefragt, beispielsweise nach dem Quotienten

$$\frac{\text{durchschnittlicher Umsatz}}{\text{durchschnittliche Beschäftigtenzahl}}$$

wobei sich Zähler und Nenner auf dieselben Unternehmen beziehen. Wir betrachten also wiederum zwei Merkmale Y und Z. Durch ihre Ausprägungen für die Untersuchungseinheiten sind den Erhebungseinheiten $g_1, g_2, \ldots g_N$ Werte $y_1, y_2, \ldots y_N$ und $z_1, z_2, \ldots z_N$ zugeordnet, den ausgewählten Einheiten (Stichprobeneinheiten) entsprechend $Y_1, Y_2, \ldots Y_n$ und $Z_1, Z_2, \ldots Z_n$. (Vgl. Abschnitt 4.1.)

Wir setzen $z > 0$ voraus und interessieren uns für $\bar{y}/\bar{z}$.

In sehr vielen Fällen ist z_i als Anzahl der Untersuchungseinheiten aufzufassen. $\bar{y}/\bar{z}$ ist dann der auf die Untersuchungseinheiten bezogene durchschnittliche Merkmalsbetrag.

Wenn die Werte $z_1, z_2, \ldots z_N$ bekannt sind, kann man selbstverständlich $\bar{Y}/\bar{z}$ als Schätzung verwenden und hat

$$E\,\frac{\bar{Y}}{\bar{z}} = \frac{\bar{y}}{\bar{z}}$$

$$var\,\frac{\bar{Y}}{\bar{z}} = \frac{1}{\bar{z}^2}\,var\,\bar{Y} = \frac{1}{\bar{z}^2}\,\frac{s_{yy}}{n}\left(1 - \frac{n}{N}\right).$$

66

Als erwartungstreue Schätzung für $var\ \overline{Y}/\overline{z}$ bietet sich

$$\frac{1}{\overline{z}^2}\,\frac{S_{yy}}{n}\left(1-\frac{n}{N}\right)$$

an. Dies und alles Weitere ergibt sich aus den Abschnitten 3.3 und 3.4.

Was kann man aber tun, wenn man die Werte $z_1, z_2, \ldots z_N$ nicht kennt? Wir wollen die Voraussetzung $z > 0$ verschärfen und

$$z_1, z_2, \ldots z_N > 0$$

verlangen. Dann gilt stets $\overline{Z} > 0$, und es liegt nahe $\overline{Y}/\overline{Z}$ als Schätzung für $\overline{y}/\overline{z}$ zu verwenden.

Nun ist $\overline{Y}/\overline{Z}$ allerdings nicht erwartungstreu, und man hat nach der Verzerrung

$$E\,\frac{\overline{Y}}{\overline{Z}} - \frac{\overline{y}}{\overline{z}} \tag{1}$$

zu fragen. Außerdem wird man sich vor allem für die *mittlere quadratische Abweichung*

$$E\left(\frac{\overline{Y}}{\overline{Z}} - \frac{\overline{y}}{\overline{z}}\right)^2 \tag{2}$$

der Schätzung $\overline{Y}/\overline{Z}$ interessieren und erst in zweiter Linie für

$$var\,\frac{\overline{Y}}{\overline{Z}}\ . \tag{3}$$

Nun zeigt sich, daß (1), (2) und (3) in komplizierter Weise von den Werten $y_1, y_2, \ldots y_N$ und $z_1, z_2, \ldots z_N$ abhängen, so daß Approximationen benötigt werden. Diese Approximationen sind im Anhang B hergeleitet; im folgenden sollen sie stark vereinfacht beschrieben werden.

Wir nehmen an, die Erhebungseinheiten seien Wohnungen; y_i sei die Zahl der Zimmer der i-ten Wohnung, und z_i gebe an, wieviele Personen in der i-ten Wohnung leben. Die durchschnittliche Zimmerzahl pro Person sei zu schätzen.

Die beschriebene Aufgabenstellung betrachten wir nun nicht für eine spezielle Erhebungsgesamtheit, sondern für eine Folge $g^{(1)}, g^{(2)}, \ldots$ von Gesamtheiten, bestehend aus

$$N_0, 2N_0, 3N_0, \ldots$$

Wohnungen. Alle Gesamtheiten $g^{(1)}$, $g^{(2)}$, ... sollen dieselbe Zusammensetzung besitzen, d.h. der Anteil der Wohnungen mit l Zimmern und m Personen sei für $g^{(1)}$, $g^{(2)}$, ... derselbe; dies gelte für alle l und m. Dann ist $\bar{y}$ für alle Gesamtheiten $g^{(1)}$, $g^{(2)}$, ... gleich; dasselbe gilt für $\bar{z}, \sigma_{yy}\ \sigma_{yz}\ und\ \sigma_{zz}$.

Wir gehen weiter davon aus, daß

$$
\begin{array}{ll}
n_0 & \text{Einheiten aus } g^{(1)} \\
2n_0 & \text{Einheiten aus } g^{(2)} \\
3n_0 & \text{Einheiten aus } g^{(3)} \text{ usw.}
\end{array}
$$

uneingeschränkt zufällig ausgewählt werden. $\bar{Y}$, $\bar{Z}$, S_{yy}, S_{yz}, S_{zz} beziehen sich auf die Stichprobe aus $g^{(K)}$; der obere Index (K) ist lediglich der Übersichtlichkeit der Formeln wegen weggelassen. Entsprechend wird n an Stelle von $n^{(K)} = Kn_0$ geschrieben und N an Stelle von KN_0.

Demnach sind

$$
E\left(\frac{\bar{Y}}{\bar{Z}} - \frac{\bar{y}}{\bar{z}}\right), \quad E\left(\frac{\bar{Y}}{\bar{Z}} - \frac{\bar{y}}{\bar{z}}\right)^2, \quad var\,\frac{\bar{Y}}{\bar{Z}}
$$

Folgen, die wir mit

$$
a_K,\, b_K\ bzw.\ c_K\,;\ K = 1, 2, \ldots
$$

bezeichnen wollen. Es kann gezeigt werden

$$
\lim a_K = 0
$$

$$
\lim Kn_0\, b_K = \lim Kn_0\, c_K = \frac{1}{\bar{z}^2}\left(1 - \frac{n_0}{N_0}\right)\left(\sigma_{yy} - 2\,\frac{\bar{y}}{\bar{z}}\,\sigma_{yz} + \left(\frac{\bar{y}}{\bar{z}}\right)^2 \sigma_{zz}\right).
$$

Also wird man $\bar{Y}/\bar{Z}$ als Schätzung für $\bar{y}/\bar{z}$ akzeptieren: Man hat zwar nicht Erwartungstreue im strengen Sinn, aber die Verzerrung ist wenigstens näherungsweise gleich 0 (d.h. sie konvergiert mit wachsendem K gegen 0). Außerdem wird man wegen $lim\ s_{yy} = \sigma_{yy}$, $lim\ s_{yz} = \sigma_{yz}$ und $lim\ s_{zz} = \sigma_{zz}$

$$
\frac{1}{Kn_0}\left(1 - \frac{Kn_0}{KN_0}\right)\frac{1}{\bar{z}^2}\left(s_{yy} - 2\,\frac{\bar{y}}{\bar{z}}\,s_{yz} + \left(\frac{\bar{y}}{\bar{z}}\right)^2 s_{zz}\right)
$$

$$
= \frac{1}{n}\left(1 - \frac{n}{N}\right)\frac{1}{\bar{z}^2}\left(s_{yy} - 2\,\frac{\bar{y}}{\bar{z}}\,s_{yz} + \left(\frac{\bar{y}}{\bar{z}}\right)^2 s_{zz}\right)
$$

als Approximation für

$$E\left(\frac{\overline{Y}}{\overline{Z}} - \frac{\overline{y}}{\overline{z}}\right)^2$$

(und natürlich für var $\overline{Y}/\overline{Z}$) verwenden und zur Gütebeurteilung von $\overline{Y}/\overline{Z}$ heranziehen.

Zur Vereinfachung der Sprechweise wollen wir nun für zwei Folgen

$$a_K; \ K = 1, 2, \ldots$$
$$\beta_K; \ K = 1, 2, \ldots$$

verabreden, daß

$$a_K \sim \beta_K$$

(verbal: a_K *asymptotisch gleich* β_K) bedeuten soll

$$\lim \frac{a_K}{\beta_K} = 1 \ .$$

Hierbei wird stillschweigend $a_K, \beta_K \neq 0$ vorausgesetzt.

Aufgrund des obigen Sachverhalts schreiben wir also

$$E\,\frac{\overline{Y}}{\overline{Z}} \sim \frac{\overline{y}}{\overline{z}}$$

$$E\left(\frac{\overline{Y}}{\overline{Z}} - \frac{\overline{y}}{\overline{z}}\right)^2 \sim var\,\frac{\overline{Y}}{\overline{Z}}$$

$$\sim \frac{1}{n}\left(1 - \frac{n}{N}\right)\frac{1}{\overline{z}^2}\left(s_{yy} - 2\,\frac{\overline{y}}{\overline{z}}\,s_{yz} + \left(\frac{\overline{y}}{\overline{z}}\right)^2 s_{zz}\right) \ .$$

$E\,(\overline{Y}/\overline{Z})$ ist demnach asymptotisch gleich $\overline{y}\,/\,\overline{z}$, und wir sagen, $\overline{Y}/\overline{Z}$ sei *asymptotisch unverzerrt* oder *asymptotisch erwartungstreu* . Außerdem sind

$$E\left(\frac{\overline{Y}}{\overline{Z}} - \frac{\overline{y}}{\overline{z}}\right)^2 ; \quad var\,\frac{\overline{Y}}{\overline{Z}}$$

asymptotisch gleich

$$\frac{1}{n}\left(1 - \frac{n}{N}\right)\frac{1}{\overline{z}^2}\left(s_{yy} - 2\,\frac{\overline{y}}{\overline{z}}\,s_{yz} + \left(\frac{\overline{y}}{\overline{z}}\right)^2 s_{zz}\right) \qquad (4)$$

und man wird die Schätzfunktion $\overline{Y}/\overline{Z}$ gegenüber der Schätzfunktion $\overline{Y}/\overline{z}$ bevorzugen, wenn (4) kleiner ist als $var\,(\overline{Y}/\overline{z})$, d.h. wenn gilt

$$s_{yy} - 2\,\frac{\overline{y}}{\overline{z}}\,s_{yz} + \left(\frac{\overline{y}}{\overline{z}}\right)^2 s_{zz} < s_{yy}\ .$$

Weiterhin kann gezeigt werden

$$\frac{1}{n\overline{z}^2}\left(1 - \frac{n}{N}\right)\left(s_{yy} - 2\,\frac{\overline{y}}{\overline{z}}\,s_{yz} + \left(\frac{\overline{y}}{\overline{z}}\right)^2 s_{zz}\right)$$

$$\sim E\,\frac{1}{n\overline{Z}^2}\left(1 - \frac{n}{N}\right)\left(S_{yy} - 2\,\frac{\overline{Y}}{\overline{Z}}\,S_{yz} + \left(\frac{\overline{Y}}{\overline{Z}}\right)^2 S_{zz}\right),$$

so daß sich

$$\frac{1}{n\overline{Z}^2}\left(1 - \frac{n}{N}\right)\left(S_{yy} - 2\,\frac{\overline{Y}}{\overline{Z}}\,S_{yz} + \left(\frac{\overline{Y}}{\overline{Z}}\right)^2 S_{zz}\right)$$

als Schätzung für

$$E\left(\frac{\overline{Y}}{\overline{Z}} - \frac{\overline{y}}{\overline{z}}\right)^2 \text{ und } var\,\frac{\overline{Y}}{\overline{Z}}$$

anbietet. Insgesamt ist erfüllt:

Satz

Bei uneingeschränkter Zufallsauswahl von n Einheiten hat man

$$E\,\frac{\overline{Y}}{\overline{Z}} \sim \frac{\overline{y}}{\overline{z}}$$

$$var\,\frac{\overline{Y}}{\overline{Z}} \sim E\left(\frac{\overline{Y}}{\overline{Z}} - \frac{\overline{y}}{\overline{z}}\right)^2$$

$$\sim \frac{1}{n\overline{z}^2}\left(1 - \frac{n}{N}\right)\left(s_{yy} - 2\,\frac{\overline{y}}{\overline{z}}\,s_{yz} + \left(\frac{\overline{y}}{\overline{z}}\right)^2 s_{zz}\right)$$

$$\sim E\,\frac{1}{n\overline{Z}^2}\left(1 - \frac{n}{N}\right)\left(S_{yy} - 2\,\frac{\overline{Y}}{\overline{Z}}\,S_{yz} + \left(\frac{\overline{Y}}{\overline{Z}}\right)^2 S_{zz}\right).$$

Beweis: Wir setzen $H(y,z) = y/z$ und haben für die partiellen Ableitungen von H nach y und z an der Stelle $(\bar{y}, \bar{z})$

$$H_y = \frac{1}{\bar{z}} \quad ; \quad H_z = -\frac{\bar{y}}{\bar{z}^2} \, .$$

Nun wenden wir B 3 Satz 4 an und erhalten alle Behauptungen des Satzes. ∎

Von großer praktischer Bedeutung ist, daß die Wahrscheinlichkeit für das Ereignis

$$\frac{\dfrac{\bar{Y}}{\bar{Z}} - \dfrac{\bar{y}}{\bar{z}}}{\sqrt{\dfrac{1}{n\bar{Z}^2}\left(1 - \dfrac{n}{N}\right)\left(S_{yy} - 2\dfrac{\bar{Y}}{\bar{Z}}\,S_{yz} + \left(\dfrac{\bar{Y}}{\bar{Z}}\right)^2 S_{zz}\right)}} \leq x$$

gegen $\phi(x)$ konvergiert, d.h. daß die links des Ungleichheitszeichens stehende Zufallsvariable asymptotisch standardnormal ist (vgl. B 3 Satz 4).

Hieraus folgt nämlich, daß das Intervall

$$\left[\frac{\bar{Y}}{\bar{Z}} - 1{,}96 \sqrt{\frac{1}{n\bar{Z}^2}\left(1 - \frac{n}{N}\right)\left(S_{yy} - 2\frac{\bar{Y}}{\bar{Z}}\,S_{yz} + \left(\frac{\bar{Y}}{\bar{Z}}\right)^2 S_{zz}\right)} \, , \right.$$

$$\left. \frac{\bar{Y}}{\bar{Z}} + 1{,}96 \sqrt{\frac{1}{n\bar{Z}^2}\left(1 - \frac{n}{N}\right)\left(S_{yy} - 2\frac{\bar{Y}}{\bar{Z}}\,S_{yz} + \left(\frac{\bar{Y}}{\bar{Z}}\right)^2 S_{zz}\right)} \, \right]$$

den unbekannten Quotienten $\bar{y}/\bar{z}$ mit einer Wahrscheinlichkeit überdeckt, die gegen $0{,}95$ konvergiert - die bei großem K also näherungsweise $0{,}95$ ist.

4.3 Verhältnisschätzung

Wir stellen uns jetzt vor, daß $\bar{y}$ interessiert. Natürlich kommt dann uneingeschränkte Zufallsauswahl bei **Verwendung von** $\bar{Y}$ als Schätzfunktion in Betracht. Da

$$\bar{y} = \frac{\bar{y}}{\bar{z}}\,\bar{z}$$

gilt, kann man aber auch an

$$\frac{\bar{Y}}{\bar{Z}}\,\bar{z}$$

als Schätzung denken, vorausgesetzt natürlich, man kennt $\bar{z}$ und kann $\bar{Z}=0$ ausschließlich (etwa durch Annahme (1) in Abschnitt 4.2).

Das beschriebene Schätzverfahren nennt man üblicherweise *Verhältnisschätzung*. Aus 4.2 Satz ergibt sich:

Satz

Bei uneingeschränkter Zufallsauswahl von n Einheiten gilt

$$E \frac{\overline{Y}}{\overline{Z}} \, \overline{z} \sim \overline{y}$$

$$var \frac{\overline{Y}}{\overline{Z}} \, \overline{z} \sim \frac{1}{n} \left(1 - \frac{n}{N}\right) \left(s_{yy} - 2 \frac{\overline{y}}{\overline{z}} s_{yz} + \left(\frac{\overline{y}}{\overline{z}}\right)^2 s_{zz}\right)$$

$$\sim E \frac{1}{n} \left(1 - \frac{n}{N}\right) \left(S_{yy} - 2 \frac{\overline{Y}}{\overline{Z}} S_{yz} + \left(\frac{\overline{Y}}{\overline{Z}}\right)^2 S_{zz}\right) . \tag{1}$$

Man beachte, daß sich aus 4.2 Satz als Schätzfunktion für $var \, \overline{Y}\overline{z} \, / \, \overline{Z}$ zunächst

$$\frac{1}{n} \frac{\overline{z}^2}{\overline{Z}^2} \left(1 - \frac{n}{N}\right) \left(S_{yy} - 2 \frac{\overline{Y}}{\overline{Z}} S_{yz} + \left(\frac{\overline{Y}}{\overline{Z}}\right)^2 S_{zz}\right)$$

ergibt, daß dann aber (1) aus B 3 Satz 4 folgt.

Es liegt auf der Hand, wie bei großem Stichprobenumfang n Konfidenzintervalle zu konstruieren sind. (Man vergleiche das Beispiel am Ende des vorliegenden Abschnitts.)

Verhältnisschätzung ist bei großen Gesamtheiten genau dann besser als Mittelwertschätzung, wenn

$$s_{yy} > s_{yy} - 2 \frac{\overline{y}}{\overline{z}} s_{yz} + \left(\frac{\overline{y}}{\overline{z}}\right)^2 s_{zz}$$

gilt. Wegen

$$s_{yy} - 2 \frac{\overline{y}}{\overline{z}} s_{yz} + \left(\frac{\overline{y}}{\overline{z}}\right)^2 s_{zz} = \frac{1}{N-1} \sum \left(y_i - \frac{\overline{y}}{\overline{z}} z_i\right)^2$$

bedeutet diese Ungleichung, daß die Punkte (z_i, y_i); $i = 1, 2, \dots N$ stärker um die Gerade

$$y = \overline{y}$$

streuen als um die Gerade

$$y = \frac{\overline{y}}{\overline{z}} z .$$

Eine typische Situation zeigt Abbildung 8 .

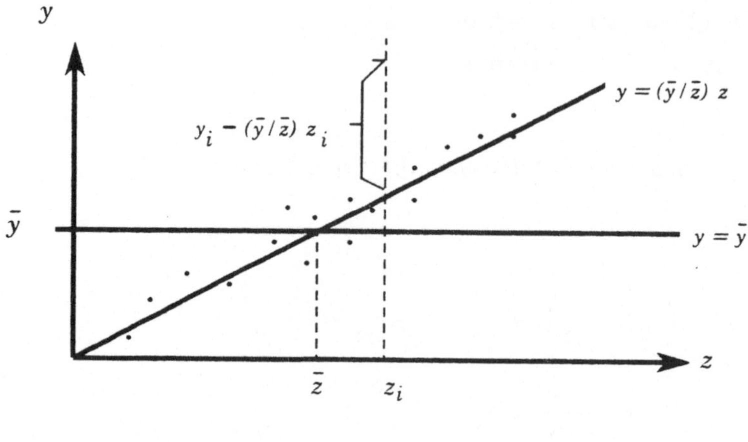

Abb. 8

Tatsächlich kennt man das Streuungsdiagramm weder vor noch nach einer
Stichprobenerhebung. Häufig hat man jedoch gewisse, wenn auch vage Vorstellungen und kann aufgrund dieser Vorinformation eine Entscheidung
zwischen $\bar{Y}$ und $\bar{Y}\,\bar{z}/\bar{Z}$ treffen.

Wir betrachten ein Beispiel.
Man will ein *0,95*-Konfidenzintervall für die Zahl der Beschäftigten berechnen, die 500 Kleinbetriebe einer Stadt am 15.1.1980 im Durchschnitt haben. Bekannt ist, daß die durchschnittliche Beschäftigtenzahl am 15.1.1970
5,5 betrug. Im übrigen hat man Grund zu der Annahme, die Beschäftigtenzahlen seien überwiegend gestiegen, und zwar um Prozentsätze, die nahe beieinander liegen. Dann bieten sich uneingeschränkte Zufallsauswahl
und Verhältnisschätzung auf der Basis der früheren Beschäftigtenzahlen
an.Nehmen wir an, man wählt 25 Betriebe uneingeschränkt zufällig aus
und ermittelt ihre aktuellen und ihre früheren Beschäftigtenzahlen; die
letzteren sind im folgenden eingeklammert:

6	(5),	7	(6),	11	(7),	8	(5),	2	(2)
9	(7),	5	(5),	6	(4),	7	(5),	8	(8)
11	(7),	8	(5),	11	(9),	9	(6),	7	(4)
6	(4),	4	(2),	12	(9),	4	(3),	7	(4)
3	(2),	6	(3),	7	(6),	6	(3),	5	(4)

In Abbildung 9 sind die Punkte (5,6), (6,7), (7,11), ... markiert; die dadurch gegebene Punktwolke bestätigt die obige Vermutung über die Zunahme der Beschäftigtenzahlen.

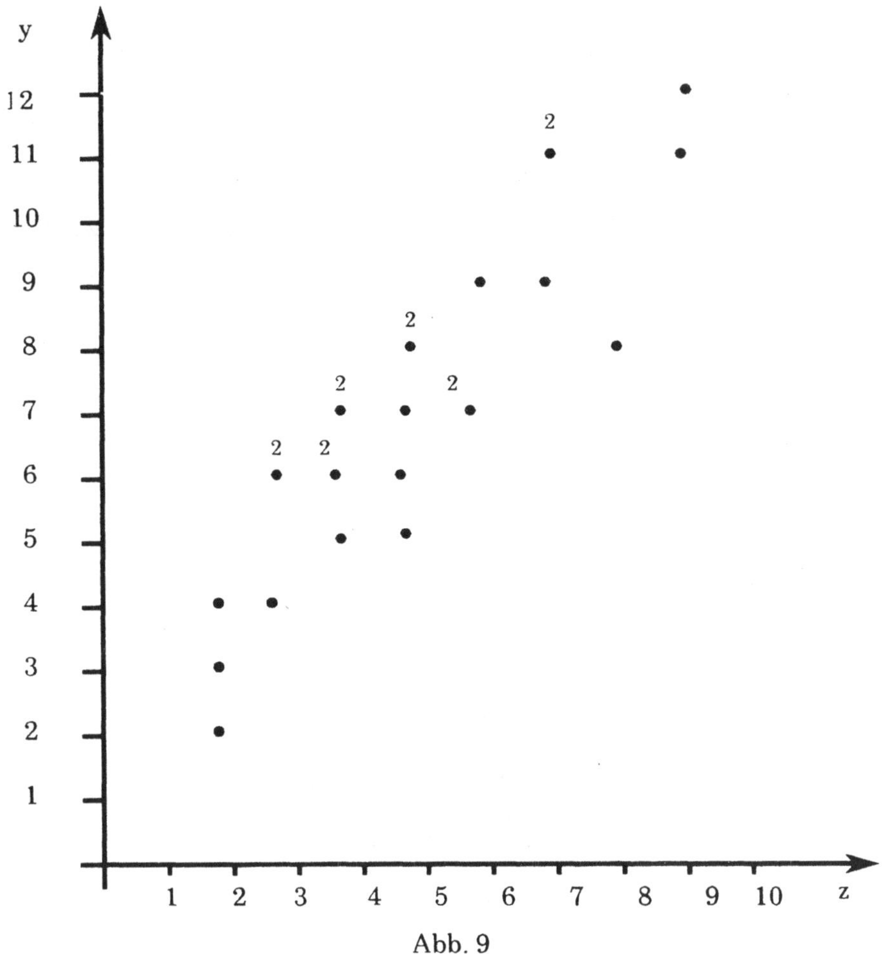

Man berechnet

$$\sum Y_i = 6 + 7 + \dots + 5 \qquad = 175$$

$$\sum Z_i = 5 + 6 + \dots + 4 \qquad = 125$$

$$\sum Y_i^2 = 6^2 + 7^2 + \dots + 5^2 \qquad = 1381$$

$$\sum Z_i^2 = 5^2 + 6^2 + \dots + 4^2 \qquad = 725$$

$$\sum Y_i Z_i = 6 \cdot 5 + 7 \cdot 6 + \dots + 5 \cdot 4 \qquad = 986$$

und hieraus

$$\overline{Y} = \frac{175}{25} = 7$$

$$\overline{Z} = \frac{125}{25} = 5 \, .$$

Mit $\overline{z} = 5{,}5$ ergibt sich

$$\frac{\overline{Y}}{\overline{Z}} \, \overline{z} = \frac{7}{5} \cdot 5{,}5 = 7{,}7$$

als Schätzwert für $\overline{y}$. Als Schätzung für die Varianz der verwendeten Schätzfunktion erhält man

$$\frac{1}{n}\left(1 - \frac{n}{N}\right)\left(S_{yy} - 2\,\frac{\overline{Y}}{\overline{Z}}\,S_{yz} + \left(\frac{\overline{Y}}{\overline{Z}}\right)^2 S_{zz}\right)$$

$$= \frac{1}{n}\left(1 - \frac{n}{N}\right)\frac{1}{n-1}\left(\sum Y_i^2 - 2\,\frac{\overline{Y}}{\overline{Z}}\sum Y_i Z_i + \left(\frac{\overline{Y}}{\overline{Z}}\right)^2 \sum Z_i^2\right)$$

$$= \frac{1}{25}\left(1 - \frac{25}{500}\right)\frac{1}{24}\left(1\,381 - 2 \cdot \frac{7}{5} \cdot 986 + \frac{49}{25} \cdot 725\right)$$

$$\approx 0{,}065\,2 \, .$$

Hieraus berechnet man

$$[\,7{,}2\;;\;8{,}2\,]$$

als $0{,}95$-Konfidenzintervall.

Zum Vergleich: Bei Verwendung des Stichprobenmittels $\overline{Y}$ als Schätzfunktion hätte sich das $0{,}95$-Konfidenzintervall

$$[6{,}0\;;\;8{,}0]$$

ergeben.

4.4 Regressionsschätzung

Wir betrachten die Stichprobenfunktion

$$\overline{Y} \cdot \left(\frac{\overline{Z}}{\overline{z}}\right)^{\alpha} + \beta\,(\,\overline{Z} - \overline{z}\,) \tag{1}$$

mit reellen Parametern α und β. Für $\alpha = 0$ und $\beta = 1$ ist sie mit der Differenzschätzung identisch, für $\alpha = -1$ und $\beta = 0$ mit der Verhältnisschätzung. Wenn man $\alpha = 1$ und $\beta = 0$ setzt, erhält man die sog. *Produktschät-*

zung

$$\frac{\overline{Y}\,\overline{Z}}{\overline{z}}$$

die gelegentlich betrachtet wird (vgl. 4.7 Aufgabe 6).

Wir wollen zunächst $a = 0$ setzen und überlegen, welche Festlegung von β dann "optimal" erscheint.

$$\overline{Y} + \beta(\overline{Z} - \overline{z})$$

ist offenbar unverzerrt und besitzt die Varianz

$$\frac{1}{n}\left(1 - \frac{n}{N}\right)\left(s_{yy} + 2\beta\, s_{yz} + \beta^2\, s_{zz}\right). \tag{2}$$

Durch Nullsetzen der Ableitung von (1) ergibt sich

$$\beta = - \frac{s_{yz}}{s_{zz}}.$$

Man überlegt sich leicht, daß (2) für diesen Wert von β tatsächlich minimal ist; das Minimum lautet

$$\frac{1}{n}\left(1 - \frac{n}{N}\right)\left(s_{yy} - \frac{s_{yz}^2}{s_{zz}}\right) = \frac{s_{yy}}{n}\left(1 - \frac{n}{N}\right)\left(1 - \rho_{yz}^2\right). \tag{3}$$

Hierbei ist

$$\rho_{yz} = \frac{s_{yz}}{\sqrt{s_{yy}\, s_{zz}}}$$

der sog. *Korrelationskoeffizient.* Es läßt sich zeigen

$$0 \le \rho_{yz}^2 \le 1$$

und zwar liegt ρ^2_{yz} um so näher bei *1* , je dichter sich die Punktwolke

$$(z_i, y_i)\,;\ i = 1, 2, \ldots N$$

des Streuungsdiagramms um eine Gerade konzentriert. Demnach ist (3) kleiner als *var* $\overline{Y}$; der Unterschied ist um so deutlicher, je besser die Punktwolke des Streuungsdiagramms durch eine Gerade "approximiert" werden kann.

Nun kennt man s_{yz} zwar nicht, aber in S_{yz} besitzen wir eine erwartungstreue Schätzung für s_{yz}, so daß sich

$$\overline{Y} - \frac{S_{yz}}{s_{zz}} \left(\overline{Z} - \overline{z} \right)$$

oder

$$\overline{Y} - \frac{S_{yz}}{S_{zz}} \left(\overline{Z} - \overline{z} \right)$$

als Schätzungen anbieten (die 2. Variante dann, wenn die z_i - Werte so beschaffen sind, daß $S_{zz} = 0$ ausgeschlossen werden kann). In beiden Fällen sagt man, es werde eine *Regressionsschätzung* durchgeführt.

Aus B 3 Satz 4 folgert man:

Satz

Bei uneingeschränkter Zufallsauswahl von n Einheiten gilt für die Regressionsschätzung R

$$E R \sim \overline{y}$$

$$var R \sim \frac{1}{n} \left(1 - \frac{n}{N} \right) \left(s_{yy} - \frac{s_{yz}^2}{s_{zz}} \right)$$

$$\sim E \frac{1}{n} \left(1 - \frac{n}{N} \right) \left(S_{yy} - \frac{S_{yz}^2}{s_{zz}} \right)$$

$$\sim E \frac{1}{n} \left(1 - \frac{n}{N} \right) \left(S_{yy} - \frac{S_{yz}^2}{S_{zz}} \right) .$$

Aus B 3 Satz 4 ergibt sich auch, wie bei großen N und n Konfidenzintervalle konstruiert werden können.

Wir kommen auf die allgemeine Stichprobenfunktion (1) zurück. Aus B 3 Satz 4 folgt, daß sie asymptotisch unverzerrt ist und daß ihre Varianz asymptotisch gleich

$$\frac{1}{n} \left(1 - \frac{n}{N} \right) \left(s_{yy} + 2 \left[a \frac{\overline{y}}{\overline{z}} + \beta \right] s_{yz} + \left[a \frac{\overline{y}}{\overline{z}} + \beta \right]^2 s_{zz} \right)$$

ist. Man überlegt sich leicht, daß dieser Ausdruck für $a\,\bar{y} + \beta = -\,s_{yz}/s_{zz}$ minimal wird, und zwar gleich (3).

Also kann die Regressionsschätzung durch keine Festlegung der Parameter a und β verbessert werden.

4.5 Überhöhung

Im folgenden soll z_i angeben, wieviele Untersuchungseinheiten der Erhebungseinheit g_i zugeordnet sind. Dann ist

$$z_1, z_2, \dots z_N \geq 0$$

erfüllt, und $z_i = 0$ impliziert (vgl. Abschnitt 2.2) $y_i = 0$. Wir gehen davon aus, daß man sich für y/z interessiert.

Wenn $z_i = 0$ gilt, nennen wir g_i *irrelevant*, andernfalls *relevant*. Falls man die Werte $z_1, \dots z_N$ kennt, liegt es nahe, die irrelevanten Einheiten auszusortieren, bevor man auswählt. Vielfach weiß man aber, daß irrelevante Einheiten existieren, man kennt die Werte $z_1, \dots z_N$ jedoch nicht; in diesem Fall wollen wir die Erhebungsgesamtheit *überhöht* nennen.

Überhöhung liegt beispielsweise sicher vor, wenn die durchschnittliche Wohnfläche der Mietwohnungen einer Region interessiert und von einem Gebäudeverzeichnis auszugehen ist (in dem nicht vermerkt ist, ob Wohnungen eigengenutzt sind).

Wenn aus einer überhöhten Erhebungsgesamtheit uneingeschränkt zufällig ausgewählt wird, werden unter Umständen sehr wenige Untersuchungseinheiten einbezogen - im Extremfall könnten sogar einmal nur irrelevante Einheiten in die Auswahl gelangen. Dann wird man sicherlich einige der zunächst nicht erfaßten Einheiten auswählen und ihre z- und y-Werte ermitteln; unter Umständen **muß dieses** "Nacherheben" sogar mehrfach wiederholt werden, wenn sichergestellt **werden** soll, daß eine gewisse Mindestzahl relevanter Erhebungseinheiten in die Auswahl gelangen. Wir setzen voraus

$$Mindestzahl \geq 2 \tag{1}$$

Wenn

Z_i	die Zahl der Untersuchungseinheiten
Y_i	der Gesamtmerkmalsbetrag

der Erhebungseinheit ist, die man beim i-ten Zug (der ursprünglich geplanten oder einer nachträglichen Auswahl) auswählt, impliziert $Z_i = 0$ nach unserer Voraussetzung für die z-Werte $Y_i = 0$ für $i = 1, 2, \ldots n$, und man wird

$$\frac{\sum Y_i}{\sum Z_i}$$

als Schätzfunktion verwenden.

Die obige Schätzfunktion haben wir bereits im Vorangehenden kennengelernt. Man beachte aber, daß jetzt keine uneingeschränkte Zufallsauswahl festen Stichprobenumfangs durchgeführt wird. Insofern sind Erwartungswert- und Varianzberechnung und auch die Schätzung der Varianz der obigen Schätzfunktion neu zu überdenken. Wir wollen die notwendigen Überlegungen unter der zusätzlichen Voraussetzung

$$z_1, z_2, \ldots z_N \in \left\{ 0\,;1 \right\} \tag{2}$$

durchführen, d.h. wir setzen voraus, daß jeder relevanten Erhebungseinheit genau eine Untersuchungseinheit zugeordnet ist (vgl. Abschnitt 2.1).

Satz

Wenn $Z = \Sigma\, Z_i$ gesetzt wird, gilt

$$E\,\frac{1}{Z}\sum Y_i = \frac{y}{z}$$

$$var\,\frac{1}{Z}\sum Y_i = E\,\frac{1}{Z}\left(1 - \frac{Z}{z}\right)\left(\frac{1}{Z}\sum Y_i^2 - \frac{1}{Z(Z-1)}\sum_{i \neq j} Y_i Y_j\right).$$

Beweis: Wegen (2) gibt Z an, wieviele relevante Einheiten in die Auswahl gelangen. Die Wahrscheinlichkeit für

$$Z = v$$

wollen wir mit $p\,(v)$ bezeichnen. $p\,(v)$ ist nicht bekannt; wir wissen aber infolge (1)

$$p\,(0) = 0\,, p\,(1) = 0\,.$$

Wir bezeichnen nun die Menge der z relevanten Einheiten mit $g(1)$ und schreiben q_v für die uneingeschränkte Zufallsauswahl von v Einheiten aus $g(1)$.

Die oben betrachtete Auswahl wird dann durch das Produkt der Wahrscheinlichkeitsverteilungen

$$p \text{ und } q_v \; ; \; v = 1, 2, ..$$

beschrieben. Offenbar gilt (vgl. Abschnitt A. 7)

$$E_2 \frac{1}{Z} \sum Y_i = \frac{y}{z} \tag{3}$$

$$E_2 \left(\frac{1}{Z} \sum Y_i^2 - \frac{1}{Z(Z-1)} \sum_{i \neq j} Y_i Y_j \right) = \frac{1}{z} \sum y_i^2 - \frac{1}{z(z-1)} \sum_{i \neq j} y_i y_j \tag{4}$$

$$var_2 \frac{1}{Z} \sum Y_i = \frac{1}{Z} \left(1 - \frac{Z}{z} \right) \left(\frac{1}{z} \sum y_i^2 - \frac{1}{z(z-1)} \sum_{i \neq j} y_i y_j \right). \tag{5}$$

Aus (3) folgt die erste Behauptung des Satzes; gleichzeitig ergibt sich

$$var_1 E_2 \frac{1}{Z} \sum Y_i = 0$$

und somit wegen (5)

$$var \frac{1}{Z} \sum Y_i = E_1 \frac{1}{Z} \left(1 - \frac{Z}{z} \right) \left(\frac{1}{z} \sum y_i^2 - \frac{1}{z(z-1)} \sum_{i \neq j} y_i y_j \right).$$

Hieraus erhält man mit (4) die zweite Behauptung des Satzes. ∎

Wenn man mit Überhöhung konfrontiert ist, wird man nach dem vorangehenden Satz $\sum Y_i / Z$ als Schätzfunktion für y / z verwenden. Die Varianz dieser Schätzung ist durch

$$\frac{1}{Z} \left(1 - \frac{Z}{z} \right) \left(\frac{1}{Z} \sum Y_i^2 - \frac{1}{Z(Z-1)} \sum_{i \neq j} Y_i Y_j \right)$$

zu schätzen, falls z bekannt ist. Wenn man z nicht kennt, bleibt man mit der Schätzung

$$\frac{1}{Z} \left(\frac{1}{Z} \sum Y_i^2 - \frac{1}{Z(Z-1)} \sum_{i \neq j} Y_i Y_j \right)$$

auf der "sicheren Seite". Man kann aber auch z durch NZ / n schätzen und

$$1 - \frac{Z}{NZ/n} = 1 - \frac{n}{N}$$

als Schätzung für $1 - Z / z$ verwenden; in

$$\frac{1}{Z}\left(1 - \frac{n}{N}\right)\left(\frac{1}{Z}\sum Y_i^2 - \frac{1}{Z(Z-1)}\sum_{i \neq j} Y_i Y_j\right)$$

hat man daher eine asymptotisch erwartungstreue Schätzung für

$$var \sum \frac{Y_i}{Z} \ .$$

4.6 Lineare Stichprobenfunktionen und BLU-Schätzer

Wir gehen von einer vorgegebenen natürlichen Zahl n aus und betrachten ein Auswahlverfahren, dessen Stichprobenraum nur n-tupel der Erhebungseinheiten $g_1, g_2, \dots g_N$ umfaßt; man denke insbesondere an die uneingeschränkte Zufallsauswahl, evtl. mit Zurücklegen.

Jede Linearkombination

$$\sum_1^n b_i Y_i \tag{1}$$

$(b_1, b_2, \dots b_n \in \mathbb{R})$ der Stichprobenvariablen $Y_1, Y_2, \dots Y_n$ wird als *lineare* Stichprobenfunktion bzw. Schätzfunktion bezeichnet. Beispielsweise ist das Stichprobenmittel $\overline{Y}$ eine lineare Stichprobenfunktion.

Satz 1

Bei uneingeschränkter Zufallsauswahl gilt

$$E \sum b_i Y_i = \overline{y} \sum_1^n b_i$$

$$var \sum b_i Y_i = s_{yy}\left(\sum b_i^2 - \frac{\left(\sum b_i\right)^2}{N}\right)$$

$$\geq \frac{s_{yy}}{n}\left(1 - \frac{n}{N}\right)\left(\sum b_i\right)^2 \ .$$

Beweis: Man hat (vgl. den Beweis von 3.3 Satz) $EY_i = \bar{y}$ für $i = 1, 2, \ldots n$.
Daher folgt die erste Aussage des Satzes aus der Linearität der Erwartungswertbildung.

Weiter hat man für $i, j = 1, 2, \ldots n$ mit $i \neq j$

$$\mathrm{var}\, Y_i = \sigma_{yy}$$

$$\mathrm{cov}\left(Y_i, Y_j\right) = -\frac{\sigma_{yy}}{N-1}$$

und daher

$$\mathrm{var} \sum_1^n b_i Y_i = \sigma_{yy}\left(\sum b_i^2 - \frac{1}{N-1} \sum_{i \neq j} b_i b_j\right)$$

$$= \sigma_{yy}\left(\sum b_i^2 - \frac{\left(\sum b_i\right)^2}{N-1} + \frac{\sum b_i^2}{N-1}\right)$$

$$= s_{yy}\left(\sum b_i^2 - \frac{\left(\sum b_i\right)^2}{N}\right) .$$

Die letzte Aussage des Satzes ergibt sich aus der Ungleichung

$$\frac{1}{n} \sum b_i^2 \geq \left(\frac{\sum b_i}{n}\right)^2 . \quad\blacksquare$$

Aus dem vorangehenden Satz folgt, daß $\sum b_i Y_i$ genau dann unverzerrt ist, wenn

$$\sum b_i = 1$$

gilt. Außerdem hat man

$$\mathrm{var} \sum b_i Y_i \geq \frac{s_{yy}}{n}\left(1 - \frac{n}{N}\right) = \mathrm{var}\, \bar{Y}$$

für alle unverzerrten Schätzfunktionen $\sum b_i Y_i$ und für alle $y_1, y_2, \ldots y_N \in \mathbb{R}$.

Man bezeichnet das Stichprobenmittel $\bar{Y}$ daher als *beste lineare unverzerrte* Schätzfunktion oder kurz als *BLU-Schätzung*, wobei B für "beste", L für "lineare" und U für "unverzerrte" stehen.

Der Begriff der Linearität einer Sichprobenfunktion wird vielfach weiter gefaßt.

Nehmen wir etwa an, daß man neben dem Untersuchungsmerkmal Y ein weiteres Merkmal Z betrachtet (dessen Ausprägungen $z_1, z_2, \ldots z_N$ positiv sind) und eine Verhältnisschätzung vornimmt (vgl. Abschnitt 4.4). Man hat offenbar

$$\frac{\overline{Y}}{\overline{Z}}\, \overline{z} \;=\; \sum_{i=1}^{n} \frac{\overline{z}}{\sum_{1}^{n} Z_j}\, Y_i\;.$$

Also ist die verwendete Schätzfunktion linear in den Stichprobenvariablen $Y_1, Y_2, \ldots Y_n$; die Koeffizienten der Stichprobenvariablen sind jetzt aber keine fest vorgegebenen reellen Zahlen mehr, sondern Zufallsvariablen.

Wenn jeder möglichen Stichprobe G reelle Zahlen

$$b_1(G)\,, b_2(G)\,, \ldots b_n(G)$$

zugeordnet sind, bezeichnet man üblicherweise

$$\sum_i b_i(G)\, Y_i \tag{2}$$

als *lineare* Stichprobenfunktion bzw. Schätzfunktion. In diesem Sinne ist $\overline{Y}\,\overline{z}/\overline{Z}$ eine lineare Schätzfunktion.

Satz 2

Bei uneingeschränkter Zufallsauswahl und bei beliebiger Vorgabe von

$$x_1, x_2, \ldots x_N \neq 0$$

existiert eine lineare Schätzfunktion

$$\sum_i b_i(G)\, Y_i$$

die unverzerrt ist und deren Varianz für $y_i = x_i\,(1 = 1, 2, \ldots N)$ den Wert 0 annimmt.

Beweis: Wir setzten $\bar{x} = \sum_i x_i / N$. X_i ist x_j, wenn die i-te Ziehung zur Auswahl von g_j führt ($i = 1, 2, \ldots n$; $j = 1, 2, \ldots N$) und $\bar{X} = \sum_i X_i / n$. Dann ist

$$\bar{x} \cdot \frac{1}{n} \sum \frac{Y_i}{X_i} + \frac{n}{n-1} \frac{N-1}{N} \left(\bar{Y} - \bar{X} \cdot \frac{1}{n} \sum \frac{Y_i}{X_i} \right)$$

eine lineare Schätzfunktion (im Sinne von (2)). Sie ist nach 4.7 Aufgabe 6 unverzerrt und nimmt für

$$y_i = x_i \; ; \; i = 1, 2, \ldots N$$

in jedem Falle (d.h. für alle Stichproben) den Wert

$$\bar{x} = \bar{y}$$

an, wie man leicht nachrechnet. Also besitzt die betrachtete Schätzfunktion für $y_i = x_i$ ($i = 1, 2, \ldots N$) die Varianz 0. ∎

Wenn eine (unverzerrte) lineare Schätzfunktion $\sum b_i (G) Y_i$ (bei uneingeschränkter Zufallsauswahl) für alle $y_1, y_2, \ldots y_N \neq 0$ die Varianz 0 besäße, müßte bei beliebiger Stichprobe G gelten

$$\sum_i b_i (G) Y_i = \bar{y} \tag{3}$$

und zwar für alle $y_1, y_2, \ldots y_N \neq 0$. Dies ist unmöglich, da einige y-Komponenten nur auf der rechten Seite von (3) vorkommen. Nach dem vorangehenden Satz gibt es also keinen unverzerrten linearen Schätzer

$$\sum b_i^* (G) Y_i$$

mit der Eigenschaft

$$var \sum b_i (G) Y_i \geq var \sum b_i^* (G) Y_i$$

für alle unverzerrten Schätzer $\sum b_i (G) Y_i$ und alle $y_1, y_2, \ldots y_N$; d.h. es gibt keine beste lineare unverzerrte (BLU-) Schätzfunktion im Sinne von (2). Insgesamt haben wir somit:

Satz 3

Bei uneingeschränkt zufälliger Auswahl ist das Stichprobenmittel $\overline{Y}$ eine BLU-Schätzung, wenn Linearität durch (1) definiert wird; bei Zugrundelegung der Linearitätsdefinition (2) gibt es keine BLU-Schätzung.

Gelegentlich betrachtet man sog. *inhomogen lineare* Stichprobenfunktionen

$$\sum_i b_i(G)\ Y_i + b_0(G)$$

Beispielsweise ist die Differenzschätzung (vgl. Abschnitt 4.2) inhomogen linear. Es läßt sich zeigen, daß auch in der Klasse der inhomogen linearen unverzerrten Schätzfunktionen keine beste Schätzfunktion existiert, wenn uneingeschränkt zufällig ausgewählt wird.

Die vorangehend für die uneingeschränkte Zufallsauswahl formulierten Aussagen lassen sich unter sehr schwachen Voraussetzungen auf andere zufällige Auswahlverfahren übertragen (vgl. GODAMBE (1955)).

4.7 Aufgaben

Aufgabe 1

Ein Industrieverband ermittelt im Januar 1983 aufgrund der Meldungen seiner 1000 Mitglieder, daß in dem betreffenden Industriezweig 1982 Bruttoinvestitionen von insgesamt 7,1 Mrd. DM getätigt wurden. 70% der Unternehmen melden, daß sie 1983 ihren Personalbestand verringern werden. Anfang 1984 wurden von der Verbandsleitung 5 Unternehmen zufällig ausgewählt und befragt. Man erhielt folgende Angaben:

Befragtes Unternehmen	1	2	3	4	5
1982 realisierte Bruttoinvestitionen in Mill. DM	5	6	3	9	7
1983 realisierte Bruttoinvestitionen in Mill. DM	5	8	4	7	11
Personalbestand 1983 reduziert	ja	nein	ja	ja	ja
Personalabbau für 1984 geplant	ja	nein	ja	ja	nein

Schätzen Sie für den Industriezweig

a) die Höhe der 1983 realisierten Brottoinvestitionen

b) den Anteil der Unternehmen, die für 1984 einen Personalabbau planen

und schätzen Sie die Standardabweichung der verwendeten Schätzfunktionen.

Lösung:

a) Wir definieren für $i = 1, 2, \ldots 1\,000$

$$y_i \;=\; \text{von Unternehmen } i \text{ in 1983 realisierte Investitionen (in Mill. DM)}$$

$$z_i \;=\; \text{von Unternehmen } i \text{ in 1982 realisierte Investitionen (in Mill. DM)}.$$

Da der Stichprobenumfang klein ist, bietet sich eine Differenzschätzung für y an. Die Hilfstabelle

i	Y_i	$Y_i - \bar{Y}$	$(Y_i - \bar{Y})^2$	Z_i	$Z_i - \bar{Z}$	$(Z_i - \bar{Z})^2$	$(Y_i - \bar{Y})(Z_i - \bar{Z})$
1	5	-2	4	5	-1	1	2
2	8	1	1	6	0	0	0
3	4	-3	9	3	-3	9	9
4	7	0	0	9	3	9	0
5	11	4	16	7	1	1	4
Σ	35	–	30	30	–	20	15

liefert

$$\bar{Y} = \frac{35}{5} = 7 \;;\; \bar{Z} = \frac{30}{5} = 6$$

$$S_{yy} = \frac{30}{4} = 7{,}5 \;;\; S_{zz} = \frac{20}{4} = 5 \;;\; S_{yz} = \frac{15}{4} = 3{,}75 \,.$$

Als Schätzwert für y erhält man (bei Differenzschätzung)

$$N\left[\bar{Y} - \left(\bar{Z} - \bar{z}\right)\right] = N\left(\bar{Y} - \bar{Z}\right) + z = 1\,000\,(7 - 6) + 7\,100$$

$$\doteq 8{,}1 \quad \text{Mrd. DM} \,.$$

Für die Varianz der Schätzfunktion ergibt sich bei Vernachlässigung des Korrekturfaktors der Schätzwert

$$\frac{N^2}{n}\left[S_{yy}-2S_{yz}+S_{zz}\right] = \frac{10^6}{5}\,[\,7,5-2\cdot 3,75+5\,] = 10^6 \ .$$

Die geschätzte Standardabweichung beträgt dann 1 Mrd. DM.

b) Wir definieren für $i = 1, 2, \ldots 1\,000$

$$y_i = \begin{cases} 1 & \text{Unternehmen } i \text{ plant für 1984 Personalabbau} \\ 0 & \text{sonst} \end{cases}$$

$$z_i = \begin{cases} 1 & \text{Unternehmen } i \text{ reduzierte 1983 Personalbestand} \\ 0 & \text{sonst.} \end{cases}$$

Die Hilfstabelle

i	Y_i	Z_i	Y_iZ_i
1	1	1	1
2	0	0	0
3	1	1	1
4	1	1	1
5	0	1	0
Σ	3	4	3

liefert

$$\overline{Y} = \frac{3}{5} = 0,6 \ ; \qquad \overline{Z} = \frac{4}{5} = 0,8 \ ; \qquad \frac{1}{n}\sum_i Y_iZ_i = \frac{3}{5} = 0,6$$

$$S_{yy} = \frac{n}{n-1}\,\overline{Y}(1-\overline{Y}) = \frac{5}{4}\cdot\frac{3}{5}\cdot\frac{2}{5} = 0,3$$

$$S_{zz} = \frac{n}{n-1}\,\overline{Z}(1-\overline{Z}) = \frac{5}{4}\cdot\frac{4}{5}\cdot\frac{1}{5} = 0,2$$

$$S_{yz} = \frac{n}{n-1}\left[\frac{1}{n}\sum_i Y_iZ_i - \overline{Y}\,\overline{Z}\right] = \frac{5}{4}\left[\frac{3}{5} - \frac{3}{5}\cdot\frac{4}{5}\right] = 0,15 \ .$$

Für den Anteil $\overline{y}$ erhält man mit der Differenzschätzung

$$\overline{Y} - (\overline{Z} - \overline{z}) = 0,6 - (0,8 - 0,7) = 0,5 \doteq 50\%$$

und als Schätzwert für die Varianz (bei Vernachlässigung des Korrekturfaktors)

$$\frac{1}{n}\left[S_{yy}-2S_{yz}+S_{zz}\right] = \frac{1}{5}\cdot\,[\,0,3-2\cdot\,0,15+0,2\,] = 0,04 \ .$$

Die Standardabweichung ist also mit 20% zu schätzen.

Aufgabe 2

Die Merkmalswerte von Z seien für alle Erhebungseinheiten bekannt. Es werden n Erhebungseinheiten uneingeschränkt zufällig ausgewählt und die Merkmalswerte für Y und Z festgestellt.

Wir setzen für $a \in \mathbb{R}$

$$U_a = \overline{Y} - a\left(\overline{Z} - \overline{z}\right)$$

a) Zeigen sie $E\, U_a = y$.

b) Berechnen Sie $var\, U_a$.

c) Für welchen Wert $a = a_0$ wird $var\, U_a$ minimal?

d) Für welche Werte von a gilt $var\, U_a < var\, \overline{Y}$?

Lösung:

a) $\quad E\, U_a = E\, \overline{Y} - a\left(E\, \overline{Z} - \overline{z}\right) = \overline{y} - a\left(\overline{z} - \overline{z}\right) = \overline{y}$.

b) $\quad$ Mit $x_i = y_i - a z_i$ für $i = 1, 2, \ldots N$ hat man

$$\overline{x} = \overline{y} - a\,\overline{z}$$

$$x_i - \overline{x} = y_i - \overline{y} - a\left(z_i - \overline{z}\right)$$

$$\left(x_i - \overline{x}\right)^2 = \left(y_i - \overline{y}\right)^2 - 2a\left(y_i - \overline{y}\right)\left(z_i - \overline{z}\right) + a^2\left(z_i - \overline{z}\right)^2$$

und daher

$$s_{xx} = s_{yy} - 2a\, s_{yz} + a^2 s_{zz} \ .$$

Wegen

$$\overline{Y} - a\,\overline{Z} = \frac{1}{n}\sum_i \left(Y_i - a Z_i\right) = \frac{1}{n}\sum_i X_i = \overline{X}$$

folgt dann

$$var\, U_a = var\left(\overline{Y} - a\,\overline{Z}\right)$$

$$= var\, \overline{X}$$

$$= \frac{1}{n}\left(1 - \frac{n}{N}\right) s_{xx}$$

$$= \frac{1}{n}\left(1 - \frac{n}{N}\right)\left[s_{yy} - 2a\, s_{yz} + a^2 s_{zz}\right] \ .$$

88

c) Durch Nullsetzen von

$$\frac{d}{da}\,var\,U_a = \frac{1}{n}\left(1-\frac{n}{N}\right)\left[-2\,s_{yz}+2\,a\,s_{zz}\right]$$

folgt

$$a_0 = \frac{s_{yz}}{s_{zz}}$$

und es ist

$$var\,U_a \geq var\,U_{a_0} = \frac{1}{n}\left(1-\frac{n}{N}\right)\left[s_{yy}-\frac{s_{yz}^2}{s_{zz}}\right].$$

d) $var\,U_a < var\,\overline{Y}$ ist gleichbedeutend mit

$$\frac{1}{n}\left(1-\frac{n}{N}\right)\left[s_{yy}-2a\,s_{yz}+a^2\,s_{zz}\right] < \frac{1}{n}\left(1-\frac{n}{N}\right)s_{yy}$$

d.h. mit

$$-2a\,s_{yz}+a^2\,s_{zz} < 0$$

oder

$$a\left(a-2\,a_0\right) < 0\,.$$

Für $a_0 > 0$ ist die obige Ungleichung also äquivalent mit $a \in (\,0\,;2\,a_0\,)$ (vgl. Abbildung 10).

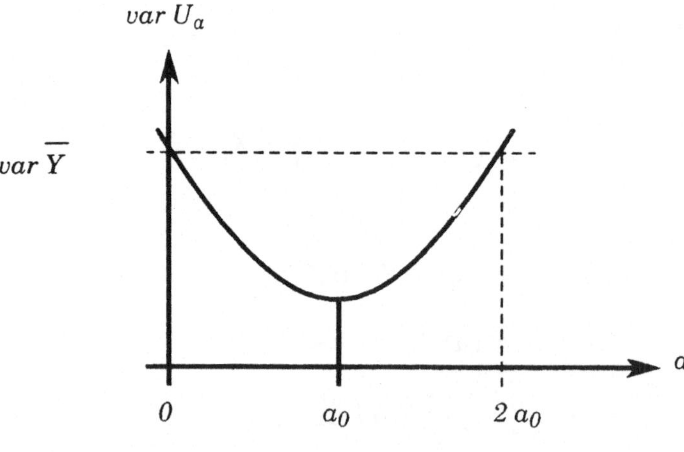

Abb. 10

Aufgabe 3

Eine Erhebung des Statistischen Landesamtes bei den 10 000 landwirtschaftlichen Betrieben eines Bundeslandes hat im Frühjahr ergeben, daß insgesamt 80 000 ha mit Weizen bestellt waren. Um sich unmittelbar nach der Ernte einen Überblick über die Erntemenge zu verschaffen, wählt das Landesamt 200 landwirtschaftliche Betriebe zufällig aus und erfragt die geerntete Weizenmenge (Y_i) sowie die Weizenanbaufläche (Z_i). Es ergibt sich (Y_i in t, Z_i in ha):

$$\sum Y_i = 20\,000 \quad ; \quad \sum Z_i = 2\,000$$

$$\sum Y_i^2 = 4\,960\,000 \; ; \; \sum Z_i^2 = 50\,000 \; ; \; \sum Y_i Z_i = 490\,000 .$$

Berechnen Sie ein $0{,}9544$-Konfidenzintervall für die Weizenernte des betreffenden Bundeslandes.

Lösung: Da die Erntemenge (bei Weizen) annähernd proportional zur Anbaufläche ist und der Stichprobenumfang groß genug ist, liegt es nahe, eine Verhältnisschätzung durchzuführen. Als Schätzwert für y ergibt sich dann

$$\frac{\overline{Y}}{\overline{Z}}\, z = \frac{100}{10}\, 80\,000 \doteq 800\,000\, t .$$

Bei Vernachlässigung des Faktors $200/199$ hat man

$$S_{yy} = \frac{4\,960\,000}{200} - 100^2 \quad = 14\,800$$

$$S_{zz} = \frac{50\,000}{200} - 10^2 \quad\quad = \quad 150$$

$$S_{yz} = \frac{490\,000}{200} - 10 \cdot 100 = \quad 1\,450$$

und für den Varianzschätzwert ergibt sich bei Vernachlässigung des Korrekturfaktors

$$\frac{1}{200}\left[14\,800 - 2 \cdot \frac{100}{10} \cdot 1\,450 + \left(\frac{100}{10}\right)^2 \cdot 150 \right] \cdot 10^8 = 4 \cdot 10^8 .$$

Als Konfidenzintervall für die Erntemenge erhält man somit

$$\left[800\,000 - 2 \cdot 2 \cdot 10^4 \,;\, 800\,000 + 2 \cdot 2 \cdot 10^4 \right] \doteq \left[760\,000\, t \,;\, 840\,000\, t \right].$$

Aufgabe 4

Anfang 1984 wählte man aus den 3 000 Betrieben einer bestimmten Industriebranche 100 Betriebe zufällig aus und ermittelte folgende Größen:

- Beschäftigte am 1.1.1983 (Z_i)
- Beschäftigte am 1.1.1984 (Y_i) .

Man erhielt

$$\sum Y_i = 7\,000 \quad ; \quad \sum Z_i = 8\,000$$

$$\sum Y_i^2 = 493\,600 \quad ; \quad \sum Z_i^2 = 650\,000 \quad ; \quad \sum Y_i Z_i = 565\,000.$$

a) Schätzen Sie die prozentuale Veränderung der Beschäftigtenzahl.

b) Berechnen Sie unter Verwendung der Differenzschätzung bzw. Verhältnisschätzung bzw. Regressionsschäatzung ein $0{,}9544$-Konfidenzintervall für die Zahl der am 1.1.1984 in der betreffenden Branche tätigen Personen, wenn bekannt ist, daß die 3 000 Betriebe dieser Branche am 1.1.1983 210 000 Mitarbeiter beschäftigten.

Lösung: Aus den gegebenen Werten berechnen wir zunächst

$$\overline{Y} = 70\,, \quad \overline{Z} = 80\,, \quad S_{yy} = 36\,, \quad S_{zz} = 100\,, \quad S_{yz} = 50$$

wobei $n/(n-1)$ durch 1 ersetzt wurde.

a) Zu schätzen ist $\left(\dfrac{\overline{Y}}{\overline{Z}} - 1\right) \cdot 100\%$. Da $\overline{z}$ unbekannt ist, berechnen wir

$$\left(\frac{\overline{Y}}{\overline{Z}} - 1\right) \cdot 100\% = -12{,}5\% \,.$$

Die Beschäftigtenzahl ist schätzungsweise um $12{,}5\%$ zurückgegangen.

b) Bekannt ist jetzt $\overline{z} = 70$. Als $0{,}9544$-Konfidenzintervall für die Zahl der am 1.1.1984 Beschäftigten ergibt sich bei Verwendung der Differenzschätzung

$$\left[N\left(\overline{Y} - \left(\overline{Z} - \overline{z}\right)\right) - 2\,N\sqrt{\frac{1}{n}\left(1 - \frac{n}{N}\right)\left(S_{yy} - 2S_{yz} + S_{zz}\right)} \; ; \right.$$

$$\left. N\left(\overline{Y} - \left(\overline{Z} - \overline{z}\right)\right) + 2\,N\sqrt{\frac{1}{n}\left(1 - \frac{n}{N}\right)\left(S_{yy} - 2S_{yz} + S_{zz}\right)} \; \right]$$

$$= \left[176\,400 \; ; \; 183\,600 \right]$$

bei Verwendung der Verhältnisschätzung

$$\left[N\,\frac{\overline{Y}}{\overline{Z}}\,\overline{z} - 2\,N\,\sqrt{\frac{1}{n}\left(1-\frac{n}{N}\right)\left(S_{yy}-2\,\frac{\overline{Y}}{\overline{Z}}\,S_{yz}+\left(\frac{\overline{Y}}{\overline{Z}}\right)^{2}S_{zz}\right)}\;\;;\right.$$

$$\left. N\,\frac{\overline{Y}}{\overline{Z}}\,\overline{z} + 2\,N\,\sqrt{\frac{1}{n}\left(1-\frac{n}{N}\right)\left(S_{yy}-2\,\frac{\overline{Y}}{\overline{Z}}\,S_{yz}+\left(\frac{\overline{Y}}{\overline{Z}}\right)^{2}S_{zz}\right)}\;\right]$$

$$\approx \left[\,180\,750\;;\;186\,750\,\right].$$

bei Verwendung der Regressionsschätzung

$$\left[N\left(\overline{Y}-\frac{S_{yz}}{S_{zz}}\left(\overline{Z}-\overline{z}\right)\right) - 2\,N\,\sqrt{\frac{1}{n}\left(1-\frac{n}{N}\right)\left(S_{yy}-\frac{S_{yz}^{2}}{S_{zz}}\right)}\;\;;\right.$$

$$\left. N\left(\overline{Y}-\frac{S_{yz}}{S_{zz}}\left(\overline{Z}-\overline{z}\right)\right) + 2\,N\,\sqrt{\frac{1}{n}\left(1-\frac{n}{N}\right)\left(S_{yy}-\frac{S_{yz}^{2}}{S_{zz}}\right)}\;\right]$$

$$\approx \left[\,193\,010\;;\;196\,990\,\right].$$

Der Korrekturfaktor wurde jeweils vernachlässigt.

Aufgabe 5

Den N Erhebungseinheiten $g_1,\,\dots\,g_N$ sind die unbekannten Werte $y_1,\,\dots\,y_N$ und die bekannten Werte $z_1,\,\dots\,z_N \neq 0$ zugeordnet. Für $i = 1,\,2,\,\dots\,N$ wird $r_i = y_i/z_i$ definiert.

Es werden n Einheiten uneingeschränkt zufällig ausgewählt.

a) Zeigen Sie, daß

$$\overline{z}\,\overline{R} = \frac{\overline{z}}{n}\sum \frac{Y_i}{Z_i}$$

genau dann erwartungstreue Schätzfunktionen für $\overline{y}$ ist, wenn

$$\overline{r} = \frac{\overline{y}}{\overline{z}}$$

gilt.

b) Wird die Verzerrung von $\overline{z}\,\overline{R}$ mit wachsendem Stichprobenumfang kleiner?

c) Berechnen Sie die Varianz und die mittlere quadratische Abweichung von $\bar{z}\,\bar{R}$. Welche dieser Größen ist ein Maß für die Güte der Schätzfunktion?

d) Zeigen Sie, daß

$$\bar{z}\,\bar{R} + \frac{n}{n-1}\,\frac{N-1}{N}\left(\bar{Y} - \bar{Z}\,\bar{R}\right)$$

eine unverzerrte Schätzung für $\bar{y}$ ist.

Lösung:

a) $E\,\bar{z}\,\bar{R} = \bar{z}\,E\,\bar{R} = \bar{z}\,\bar{r}$.

b) Die Verzerrung ist durch $z\,r - y$ gegeben und vom Stichprobenumfang offensichtlich unabhängig, d.h. sie ändert sich mit wachsendem Stichprobenumfang nicht.

c) Es ist

$$var\,\bar{z}\,\bar{R} = \bar{z}^2\,var\,\bar{R} = \bar{z}^2\,\frac{s_{rr}}{n}\left(1 - \frac{n}{N}\right) .$$

$$E\left[\bar{z}\,\bar{R} - \bar{y}\right]^2 = var\,\bar{z}\,\bar{R} + \left(\bar{z}\,\bar{r} - \bar{y}\right)^2 = \bar{z}^2\,\frac{s_{rr}}{n}\left(1 - \frac{n}{N}\right) + \left(\bar{z}\,\bar{r} - \bar{y}\right)^2 .$$

Als Maß für die Güte der Schätzfunktion kommt die mittlere quadratische Abweichung $E\,(\bar{z}\,\bar{R} - \bar{y})^2$ in Frage, da sie die Abweichung vom interessierenden Wert $\bar{y}$ mißt, die Varianz dagegen die Abweichung vom nicht interessierenden Wert $\bar{z}\,\bar{r}$.

d) Es gilt

$$E\,\bar{Z}\,\bar{R} = cov\left(\bar{Z},\bar{R}\right) + E\,\bar{Z}\,E\,\bar{R}$$

$$= \frac{s_{zr}}{n}\left(1 - \frac{n}{N}\right) + \bar{z}\,\bar{r}$$

$$s_{zr} = \frac{N}{N-1}\left(\frac{1}{N}\sum_i z_i r_i - \bar{z}\,\bar{r}\right)$$

$$= \frac{N}{N-1}\left(\bar{y} - \bar{z}\,\bar{r}\right) .$$

Wegen der Linearität der Erwartungswertbildung folgt die behauptete Unverzerrtheit.

Aufgabe 6 (Produktschätzer)

a) Berechnen Sie den exakten Erwartungswert des Produktschätzers (vgl. Abschnitt 4.4) und geben Sie eine erwartungstreue Schätzung für die Verzerrung an. Was läßt sich asymptotisch sagen?

b) Überlegen Sie, bei welcher Gestalt derPunktwolke (y_i, z_i), $i = 1, \ldots N$ die Produktschätzung der Mittelwertschätzung vorzuziehen ist.

Lösung:

a) Es ist bei uneingeschränkter Zufallsauswahl nach Aufgabe 3.3

$$E\,\frac{\overline{Y}\,\overline{Z}}{\overline{z}} = cov\left(\overline{Y}, \frac{\overline{Z}}{\overline{z}}\right) + E\,\overline{Y}\; E\,\frac{\overline{Z}}{\overline{z}} = \overline{y} + \frac{1}{n\,\overline{z}}\left(1 - \frac{n}{N}\right)s_{yz}$$

und als Verzerrung ergibt sich

$$\frac{1}{n\,\overline{z}}\left(1 - \frac{n}{N}\right)s_{yz}\;.$$

Die Verzerrung wird durch

$$\frac{1}{n\,\overline{z}}\left(1 - \frac{n}{N}\right)S_{yz}$$

erwartungstreu geschätzt.

Als (asymptotischen) Erwartungswert erhält man

$$E\,\frac{\overline{Y}\,\overline{Z}}{\overline{z}} \sim \overline{y}$$

da die Verzerrung mit wachsendem Stichprobenumfang gegen 0 geht. Weiter ist nach Abschnitt **4.4**

$$var\,\frac{\overline{Y}\,\overline{Z}}{\overline{z}} \sim \frac{1}{n}\left(1 - \frac{n}{N}\right)\left(s_{yy} + 2\,\frac{\overline{y}}{\overline{z}}\,s_{yz} + \left(\frac{\overline{y}}{\overline{z}}\right)^2 s_{yy}\right)\;.$$

b) Wegen

$$s_{yy} + 2\,\frac{\overline{y}}{\overline{z}}\,s_{yz} + \left(\frac{\overline{y}}{\overline{z}}\right)^2 s_{zz} = \frac{1}{N-1}\sum\left[\left(y_i - \overline{y}\right) + \frac{\overline{y}}{\overline{z}}\left(z_i - \overline{z}\right)\right]^2$$

$$= \frac{1}{N-1}\sum\left[y_i - \frac{\overline{y}}{\overline{z}}\left(2\overline{z} - z_i\right)\right]^2$$

bedeutet

$$s_{yy} > s_{yy} + 2\,\frac{\bar{y}}{\bar{z}}\,s_{yz} + \left(\frac{\bar{y}}{\bar{z}}\right)^2 s_{zz}$$

daß die Punkte (z_i, y_i) ; $i = 1, \dots N$ stärker um die Gerade

$$y = \bar{y}$$

streuen als um die Gerade

$$y = \frac{\bar{y}}{\bar{z}}\left(2\,\bar{z} - z\right)\,.$$

Eine typische Situation zeigt Abbildung 11 .

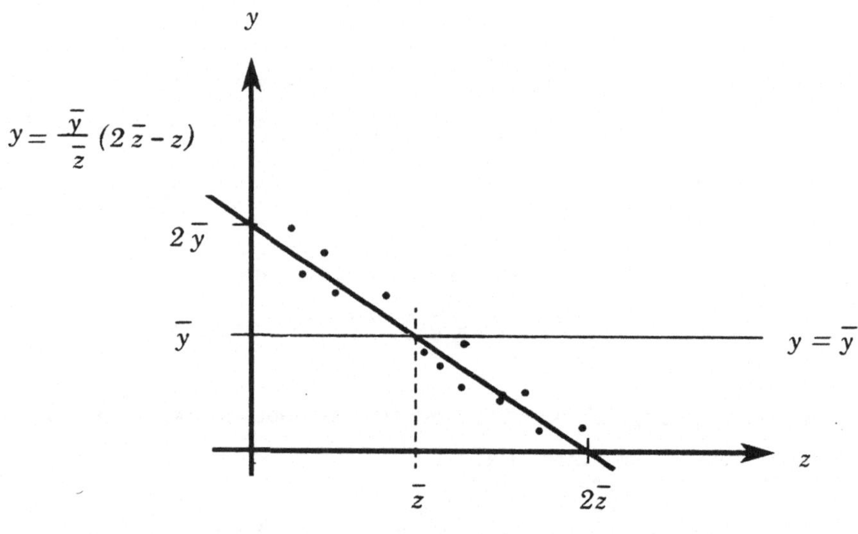

Abb. 11

5. Variierende Auswahlwahrscheinlichkeiten

5.1 Größenproportionale Auswahlwahrscheinlichkeiten

Den Erhebungseinheiten $g_1, g_2, \ldots g_N$ seien natürliche Zahlen $z_1, z_2, \ldots z_N$ zugeordnet. Wir nehmen an, daß die z-Werte bekannt sind, und daß die (nicht bekannten) Quotienten

$$\frac{y_1}{z_1}, \frac{y_2}{z_2}, \ldots \frac{y_N}{z_N}$$

"nahe beieinander" liegen.

Beispielsweise interpretiere man z_i als die Zahl der Beschäftigten und y_i als den Jahresumsatz eines Unternehmens g_i $(i=1, 2, \ldots N)$. Die näherungsweise Konstanz der Quotienten y_i/z_i; $i=1, 2, \ldots N$ ist dann sicherlich gegeben, wenn die betrachteten Unternehmen derselben Branche angehören.

Man kann sich unter z_i auch die Anbaufläche eines landwirtschaftlichen Betriebes g_i für irgendeine Fruchtart vorstellen und unter y_i die entsprechende Erntemenge. z_i wäre auch dann - jedenfalls bei geeigneter Wahl der Flächeneinheit - eine natürliche Zahl, und die Quotienten y_i / z_i; $i=1, 2, \ldots N$, d.h. die Erträge pro Flächeneinheit, schwanken sicherlich nicht allzusehr.

Unter den hier betrachteten Bedingungen bietet sich die Verhältnisstrategie an. Man kann aber auch folgendermaßen argumentieren.

Man interpretiere z_i als Zahl von Hilfseinheiten, die g_i zugeordnet sind. In unseren Beispielen etwa ist z_i die Zahl der Beschäftigten bzw. die Zahl der Flächeneinheiten der Erhebungseinheit g_i. y_i / z_i ist der Betrag des Untersuchungsmerkmals, der bei gleichmäßiger Aufteilung von y_i innerhalb der Hilfseinheiten von g_i auf jede der z_i Hilfseinheiten entfällt. Und unsere obige Annahme (näherungsweise Konstanz der Quotienten y_i/z_i; $i=1, 2, \ldots N$) bedeutet, daß die den $z = \Sigma z_i$ Hilfseinheiten in der beschriebenen Weise zugeordneten Beträge

$$\underbrace{\frac{y_1}{z_1}, \frac{y_1}{z_1}, \ldots \frac{y_1}{z_1}}_{z_1 \text{ Werte}} \quad \underbrace{\frac{y_2}{z_2}, \ldots \frac{y_2}{z_2}}_{z_2 \text{ Werte}} \quad \ldots \quad \underbrace{\frac{y_N}{z_N}, \ldots \frac{y_N}{z_N}}_{z_N \text{ Werte}}$$

wenig um ihren Mittelwert

$$\frac{1}{z}\left(z_1\,\frac{y_1}{z_1} + z_2\,\frac{y_2}{z_2} + \ldots + z_N\,\frac{y_N}{z_N}\right) = \frac{y}{z}$$

streuen, d.h. daß

$$\frac{1}{z}\left[z_1\left(\frac{y_1}{z_1} - \frac{y}{z}\right)^2 + z_2\left(\frac{y_2}{z_2} - \frac{y}{z}\right)^2 + \ldots + z_N\left(\frac{y_N}{z_N} - \frac{y}{z}\right)^2\right]$$

$$= \sum \frac{z_i}{z}\left(\frac{y_i}{z_i} - \frac{y}{z}\right)^2 \tag{1}$$

nahe bei 0 liegt. Dann läge es doch nahe, Hilfseinheiten uneingeschränkt zufällig auszuwählen, sagen wir mit Zurücklegen, die durch (die oben beschriebene) Umverteilung zugeordneten Werte zu erheben und das arithmetische Mittel dieser Werte als Schätzung für y/z zu verwenden - das z-fache des erwähnten Mittels also als Schätzung für y.

Denn diese Strategie ist nach 3.5 Satz unverzerrt mit einer Varianz, die ein Vielfaches von (1) und somit klein ist.

Da man keine Liste der Hilfsseinheiten besitzt, bietet sich folgendes Vorgehen an:

Man füllt eine Urne mit z Kugeln, von denen z_1 die Nummer 1 tragen, z_2 die Nummer 2 usw. Dann wählt man uneingeschränkt zufällig, und zwar mit Zurücklegen, n Kugeln aus. Die Nummern $a_1, a_2, \ldots a_n$, die man hierbei erhält, weisen unter Umständen Wiederholungen auf.

Wie früher schreiben wir

$$G_j \quad \text{an Stelle von} \quad g_{a_j}$$

$$Y_j \quad \text{an Stelle von} \quad y_{a_j}$$

$$Z_j \quad \text{an Stelle von} \quad z_{a_j}.$$

Das nach der Auswahl zu berechnende Mittel lautet dann

$$\frac{1}{n}\left(\frac{Y_1}{Z_1} + \frac{Y_2}{Z_2} + \ldots + \frac{Y_n}{Z_n}\right) = \frac{1}{n}\sum \frac{Y_i}{Z_i}$$

und die insgesamt verwendete Schätzfunktion

$$\bar{z} \cdot \frac{1}{n} \sum \frac{Y_i}{Z_i}.$$

Das beschriebene Auswahlverfahren wollen wir als Zufallsauswahl auf der Basis *z-proportionaler (Auswahl-) Wahrscheinlichkeiten* bezeichnen; an Stelle von z-Proportionalität spricht man häufig auch von *Größenproportionalität*, sofern keine Mißverständnisse zu befürchten sind. Unter Umständen spricht man auch ausdrücklich von Zufallsauswahl mit Zurücklegen auf der Basis größenproportionaler Wahrscheinlichkeiten.

5.2 Kumulativverfahren

Die vorangehend beschriebene Auswahltechnik ist bei großem z - man denke etwa an das Beispiel der landwirtschaftlichen Betriebe - kaum realisierbar. Wir wollen im folgenden ein viel einfacheres Vorgehen betrachten, das uns dieselbe Wahrscheinlichkeitsverteilung auf dem Stichprobenraum definiert wie das vorangehende Urnenexperiment. Wir gehen hierzu von einem Beispiel aus.

Aus einer Gesamtheit von *10* Betrieben, die vor einem Jahr

$$15, \ 35, \ 10, \ 60, \ 25, \ 45, \ 120, \ 80, \ 55, \ 15$$

Beschäftigte hatten, will man *3*-mal zufällig auswählen, und zwar mit Zurücklegen, wobei größenproportionale Auswahlwahrscheinlichkeiten zugrundegelegt werden sollen. (Für die in die Auswahl gelangenden Betriebe ermittelt man die jetzigen Beschäftigtenzahlen, um eine Schätzung der aktuellen durchschnittlichen Beschäftigtenzahl pro Betrieb vorzunehmen.)

Es liegt nahe, daß man sich die Beschäftigten mit Nummern versehen denkt - die *15* Beschäftigten des ersten Betriebes mit den Nummern *1, 2, ...* *15*, die *35* Beschäftigten des zweiten Betriebes mit den Nummern *16, 17, ...* *50* etc. Dann wählt man mit Hilfe einer Zufallszahlentafel *3* Beschäftigte aus. Würde man beispielsweise von der Zufallszahlentafel

$$16 \ \ 22 \ \ 77 \ \ 94 \ \ 39 \ \ 49 \ \ 24 \ \ 43 \ \ 54$$

ausgehen, so hätte man zu bilden

$$162, \ 277, \ 943, \ 949, \ 244, \ 354$$

und würde die Beschäftigten *162, 277* und *244* auswählen.

Der folgenden Tabelle entnimmt man, daß der zuerst ausgewählte Beschäftigte dem Betrieb *6* angehört, die beiden anderen dem Betrieb 7.

Betrieb	Beschäftigte	Beschäftigte komuliert
1	15	15
2	35	50
3	10	60
4	60	120
5	25	145
6	45	190
7	120	310
8	80	390
9	55	445
10	15	460

Also gilt

$$G_1 = g_6, \quad G_2 = G_3 = g_7 .$$

Die am Beispiel beschriebene Auswahltechnik wird *Kumulativverfahren* genannt. Sie ist allgemeiner wie folgt zu charakterisieren:

Man bildet die Summen $z_1, z_1 + z_2, z_1 + z_2 + z_3, \ldots z_1 + z_2 + \ldots + z_N = z$. Wenn z eine m-stellige Zahl ist, entnimmt man einer Zufallszahlentafel m-stellige Zahlen, bis zum ersten Male eine von 0 verschiedene Zahl M auftritt, die nicht größer ist als z. Es existiert dann eine natürliche Zahl i mit der Eigenschaft

$$z_1 + z_2 + \ldots + z_{i-1} < M \leq z_1 + z_2 + \ldots + z_i .$$

(Hierbei ist $z_1 + z_2 + \ldots + z_{i-1}$ gleich 0 zu setzen für $i = 1$.) Wir sehen dann g_i als ausgewählt an.

Den beschriebenen Vorgang führt man n-mal durch.

5.3   Die HANSEN-HURWITZ-Strategie (HH-Strategie)

Satz

Bei n-maliger Zufallsauswahl (mit Zurücklegen) auf der Basis z-proportionaler Auswahlwahrscheinlichkeiten gilt

$$E \cdot \frac{\bar{z}}{n} \sum_i \frac{Y_i}{Z_i} = \bar{y}$$

$$var \frac{\bar{z}}{n} \sum \frac{Y_i}{Z_i} = \frac{\bar{z}^2}{n} \sum \frac{z_i}{z} \left(\frac{y_i}{z_i} - \frac{y}{z} \right)^2$$

$$= E \frac{\bar{z}^2}{n(n-1)} \sum \left(\frac{Y_i}{Z_i} - \frac{1}{n} \sum \frac{Y_j}{Z_j} \right)^2 .$$

Beweis: Wegen des Zurücklegens sind die Zufallsvariablen

$$\bar{z} \frac{Y_i}{Z_i} ; \; i = 1, 2, \ldots n$$

unabhängig identisch verteilt mit dem Erwartungswert

$$\sum \bar{z} \frac{y_j}{z} \cdot \frac{z_j}{z} = \bar{y}$$

und der Varianz

$$\sum \frac{z_j}{z} \left(\bar{z} \frac{y_j}{z_j} - \bar{y} \right)^2 = \bar{z}^2 \sum \frac{z_j}{z} \left(\frac{y_j}{z_j} - \frac{\bar{y}}{\bar{z}} \right)^2 .$$

Wegen

$$\frac{1}{n-1} \sum \left(\bar{z} \frac{Y_i}{Z_i} - \frac{1}{n} \sum \bar{z} \frac{Y_j}{Z_j} \right)^2 = \frac{\bar{z}^2}{n-1} \sum \left(\frac{Y_i}{Z_i} - \frac{1}{n} \sum \frac{Y_j}{Z_j} \right)^2$$

folgen alle Behauptungen des Satzes aus A 5 Satz 1.∎

Die in den vorangehenden Sätzen betrachtete Schätzfunktion

$$\frac{\bar{z}}{n} \sum \frac{Y_i}{Z_i}$$

wird im allgemeinen *HANSEN-HURWITZ-Schätzung* (kurz *HH-Schätzung*) genannt. Zufallsauswahl (mit Zurücklegen) auf der Basis z-proportionaler Wahrscheinlichkeiten, zusammen mit der HH-Schätzung wird als *HH-Strategie* bezeichnet. Es liegt auf der Hand, wie bei Verwendung der HH-Strategie Konfidenzintervalle zu konstruieren sind.

Wir kommen auf das Beispiel des Abschnitts 5.2 zurück.

Wenn die Betriebe *6* und *7* zum jetzigen Zeitpunkt

55 bzw. *150*

Beschäftigte haben, erhält man als Schätzung

$$46 \cdot \frac{1}{3} \cdot \left(\frac{55}{45} + \frac{150}{120} + \frac{150}{120} \right) = 57{,}1$$

und als Varianzschätzung

$$46 \cdot \frac{1}{3} \cdot \frac{1}{2} \cdot \left[\left(\frac{55}{45} - \frac{57{,}1}{46} \right)^2 + 2 \left(\frac{150}{120} - \frac{57{,}1}{46} \right)^2 \right] .$$

5.4   Quotienten von HH-Schätzungen

Unter Umständen interessiert neben dem Merkmal Y ein weiteres Merkmal, nennen wir es X. Die Vorinformationen, über die man verfügt, mögen sowohl für die Schätzung von $\overline{y}$ als auch für die Schätzung von $\overline{x} = \Sigma \ x_i / N$ die HH-Strategie nahelegen.

Nun interessiere insbesondere der Quotient $\overline{y} / \overline{x}$.

Natürlich wird man ihn durch

$$\frac{\dfrac{\overline{z}}{n} \sum \dfrac{Y_i}{Z_i}}{\dfrac{\overline{z}}{n} \sum \dfrac{X_i}{Z_i}} = \frac{\sum \dfrac{Y_i}{Z_i}}{\sum \dfrac{X_i}{Z_i}}$$

schätzen wollen.

Satz

Wenn auf der Basis z-proportionaler Wahrscheinlichkeiten n-mal zufällig ausgewählt wird, gilt

$$E \ \frac{\sum \dfrac{Y_i}{Z_i}}{\sum \dfrac{X_i}{Z_i}} \ \sim \ \frac{\overline{y}}{\overline{x}}$$

$$\operatorname{var}\; \frac{\displaystyle\sum \frac{Y_i}{Z_i}}{\displaystyle\sum \frac{X_i}{Z_i}} \;\sim\; \frac{1}{n}\left(\frac{\bar{z}}{\bar{x}}\right)^2 \sum \frac{z_i}{\bar{z}}\left(\frac{y_i}{z_i} - \frac{\bar{y}}{\bar{x}}\,\frac{x_i}{z_i}\right)^2$$

$$\sim\; E\left(\sum \frac{X_i}{Z_i}\right)^{-2} \sum \left(\frac{Y_i}{Z_i} - \frac{\displaystyle\sum \frac{Y_j}{Z_j}}{\displaystyle\sum \frac{X_j}{Z_j}}\,\frac{X_i}{Z_i}\right)^2 .$$

Beweis: Wir setzen

$$U_i = \frac{X_i}{Z_i} \;;\; V_i = \frac{Y_i}{Z_i}$$

und

$$\overline{U} = \frac{1}{n}\sum U_i \;;\; \overline{V} = \frac{1}{n}\sum V_i .$$

Dann lautet die im Satz behandelte Schätzfunktion $\overline{V}/\overline{U}$.

Offenbar sind nun (U_1, V_1) , (U_2, V_2), ... (U_n, V_n) unabhängig identisch verteilt mit

$$E\,U_i = \frac{\bar{x}}{\bar{z}} = \mu_u \tag{1}$$

$$E\,V_i = \frac{\bar{y}}{\bar{z}} = \mu_v \tag{2}$$

$$\operatorname{var} U_i = \sum \frac{z_j}{\bar{z}}\left(\frac{x_j}{z_j} - \frac{\bar{x}}{\bar{z}}\right)^2 = \tau_{uu} \tag{3}$$

$$\operatorname{var} V_i = \sum \frac{z_j}{\bar{z}}\left(\frac{y_j}{z_j} - \frac{\bar{y}}{\bar{z}}\right)^2 = \tau_{vv} \tag{4}$$

$$\operatorname{cov}\left(U_i , V_i\right) = \sum \frac{z_j}{\bar{z}}\left(\frac{x_j}{z_j} - \frac{\bar{x}}{\bar{z}}\right)\left(\frac{y_j}{z_j} - \frac{\bar{y}}{\bar{z}}\right) = \tau_{uv} \tag{5}$$

für $i = 1, 2, \ldots n$. Mit $H(u,v) = v/u$ folgt also die erste Behauptung unseres Satzes aus Teil 1 von B. 2 Satz 4 .

Mit

$$H_u = - \frac{\mu_v}{\mu_u^2}$$

$$H_v = \frac{1}{\mu_u}$$

ergibt sich aus B 2 Satz 4 (vgl. die dortige Definition von H_u und H_v)

$$n \, var \, \frac{\overline{V}}{\overline{U}} \sim \frac{1}{\mu_u^2} \left(\left(\frac{\mu_v}{\mu_u} \right)^2 \tau_{uu} - 2 \, \frac{\mu_v}{\mu_u} \, \tau_{uv} + \tau_{vv} \right)$$

$$\sim E \, \frac{1}{\overline{U}^2} \left(\left(\frac{\overline{V}}{\overline{U}} \right)^2 S_{uu} - 2 \, \frac{\overline{V}}{\overline{U}} \, S_{uv} + S_{vv} \right).$$

Aus (1) bis (5) erhält man nach einfacher Zwischenrechnung

$$\frac{1}{\mu_u^2} \left(\left(\frac{\mu_v}{\mu_u} \right)^2 \tau_{uu} - 2 \, \frac{\mu_v}{\mu_u} \, \tau_{uv} + \tau_{vv} \right)$$

$$= \left(\frac{\overline{z}}{\overline{x}} \right)^2 \sum \frac{z_i}{\overline{z}} \left(\frac{\overline{y}}{\overline{x}} \, \frac{x_i}{z_i} - \frac{y_i}{z_i} \right)^2$$

und entsprechendes gilt für die Stichprobengrößen. Der Satz ist damit bewiesen. ∎

5.5 Die RAO-HARTLEY-COCHRAN-Strategie (RHC-Strategie)

Ein Nachteil der HH-Strategie ist zweifellos, daß Einheiten mehrfach gezogen werden können, so daß der erwartete effektive Stichprobenumfang kleiner ist als der Stichprobenumfang n. Einen Ausweg bietet die sog. *RAO-HARTLEY-COCHRAN-Strategie* (kurz: *RHC-Strategie*) an, die wir im folgenden beschreiben wollen.

Der Einfachheit halber nehmen wir an, N sei durch n teilbar. Wir können dann g auf zufällige Weise in n Teilgesamtheiten $g(1), g(2), \ldots g(n)$ zerlegen, die jeweils aus N / n Einheiten bestehen. Man stelle sich beispielsweise vor, daß man $g(1)$ durch uneingeschränkte Zufallsauswahl von N/n Einheiten aus g erhält, daß man $g(2)$ wiederum durch uneingeschränkte Zufallsauswahl von N/n Einheiten aus den restlichen $N - N/n$ Einheiten herausgreift usw.

Aus jeder Teilgesamtheit $g(h)$ wird eine Einheit zufällig ausgewählt, und zwar auf der Basis z-proportionaler Auswahlwahrscheinlichkeiten. Wir schreiben $\bar{z}(h)$ für die durchschnittliche z-Ausprägung in $g(h)$ (vgl. Abschnitt 2.5) und $Y_1(h)$, $Z_1(h)$ für die y- bzw. z-Ausprägung der aus $g(h)$ herausgegriffenen Einheit. Dies gilt für $h = 1, 2, \ldots n$. Als Schätzung für $\bar{y}$ verwenden wir dann

$$A = \frac{1}{n} \sum \bar{z}(h) \frac{Y_1(h)}{Z_1(h)} \quad \left(= \bar{z} \sum \frac{z(h)}{z} \frac{Y_1(h)}{Z_1(h)} \right)$$

und haben:

Satz:

Bei Durchführung des oben beschriebenen Auswahlverfahrens gilt

$$E A = \bar{y}$$

$$\operatorname{var} A = \frac{\bar{z}^2}{n} \left(1 - \frac{n}{N} \right) \frac{N}{N-1} \sum \frac{z_i}{z} \left(\frac{y_i}{z_i} - \frac{y}{z} \right)^2$$

$$= E \bar{z}^2 \left(1 - \frac{n}{N} \right) \frac{1}{n-1} \sum \frac{z(h)}{z} \left(\frac{Y_1(h)}{Z_1(h)} - \sum \frac{z(h')}{z} \frac{Y_1(h')}{Z_1(h')} \right)^2 .$$

Beweis: Die erste Stufe des Auswahlexperiments besteht in der zufälligen Zerlegung von g in $g(1), g(2), \ldots g(n)$, die zweite Stufe in der zufälligen Auswahl je einer Einheit aus $g(1), g(2), \ldots g(n)$. E_1, var_1 beziehen sich im folgenden auf die erste Stufe, und E_2, var_2 auf die zweite Stufe. Es gilt nach 5.3 Satz

$$E_2 A = \frac{1}{n} \sum \bar{y}(h) = \bar{y}$$

$$\operatorname{var}_2 A = \frac{1}{n^2} \sum_h \bar{z}^2(h) \sum_i \frac{z_i(h)}{z(h)} \left[\frac{y_i(h)}{z_i(h)} - \frac{y(h)}{z(h)} \right]^2$$

$$= \frac{1}{N^2} \sum_h z^2(h) \sum_i \frac{z_i(h)}{z(h)} \left[\frac{y_i(h)}{z_i(h)} - \frac{y(h)}{z(h)} \right]^2$$

$$= \frac{1}{2N^2} \sum_h z^2(h) \sum_{i,j} \frac{z_i(h)}{z(h)} \frac{z_j(h)}{z(h)} \left[\frac{y_i(h)}{z_i(h)} - \frac{y_j(h)}{z_j(h)} \right]^2$$

$$= \frac{1}{2N^2} \sum_{i \neq j} z_i(h)\, z_j(h) \left[\frac{y_i(h)}{z_i(h)} - \frac{y_j(h)}{z_j(h)} \right]^2 .$$

(Zur Symbolik vergleiche man Abschnitt 2.5.) Offenbar ist daher

$$E_1 var_2 A = \frac{n}{2N^2}\, E_1 \sum_{i \neq j} z_i(1)\, z_j(1) \left[\frac{y_i(1)}{z_i(1)} - \frac{y_j(1)}{z_j(1)} \right]^2$$

erfüllt. Weil $g\,(1)$ durch uneingeschränkte Zufallsauswahl gebildet wird, besitzen alle Paare von Einheiten dieselbe Wahrscheinlichkeit, in $g\,(1)$ zu gelangen, d.h. die Wahrscheinlichkeit

$$\frac{\frac{N}{n}\left(\frac{N}{n} - 1\right)}{N(N-1)} .$$

Folglich erhält man

$$E_1 var_2 A = \frac{n}{2N^2} \sum_{i,j} z_i\, z_j \left[\frac{y_i}{z_i} - \frac{y_j}{z_j} \right]^2 \cdot \frac{\frac{N}{n}\left(\frac{N}{n} - 1\right)}{N(N-1)}$$

$$= \frac{1}{2} \cdot \frac{N-n}{n(N-1)}\, \bar{z}^2 \sum_{i,j} \frac{z_i}{z}\frac{z_j}{z} \left[\frac{y_i}{z_i} - \frac{y_j}{z_j} \right]^2$$

$$= \frac{N-n}{n(N-1)}\, \bar{z}^2 \sum \frac{z_i}{z} \left[\frac{y_i}{z_i} - \frac{y}{z} \right]^2 \tag{1}$$

$$= \frac{N-n}{n(N-1)} \left[\frac{\bar{z}}{N} \sum \frac{y_i^2}{z_i} - \bar{y}^2 \right] . \tag{2}$$

Die im Satz angegebene Varianzformel folgt unmittelbar aus (1) .

Wenn V eine erwartungstreue Schätzung für $var\, A$ ist, gilt wegen $E\,A = \bar{y}$

$$\bar{y}^2 = E\left(A^2 - V \right) . \tag{3}$$

Wegen

$$E \sum z(h) \left[\frac{Y_1(h)}{Z_1(h)} \right]^2 = \sum \frac{y_i^2}{z_i}$$

folgt aus (2) und (3)

$$E\,V = E\,\frac{N-n}{n\,(N-1)}\left(\frac{\bar{z}}{N}\sum z(h)\left[\frac{Y_1(h)}{Z_1(h)}\right]^2 - A^2 + V\right)$$

$$= E\,\frac{N-n}{n\,(N-1)}\left(\bar{z}^2\sum\frac{z(h)}{z}\left[\frac{Y_1(h)}{Z_1(h)}\right]^2 - A^2 + V\right)$$

$$= E\,\frac{N-n}{n\,(N-1)}\left(\bar{z}^2\sum\frac{z(h)}{z}\left[\frac{Y_1(h)}{Z_1(h)} - \frac{A}{\bar{z}}\right]^2 + V\right).$$

Durch Auflösen von

$$V = \frac{N-n}{n\,(N-1)}\left(\bar{z}^2\sum\frac{z(h)}{z}\left[\frac{Y_1(h)}{Z_1(h)} - \frac{A}{\bar{z}}\right]^2 + V\right)$$

nach V erhalten wir

$$V\,\frac{n-1}{n}\,\frac{N}{N-1} = \frac{N-n}{n\,(N-1)}\,\bar{z}^2\sum\frac{z(h)}{z}\left[\frac{Y_1(h)}{Z_1(h)} - \frac{A}{\bar{z}}\right]^2.$$

Hieraus folgt die letzte Behauptung des Satzes. ∎

Man beachte, daß nach dem vorangehenden Satz und 5.3 Satz erfüllt ist

$$var\,A = \frac{N-n}{N-1}\,var\,B < var\,B$$

wenn $var\,B$ die Varianz der HH-Schätzung bei zufälliger Auswahl auf der Basis von z-proportionalen Wahrscheinlichkeiten ist.

5.6   Aufgaben

Aufgabe 1

Um abschätzen zu können, wieviele der 50 000 Haushalte einer Großstadt mit 100 000 Einwohnern eine Umstellung von Koks- auf Ferngas begrüßen würden, werden 100 Haushalte mit Zurücklegen und größenproportionalen Wahrscheinlichkeiten ausgewählt und um eine Stellungnahme gebeten. Man erhält:

Haushaltsgröße	Zahl der ausgewählten Haushalte, die die Umstellung begrüßen würden
1	10
2	8
3	18
4	20

Berechnen Sie ein $0,9544$-Konfidenzintervall für den Anteil der Haushalte, die die Umstellung begrüßen würden.

Lösung: Wir definieren für $i = 1, 2, \ldots 50\,000$

$$y_i = \begin{cases} 1 & \text{Umstellung würde vom } i\text{-ten Haushalt begrüßt} \\ 0 & \text{sonst} \end{cases}$$

$$z_i = \quad \text{Größe des } i\text{-ten Haushaltes.}$$

Dann wird der interessierende Anteil $\bar{y}$ durch

$$\bar{z} \cdot \frac{1}{n} \sum \frac{Y_i}{Z_i} = \frac{100\,000}{50\,000} \cdot \frac{1}{100} \left[10 \cdot \frac{1}{1} + 8 \cdot \frac{1}{2} + 18 \cdot \frac{1}{3} + 20 \cdot \frac{1}{4} + 44 \cdot 0 \right]$$

$$= 2 \cdot \frac{1}{4} = 0,5$$

und die Varianz durch

$$\frac{\bar{z}^2}{n(n-1)} \sum \left(\frac{Y_i}{Z_i} - \frac{1}{n} \sum \frac{Y_j}{Z_j} \right)^2 = \frac{\bar{z}^2}{100 \cdot 99} \left[10 \left(1 - \frac{1}{4} \right)^2 + 8 \left(\frac{1}{2} - \frac{1}{4} \right)^2 \right.$$

$$\left. + 18 \left(\frac{1}{3} - \frac{1}{4} \right)^2 + 20 \left(\frac{1}{4} - \frac{1}{4} \right)^2 + 44 \left(0 - \frac{1}{4} \right)^2 \right] \approx 0,06^2$$

erwartungstreu geschätzt. Als $0,9544$-Konfidenzintervall für den Anteil $\bar{y}$ der Haushalte, die die Umstellung begrüßen würden, erhält man also

$$\left[0,5 - 2 \cdot 0,06 \,;\; 0,5 + 2 \cdot 0,06 \right] = \left[0,38 \,;\, 0,62 \right].$$

Aufgabe 2

In einer Stadt, in der 120 000 Einwohner in 40 000 Haushalten leben, werden 50 Haushalte (mit Zurücklegen) ausgewählt, und zwar mit Auswahlwahrscheinlichkeiten, die zur Haushaltsgröße proportional sind.

Anhand bestimmter Kriterien wird die Qualität der Wohnungen der ausgewählten Haushalte beurteilt. Man erhält:

Haushaltsgröße	Zahl der Haushalte	Zahl der Haushalte mit unzureichenden Wohnverhältnissen
1	6	0
2	10	3
3	12	0
4	12	10
5	10	5

Berechnen Sie ein $0{,}9544$-Konfidenzintervall für den Anteil der

a)   Haushalte

b)   Einwohner

die in unzureichenden Wohnverhältnissen leben.

Lösung:

a)   Wir definieren für $i = 1, \ldots 40\,000$

$$y_i = \begin{cases} 1 & \text{falls } i\text{-ter Haushalt unzureichende Wohnverhältnisse aufweist} \\ 0 & \text{sonst} \end{cases}$$

$z_i =$ Größe des i-ten Haushalts.

$\bar{y}$ wird wegen der z-proportionalen Auswahlwahrscheinlichkeiten durch

$$\frac{\bar{z}}{n} \sum_{i=1}^{n} \frac{Y_i}{Z_i} = \frac{120\,000}{40\,000} \cdot \frac{1}{50} \left[3 \cdot \frac{1}{2} + 10 \cdot \frac{1}{4} + 5 \cdot \frac{1}{5} \right] = 3 \cdot 0{,}1 = 0{,}3$$

geschätzt. Mittels der Varianzschätzung

$$\frac{\bar{z}^2}{n(n-1)} \sum \left(\frac{Y_i}{Z_i} - \frac{1}{n} \sum \frac{Y_j}{Z_j} \right)^2$$

$$= \frac{3^2}{50 \cdot 49} \left[3 \left(0{,}5 - 0{,}1 \right)^2 + 10 \left(0{,}25 - 0{,}1 \right)^2 + 5 \left(0{,}2 - 0{,}1 \right)^2 + 32 \left(0 - 0{,}1 \right)^2 \right]$$

$$\approx 0{,}003949$$

ergibt sich damit als $0{,}9544$-Konfidenzintervall für den Anteil der Haushalte in unzureichenden Wohnverhältnissen

$$[\, 0{,}1743 \,;\, 0{,}4257 \,]\,.$$

b)   Wir definieren für $i = 1, \ldots 40\,000$

$z_i = $ wie in a)

$$y_i = \begin{cases} z_i & \text{falls } i\text{-ter Haushalt unzureichende Wohnverhältnisse aufweist} \\ 0 & \text{sonst.} \end{cases}$$

Als Schätzung für $\dfrac{\bar{y}}{z}$ erhält man $\dfrac{1}{n} \sum \dfrac{Y_i}{Z_i} = 0,36\ldots$

Mittels der Varianzschätzung

$$\frac{1}{n(n-1)} \sum \left(\frac{Y_i}{Z_i} - \frac{1}{n} \sum \frac{Y_j}{Z_j} \right)^2 = \frac{11,52}{50 \cdot 49} = \left(\frac{48}{700} \right)^2$$

ergibt sich damit als $0,9544$-Konfidenzintervall für den Anteil der Einwohner in unzureichenden Wohnverhältnissen

$$\left[\frac{39}{175} : \frac{87}{175} \right] = [\,0,2229\;;\;0,4971\,]\,.$$

Aufgabe 3

Man will die durchschnittliche Zimmerzahl der 10 000 Wohnungen einer Stadt mit einer Fläche von 100 km² schätzen. Das Stadtgebiet sei zerlegt in 200 Teilflächen unterschiedlicher Größe. Man wählt nun durch 5-maliges Ziehen mit Zurücklegen Teilflächen aus, wobei die Auswahlwahrscheinlichkeiten größenproportional seien.

Für die an i-ter Stelle ausgewählte Teilfläche erhällt man:

i	Größe in km²	Zahl der Zimmer
1	0,4	1 400
2	0,3	1 050
3	0,8	2 000
4	0,4	1 200
5	0,6	1 500

Schätzen Sie die durchschnittliche Zimmerzahl einer Wohnung und geben Sie eine Varianzschätzung an.

Lösung: Wir setzen für $i = 1, \ldots 200$

$y_i = $ Zahl der Zimmer in i-ter Teilfläche

$z_i = $ Größe der i-ten Teilfläche.

Da die Teilflächen mit z-proportionalen Auswahlwahrscheinlichkeiten ausgewählt wurden, verwenden wir als Schätzfunktion für die durchschnittliche Zimmerzahl $N\bar{y} / 100\,000$ der $100\,000$ Wohnungen

$$\frac{N\bar{z}}{100\,000} \frac{1}{n} \sum \frac{Y_i}{Z_i} = 3 \; .$$

Als Varianzschätzung haben wir

$$\left(\frac{N\bar{z}}{100\,000}\right)^2 \frac{1}{n(n-1)} \sum \left(\frac{Y_i}{Z_i} - \frac{1}{n} \sum \frac{Y_j}{Z_j}\right)^2 = \frac{5}{100} \; .$$

Aufgabe 4

Finden Sie bei n-maliger Zufallsauswahl (mit Zurücklegen) auf der Basis z-proportionaler Auswahlwahrscheinlichkeiten eine erwartungstreue Schätzfunktion für s_{yy} .

Lösung: Es ist

$$s_{yy} = \frac{N}{N-1} \left[\frac{1}{N} \sum_1^N y_j^2 - \bar{y}^2\right] \; .$$

Mit

$$E \frac{\bar{z}}{n} \sum_1^n \frac{Y_i^2}{Z_i} = \frac{\bar{z}}{n} \sum_1^n \sum_1^N \frac{y_j^2 \, z_j}{z_j \, z} = \frac{\bar{z}}{n\,z} \sum_1^n \sum_1^N y_j^2 = \frac{1}{N} \sum_1^N y_j^2$$

und (vgl. 5.3 Satz)

$$E\left[\frac{\bar{z}}{n} \sum \frac{Y_i^2}{Z_i}\right] = var \frac{\bar{z}}{n} \sum \frac{Y_i}{Z_i} + \left[E \frac{\bar{z}}{n} \sum \frac{Y_i^2}{Z_i}\right]$$

$$= E \frac{\bar{z}^2}{n(n-1)} \sum \left(\frac{Y_i}{Z_i} - \frac{1}{n} \sum \frac{Y_j}{Z_j}\right)^2 + \bar{y}^2$$

folgt dann

$$E \frac{N}{N-1} \left[\frac{\bar{z}}{n} \sum \frac{Y_i^2}{Z_i} - \left(\frac{\bar{z}}{n} \sum \frac{Y_i}{Z_i}\right)^2 + \frac{\bar{z}^2}{n(n-1)} \sum \left(\frac{Y_i}{Z_i} - \frac{1}{n} \sum \frac{Y_j}{Z_j}\right)^2\right] = s_{yy} \; .$$

Aufgabe 5

Zeigen Sie, daß bei Verwendung der HH-Strategie gilt

$$var \, \frac{\bar{z}}{n} \sum \frac{Y_i}{Z_i} = \frac{1}{n}\left[\frac{1}{N}\sum \frac{y_i^2}{z_i}\bar{z} - \bar{y}^2\right] = \frac{1}{nN^2}\sum_{i<j}\left(\frac{y_i}{z_i} - \frac{y_j}{z_j}\right)^2 z_i z_j \, .$$

Lösung: Es gilt

$$var \, \frac{\bar{z}}{n} \sum \frac{Y_i}{Z_i} = \frac{\bar{z}^2}{n}\sum \frac{z_i}{\bar{z}}\left(\frac{y_i}{z_i} - \frac{\bar{y}}{\bar{z}}\right)^2 = \frac{\bar{z}^2}{n}\sum \frac{z_i}{\bar{z}}\left(\frac{y_i^2}{z_i^2} - 2\frac{y_i}{z_i}\frac{\bar{y}}{\bar{z}} + \frac{\bar{y}^2}{\bar{z}^2}\right)$$

$$= \frac{1}{n}\left(\frac{1}{N}\sum \frac{y_i^2}{z_i}\bar{z} - \bar{y}^2\right) \, .$$

Wegen

$$\sum_{i<j}\left(\frac{y_i}{z_i} - \frac{y_j}{z_j}\right)^2 z_i z_j = \frac{1}{2}\sum_{i,j}\left[\left(\frac{y_i}{z_i} - \frac{\bar{y}}{\bar{z}}\right) - \left(\frac{y_j}{z_j} - \frac{\bar{y}}{\bar{z}}\right)\right]^2 z_i z_j$$

$$= \sum_i \left(\frac{y_i}{z_i} - \frac{\bar{y}}{\bar{z}}\right)^2 z_i \bar{z} = \bar{z}\sum_i \frac{y_i^2}{z_i} - \bar{y}^2 = N^2\left(\frac{1}{N}\sum_i \frac{y_i^2}{z_i}\bar{z} - \bar{y}^2\right)$$

folgt die zweite Identität.

Aufgabe 6

In einer Stadt leben 7 000 Kinder in 3 500 Familien. Von diesen 3 500 Familien werden 50 (mit Zurücklegen) ausgewählt mit zur Zahl der Kinder proportionalen Wahrscheinlichkeiten. **Man fragt** jeweils, ob die Familie in einem eigenen Haus lebt und ob der Lebensunterhalt durch eine oder mehrere Personen bestritten wird:

i	Zahl der ausgewählten Familien mit i Kindern			
	mit eigenem Haus		ohne eigenes Haus	
1	9	(2)	8	(4)
2	5	(3)	11	(7)
3	4	(3)	5	(3)
4	2	(2)	6	(6)

In Klammern ist jeweils die Zahl der Familien angegeben, deren Lebensunterhalt von einem Alleinverdiener bestritten wird.

a) Berechnen Sie ein *0,9544*-Konfidenzintervall für den Anteil der Familien (mit Kindern), die kein eigenes Haus besitzen.

b) Wir betrachten die Familien (mit Kindern), deren Lebensunterhalt von einem Alleinverdiener bestritten wird; wieviele von diesen Familien wohnen in einem eigenen Haus? Schätzen Sie den Anteil und geben Sie eine Varianzschätzung an.

Lösung:

a) Wir setzen für $i = 1, \ldots 3\,500$

$$y_i = \begin{cases} 1 & \text{falls } i\text{-te Familie nicht im eigenen Haus lebt} \\ 0 & \text{sonst} \end{cases}$$

$$z_i = \quad \text{Zahl der Kinder in } i\text{-ter Familie}$$

und schätzen den Anteil $\bar{y}$ der Familien, die nicht im eigenen Haus leben (wegen der Auswahl mit z-proportionalen Auswahlwahrscheinlichkeiten) durch

$$\frac{\bar{z}}{n} \sum \frac{Y_i}{Z_i} = \frac{2}{50} \left(\frac{8}{1} + \frac{11}{2} + \frac{5}{3} + \frac{6}{4} \right) = \frac{2}{3} \,.$$

Also leben schätzungsweise *2/3* der Familien (mit Kindern) nicht in einem eigenen Haus.

Mit Hilfe der Varianzschätzung

$$\frac{\bar{z}^2}{n\,(n-1)} \sum \left(\frac{Y_i}{Z_i} - \frac{1}{n} \sum \frac{Y_j}{Z_j} \right)^2$$

$$= \frac{4}{50 \cdot 49} \left[8 \left(1 - \frac{1}{3} \right)^2 + 11 \left(\frac{1}{2} - \frac{1}{3} \right)^2 + 5 \left(\frac{1}{3} - \frac{1}{3} \right)^2 + 6 \left(\frac{1}{4} - \frac{1}{3} \right)^2 + 20 \left(0 - \frac{1}{3} \right)^2 \right]$$

$$= \frac{1}{100}$$

ergibt sich als *0,9544*-Konfidenzintervall

$$\left[\frac{2}{3} - \frac{2}{10} , \frac{2}{3} + \frac{2}{10} \right] = \left[\frac{7}{15} , \frac{13}{15} \right] \,.$$

b) Wir setzen für $i = 1, \dots 3\,500$

$$
y_i = \begin{cases} 1 & \text{falls } i\text{-te Familie im eigenen Haus lebt und der Lebensunterhalt von einem Alleinverdiener bestritten wird} \\[4pt] 0 & \text{sonst} \end{cases}
$$

$$
x_i = \begin{cases} 1 & \text{falls der Lebensunterhalt der } i\text{-ten Familie von einem Alleinverdiener bestritten wird} \\[4pt] 0 & \text{sonst} \end{cases}
$$

$$
z_i = \quad \text{wie in a)}
$$

und schätzen den Anteil $\bar{y} / \bar{x}$ durch den Quotienten zweier HH-Schätzungen

$$
\frac{\sum \dfrac{Y_i}{Z_i}}{\sum \dfrac{X_i}{Z_i}} = \frac{2 \cdot \dfrac{1}{1} + 3 \cdot \dfrac{1}{2} + 3 \cdot \dfrac{1}{3} + 2 \cdot \dfrac{1}{4}}{6 \cdot \dfrac{1}{1} + 10 \cdot \dfrac{1}{2} + 6 \cdot \dfrac{1}{3} + 8 \cdot \dfrac{1}{4}} = \frac{1}{3} \; .
$$

Weiter ist eine Varianzschätzung gegeben durch

$$
\left(\sum \frac{X_i}{Z_i} \right)^{-2} \sum \left(\frac{Y_i}{Z_i} - \frac{\sum \dfrac{Y_j}{Z_j}}{\sum \dfrac{X_j}{Z_j}} \frac{X_i}{Z_i} \right)^2
$$

$$
= \left[2 \left(1 - \frac{1}{3} \right)^2 + 4 \left(0 - \frac{1}{3} \right)^2 + 3 \left(\frac{1}{2} - \frac{1}{3} \cdot \frac{1}{2} \right)^2 + 7 \left(0 - \frac{1}{3} \cdot \frac{1}{2} \right)^2 \right.
$$

$$
\left. + 3 \left(\frac{1}{3} - \frac{1}{3} \cdot \frac{1}{3} \right)^2 + 3 \left(0 - \frac{1}{3} \cdot \frac{1}{3} \right)^2 + 2 \left(\frac{1}{4} - \frac{1}{3} \cdot \frac{1}{4} \right)^2 + 6 \left(0 - \frac{1}{3} \cdot \frac{1}{4} \right)^2 \right] / 225
$$

$$
= \frac{463}{216 \cdot 225} \approx 0,009\,527 \; .
$$

Aufgabe 7

Berechnen Sie im Falle der uneingeschränkten Zufallsauswahl mit Zurücklegen den Erwartungswert und die Varianz (im asymptotischen Sinn) der Verhältnisschätzung und geben Sie eine erwartungstreue Schätzfunktion für die Varianz an.

Lösung: Die uneingeschränkte Zufallsauswahl mit Zurücklegen entspricht einer n-maligen Auswahl auf der Basis z-proportionaler Wahrscheinlichkeiten, wobei alle z_i gleich sind. Wir können daher den Satz aus Abschnitt 5.4 zur Lösung heranziehen und erhalten

$$E \frac{\bar{Y}}{\bar{X}} \bar{x} \sim \bar{y}$$

$$var \frac{\bar{Y}}{\bar{X}} \bar{x} \sim \frac{1}{n} \frac{1}{N} \sum \left(y_i - \frac{\bar{y}}{\bar{z}} x_i \right)^2$$

$$\sim E \frac{1}{n} \left(S_{yy} - 2 \frac{\bar{Y}}{\bar{X}} S_{yx} + \left(\frac{\bar{Y}}{\bar{X}} \right)^2 S_{xx} \right).$$

Aufgabe 8 (Auswahlverfahren nach MIDZUNO)

Einer Erhebungsgesamtheit werden auf folgende Weise n Einheiten entnommen:

Beim ersten Zug wird eine Einheit auf der Basis z-proportionaler Auswahlwahrscheinlichkeiten ausgewählt. Aus der Gesamtheit der übrigen $N-1$ Einheiten wählt man noch $n-1$ uneingeschränkt zufällig aus.

Zeigen Sie, daß dann die Verhältnisschätzung erwartungstreu für $\bar{y}$ ist.

Lösung:

Bezeichnet $A_{i_1, \dots i_n}$ für $1 \leq i_1 < i_2 < \dots i_n \leq N$ das Ereignis, die Einheiten $g_{i_1}, g_{i_2}, \dots g_{i_n}$ in beliebiger Reihenfolge zu erhalten, so gilt

$$E \frac{\bar{Y}}{\bar{X}} \bar{x} = \bar{x} \sum_{1 \leq i_1 < \dots < i_n \leq N} \frac{y_{i_1} + \dots + y_{i_n}}{z_{i_1} + \dots + z_{i_n}} W\left(A_{i_1, \dots i_n} \right).$$

Die Wahrscheinlichkeit, mit der

$$g_{i_1},\ g_{i_2},\ \dots g_{i_n}$$

in dieser Reihenfolge ausgewählt werden, ist gleich

$$\frac{z_{i_1}}{z}\cdot\frac{1}{N-1}\cdot\frac{1}{N-2}\ \dots\ \frac{1}{N-n+1}\ .$$

Dann ist die Wahrscheinlichkeit, mit der

$$A_{i_1,\dots i_n}$$

eintritt, und hierbei

$$g_{i_1}$$

an erster Stelle ausgewählt wird, gleich

$$(n-1)\,!\ \frac{z_{i_1}}{z}\ \frac{1}{(N-1)\dots(N-n+1)} = \frac{1}{\binom{N-1}{n-1}}\ \frac{z_{i_1}}{z}$$

und es folgt

$$W\!\left(A_{i_1,\dots i_n}\right) = \frac{1}{\binom{N-1}{n-1}}\ \frac{z_{i_1}+\dots+z_{i_n}}{z} = \frac{1}{\binom{N}{n}}\ \frac{1}{\dfrac{z}{z}}\ \frac{z_{i_1}+\dots+z_{i_n}}{n}\ .$$

Damit erhält man

$$E\ \frac{\overline{Y}}{\overline{Z}}\ \overline{z}\ =\ \frac{1}{\binom{N}{n}}\ \sum_{1\le i_1<\dots<i_n\le N}\ \frac{y_{i_1}+\dots+y_{i_n}}{n}\ .$$

Die rechte Seite kann als Erwartungswert des Stichprobenmittels von n uneingeschränkt zufällig ausgewählten Einheiten interpretiert werden. Also gilt

$$E\ \frac{\overline{Y}}{\overline{Z}}\ \overline{z}\ =\ \overline{y}\ .$$

6 Schichtung

6.1 Auswahl- und Schätzverfahren

Wir wollen im folgenden annehmen, die Erhebungsgesamtheit g sei in h Teilgesamtheiten $g(1)$, $g(2)$, ... $g(H)$, die wir *Schichten* nennen, zerlegt. Dabei stellen wir uns zunächst vor, daß organisatorische Gründe für die Zerlegung sprechen (vgl. Abschnitt 2.5). Später werden wir weitere Gründe kennen lernen, die eine Zerlegung nahelegen.

Wir verwenden $\bar{y}(h)$ und $\sigma_{yy}(h)$ in der in Abschnitt 2.5 erläuterten Bedeutung und schreiben $s_{yy}(h)$ für die korrigierte Varianz der y-Ausprägungen in Schicht $g(h)$ $(h = 1, 2, ... H)$.

Wer bei einer eventuell durchzuführenden Totalerhebung von der Zerlegung in Schichten $g(1)$, ... $g(H)$ ausgehen würde, wird - wenn an Stelle der Totalerhebung eine Teilerhebung durchgeführt werden soll - die Schichtung von g ebenfalls berücksichtigen.

Man nennt ein zufällige Auswahlverfahren p *geschichtet*, wenn es die unabhängige Zusammenfassung (das unabhängige Produkt) von zufälligen Auswahlverfahren p_1, p_2, ... p_H für die Schichten $g(1)$, $g(2)$, ... $g(H)$ ist. Man stelle sich beispielsweise vor, daß H in geeigneter Weise definierte Urnenexperimente durchgeführt werden, und daß nur vom h-ten Experiment abhängt, welche Stichprobe aus $g(h)$ gezogen wird $(h = 1, 2, ... H)$.

Wir gehen im folgenden davon aus, daß p_1, p_2, ... p_H uneingeschränkt zufällige Auswahlverfahren sind, und bezeichnen die zugehörigen Stichprobenumfänge mit

$$n(1), n(2), ... n(H).$$

Die aus $g(h)$ ausgewählte Stichprobe bezeichnen wir mit

$$G(h) = (G_1(h), ... G_{n(h)}(h)).$$

Die den ausgewählten Einheiten durch Y zugeordneten Werte seien

$$Y_1(h), ... Y_{n(h)}(h) \qquad (h = 1, 2, ... H).$$

Wir definieren weiter für $h = 1, 2, \ldots H$

$$\overline{Y}(h) = \frac{1}{n(h)} \sum Y_i(h)$$

$$S_{yy}(h) = \frac{1}{n(h) - 1} \sum \left[Y_i(h) - \overline{Y}(h) \right]^2$$

und haben nach 3.3 Satz

$$E\,\overline{Y}(h) = \overline{y}(h)$$

$$var\,\overline{Y}(h) = \frac{s_{yy}(h)}{n(h)} \left(1 - \frac{n(h)}{N(h)} \right)$$

$$E\,S_{yy}(h) = s_{yy}(h) \ .$$

Nun hat man nach Abschnitt 2.5

$$\overline{y} = \sum \frac{N(h)}{N} \, \overline{y}(h) \ .$$

Man wird in dieser Formel $\overline{y}(h)$ durch die unverzerrte Schätzung $\overline{Y}(h)$ ersetzen und erhält

$$\sum \frac{N(h)}{N} \, \overline{Y}(h) = A$$

als unverzerrte Schätzung für $\overline{y}$.

Wegen der Unabhängigkeit der Auswahlverfahren für die einzelnen Schichten ist die Varianz von A gleich

$$\sum \left[\frac{N(h)}{N} \right]^2 var\,\overline{Y}(h) = \sum \left[\frac{N(h)}{N} \right]^2 \frac{s_{yy}(h)}{n(h)} \left[1 - \frac{n(h)}{N(h)} \right] \ .$$

Wenn man $s_{yy}(h)$ in dieser Formel durch die unverzerrte Schätzung $S_{yy}(h)$ ersetzt, erhält man die unverzerrte Varianzschätzung

$$\sum \left[\frac{N(h)}{N} \right]^2 \frac{S_{yy}(h)}{n(h)} \left[1 - \frac{n(h)}{N(h)} \right] = B \ .$$

Zusammenfassend haben wir:

Satz

Bei uneingeschränkt zufälliger Auswahl von $n(1)$, $n(2)$, $\ldots$ $n(H)$ Einheiten in den Schichten $g(1), g(2), \ldots g(H)$ gilt

$$E \sum \frac{N(h)}{N} \, \overline{Y}(h) = \overline{y}$$

$$var \sum \frac{N(h)}{N} \overline{Y}(h) = \sum \left[\frac{N(h)}{N}\right]^2 \frac{s_{yy}(h)}{n(h)} \left[1 - \frac{n(h)}{N(h)}\right]$$

$$= E \sum \left[\frac{N(h)}{N}\right]^2 \frac{S_{yy}(h)}{n(h)} \left[1 - \frac{n(h)}{N(h)}\right] .$$

Man überlegt sich weiter, daß die Zufallsvariable $(A - \overline{y}) / \sqrt{B}$ bei großen $n(h)$; $h = 1, 2, ... H$ annähernd standardnormalverteilt ist. (Vgl. hierzu 6.8 Aufgabe 11.) Man folgert, daß das Intervall

$$\left[A - 1{,}96 \sqrt{B} , A + 1{,}96 \sqrt{B}\right]$$

den gesuchten Wert $\overline{y}$ mit einer Wahrscheinlichkeit von näherungsweise $0{,}95$ überdeckt, d.h. ein Konfidenzintervall zum Sicherheitsgrad $0{,}95$ für $\overline{y}$ ist.

Beispiel:

Eine Universität umfaßt drei Fakultäten:

Fakultät	Zahl der Studierenden
A	3 000
B	5 000
C	2 000

Man zieht aus jeder Fakultät eine Stichprobe:

Fakultät	Stichprobenumfang	durchschnittl. Alter in Jahren	korrigierte Standardabweichung des Alters in Jahren
A	40	21,8	1,5
B	80	23,0	2,0
C	30	22,1	1,2

Nach unseren allgemeinen Überlegungen ist dann

$$\frac{3\,000}{10\,000} \cdot 21{,}8 + \frac{5\,000}{10\,000} \cdot 23{,}0 + \frac{2\,000}{10\,000} \cdot 22{,}1 = 22{,}46$$

ein geeigneter Schätzwert für das Durchschnittsalter aller Studierenden der Universität. Da das Gegenteil nicht ausdrücklich gesagt ist, müssen wir annehmen, daß alle Teilstichproben ohne Zurücklegen gezogen sind. Nun sind aber die Auswahlsätze in allen drei Schichten kleiner als $0{,}05$, so daß die Korrekturfaktoren trotzdem unberücksichtigt bleiben dürfen. Als Schätzwert für die Varianz der verwendeten Schätzfunktion ergibt sich deshalb

$$\left(\frac{3\,000}{10\,000}\right)^2 \cdot \frac{2,25}{40} + \left(\frac{5\,000}{10\,000}\right)^2 \cdot \frac{4}{80} + \left(\frac{2\,000}{10\,000}\right)^2 \cdot \frac{1,44}{30} = 0,0195 \ .$$

Da die Stichprobenumfänge in den Schichten hinreichend groß sind, können Konfidenzintervalle für das Durchschnittsalter konstruiert werden. Weil alle Auswahlsätze niedriger als 5% sind, dürfen hierbei die Korrekturfaktoren vernachlässigt werden. Als Konfidenzintervall zum Sicherheitsgrad 95,44% ergibt sich

$$\left[22,46 - 2\sqrt{0,0195} \ ; 22,46 + 2\sqrt{0,0195}\right] \approx \left[22,18 \, ; 22,74\right] \ .$$

6.2   Aufteilung der Stichprobe auf die Schichten

Wir nehmen an, eine Erhebungseinheit g sei in Schichten $g(1)$, $g(2)$, ... $g(H)$ zerlegt. Vorgegeben sei die Zahl n der insgesamt auszuwählenden Erhebungseinheiten, vorgegeben seien jedoch nicht die Umfänge

$$n\,(1), n\,(2), ... \, n\,(H)$$

der Stichproben, die durch unabhängige uneingeschränkt zufällige Auswahlverfahren den Schichten $g\,(1)$, ... $g\,(H)$ zu entnehmen sind. Es ist uns also überlassen, die Umfänge $n\,(1)$, ... $n\,(H)$ unter Beachtung der Nebenbedingung

$$\sum n\,(h) = n$$

festzulegen.

In Frage kommt unter anderem, n *proportional* aufzuteilen, d.h. aus der Schicht $g\,(h)$

$$n\,(h) = n\,\frac{N\,(h)}{N}$$

Erhebungseinheiten auszuwählen; dabei wird unterstellt, daß $n\,N\,(h)\,/\,N$ ganzzahlig ist für $h = 1, 2, ... H$. Bei dieser Aufteilung gilt

$$\sum \frac{N\,(h)}{N} \, \overline{Y}\,(h) = \sum \frac{n\,(h)}{n} \, \overline{Y}\,(h)$$

$$= \frac{\sum\sum Y_i\,(h)}{n} \ .$$

Die Schätzfunktion $\Sigma\, N\,(h)\, \overline{Y}\,(h)\,/\,N$ ist also bei proportionaler Aufteilung identisch mit dem arithmetischen Mittel aller beobachteten y-Werte. Für die Varianz erhalten wir

$$\frac{1}{n}\left(1 - \frac{n}{N}\right) \sum \frac{N(h)}{N}\, s_{yy}(h) \, . \tag{1}$$

In der Praxis wird häufig nicht der Gesamtstichprobenumfang n vorgegeben, sondern ein Kostenbetrag c. Die Festlegung der Stichprobenumfänge $n(1), \ldots n(H)$ hat dann so zu erfolgen, daß die erwarteten Kosten den Betrag c nicht übersteigen; im übrigen wird man die Varianz der Schätzung minimieren wollen.

Nehmen wir an, daß die Auswahl und Erhebung der Einheit $g_i(h)$ Kosten in Höhe

$$c_i(h)$$

verursacht. Wir setzen

$$\overline{c}\,(h) = \frac{1}{N(h)} \sum_i c_i(h)$$

$$\overline{c} = \sum \frac{N(h)}{N}\, \overline{c}\,(h) \, .$$

Dann sind $\overline{c}(h)$ die Durchschnittskosten der Erhebung einer Einheit aus Schicht $g(h)$; die Durchschnittskosten der Erhebung einer Einheit aus g betragen $\overline{c}$.

Um die günstigsten Umfänge zu finden, haben wir

$$\sum \left[\frac{N(h)}{N}\right]^2 \frac{s_{yy}(h)}{n(h)} \left[1 - \frac{n(h)}{N(h)}\right]$$

$$= \sum \left[\frac{N(h)}{N}\right]^2 \frac{s_{yy}(h)}{n(h)} - \frac{1}{N} \sum \frac{N(h)}{N}\, s_{yy}(h)$$

als Funktion von $n(1), \ldots n(H)$ unter der Nebenbedingung

$$\sum n(h)\, \overline{c}\,(h) = c \tag{2}$$

zu minimieren. Da der zweite Summand der zu minimierenden Funktion unabhängig von $n(1), \ldots n(H)$ ist, setzen wir also die partiellen Ableitungen der Funktion

$$\sum \left[\frac{N(h)}{N}\right]^2 \frac{s_{yy}(h)}{n(h)} + \lambda \left[\sum n(h)\, \overline{c}\,(h) - c\right]$$

nach $n(h)$ gleich 0. Das ergibt für $h = 1, 2, \ldots, H$

$$\left[\frac{N(h)}{N} \right]^2 \frac{s_{yy}(h)}{n^2(h)} = \lambda \, \bar{c}(h)$$

d.h.

$$\frac{N(h)}{N} \sqrt{s_{yy}(h) \, \bar{c}(h)} = \sqrt{\lambda} \; n(h) \, \bar{c}(h) \tag{3}$$

woraus man durch Summation wegen der Nebenbedingung (2) erhält

$$\frac{1}{N} \sum N(h) \sqrt{s_{yy}(h) \, \bar{c}(h)} = \sqrt{\lambda} \; c. \tag{4}$$

Aus (3) und (4) ergibt sich

$$n(h) = \frac{N(h)}{N} \sqrt{s_{yy}(h) \, \bar{c}(h)} \; \frac{1}{\sqrt{\lambda} \; \bar{c}(h)}$$

$$= \frac{c}{\bar{c}(h)} \; \frac{N(h) \sqrt{s_{yy}(h) \, \bar{c}(h)}}{\sum N(h') \sqrt{s_{yy}(h') \, \bar{c}(h')}} \, . \tag{5}$$

Man überlegt sich leicht, daß die Varianz von $\sum N(h) \, \bar{Y}(h) / N$ für (5) tatsächlich minimal ist.

Wenn $\bar{c}(1) = \bar{c}(2) = \ldots = \bar{c}$ gilt, geht (2) in

$$\bar{c} \sum n(h) = c$$

über, und mit $n = c / \bar{c}$ erhält man aus (5)

$$n(h) = n \; \frac{N(h) \sqrt{s_{yy}(h)}}{\sum N(h') \sqrt{s_{yy}(h')}} \, . \tag{6}$$

Wenn (5) gilt, sagt man, die Stichprobenumfänge seien *kostenoptimal* festgelegt; bei Gültigkeit von (6) spricht man von *optimaler* Aufteilung. (Genau lassen sich die angegebenen Bedingungen nur dann einhalten, wenn entsprechende Ganzzahligkeitsbedingungen erfüllt sind.)

Nun kennt man die Werte $s_{yy}(h)$; $h = 1, 2, \ldots H$ im allgemeinen nicht. Oft sind aber aus früheren Erhebungen Näherungswerte $s^*_{yy}(h)$; $h = 1, 2, \ldots H$ bekannt. Man wird dann den Umfang der Stichprobe aus $g(h)$ mit Hilfe von (5) oder (6) festlegen, nachdem man in diesen Formeln $s_{yy}(h)$ durch $s^*_{yy}(h)$ ersetzt hat.

6.3 Schichtungseffekt

Nehmen wir an, eine Erhebungsgesamtheit g sei in Schichten $g(1)$, ...$g(H)$ zerlegt. Trotzdem werde uneingeschränkt zufällig ausgewählt und durch das Stichprobenmittel geschätzt; die Zerlegung in Schichten wird also weder bei der Auswahl, noch bei der Schätzung berücksichtigt.

Wenn wir den Stichprobenumfang mit n bezeichnen, haben wir

$$var\ \overline{Y} = \frac{s_{yy}}{n}\left(1 - \frac{n}{N}\right) .$$

Wegen des Zusammenhangs zwischen Varianzen und korrigierten Varianzen und wegen

$$\sigma_{yy} = \sum \frac{N(h)}{N}\sigma_{yy}(h) + \sum \frac{N(h)}{N}\left[\overline{y}(h) - \overline{y}\right]^2$$

(vgl. Abschnitt 2.5) können wir hierfür schreiben

$$var\ \overline{Y} = \frac{1}{n}\left(1 - \frac{n}{N}\right)\frac{N}{N-1}\sigma_{yy}$$

$$= \frac{1}{n}\left(1 - \frac{n}{N}\right)\frac{N}{N-1}\left[\sum \frac{N(h)}{N}\sigma_{yy}(h) + \sum \frac{N(h)}{N}\left[\overline{y}(h) - \overline{y}\right]^2\right]$$

$$= \frac{1}{n}\left(1 - \frac{n}{N}\right)\frac{N}{N-1}\left[\sum \frac{N(h)}{N}\frac{N(h)-1}{N(h)}s_{yy}(h) + \sum \frac{N(h)}{N}\left[\overline{y}(h) - \overline{y}\right]^2\right]$$

$$= \frac{1}{n}\left(1 - \frac{n}{N}\right)\left[\sum \frac{N(h)-1}{N(h)}s_{yy}(h) + \sum \frac{N(h)}{N}\left[\overline{y}(h) - \overline{y}\right]^2\right] .$$

Bei großen $N(h)$; $h = 1, 2, ...$ H dürfen wir $N(h)-1$ durch $N(h)$ und $N-1$ durch N ersetzen und haben in guter Näherung

$$var\ \overline{Y} = \frac{1}{n}\left(1 - \frac{n}{N}\right)\left[\sum \frac{N(h)}{N}s_{yy}(h) + \sum \frac{N(h)}{N}\left[\overline{y}(h) - \overline{y}\right]^2\right] . \qquad (1)$$

Dem beschriebenen Vorgehen soll ein anderes gegenübergestellt werden. Wir teilen n proportional auf die Schichten auf, wählen in den Schichten uneingeschränkt zufällig aus und verwenden die Schätzung

$$\sum \frac{N(h)}{N}\overline{Y}(h) .$$

Ihre Varianz (vgl. (1) in Abschnitt 6.2)

$$\frac{1}{n}\left(1-\frac{n}{N}\right)\sum \frac{N(h)}{N}\, s_{yy}(h)$$

ist um den Betrag

$$\frac{1}{n}\left(1-\frac{n}{N}\right)\sum \frac{N(h)}{N}\left[\bar{y}(h)-\bar{y}\right]^2$$

kleiner als die Varianz von $\bar{Y}$ (vgl. (1)).

Auf die Zerlegung einer Erhebungsgesamtheit in Schichten sollte demnach bei der Stichprobenziehung Rücksicht genommen werden. Die dadurch mögliche Varianzverringerung bei der Schätzung von $\bar{y}$ bezeichnet man als *Schichtungseffekt*.

Man beachte, daß bei den von uns verglichenen Verfahren dieselben Kosten $c = n\,\bar{c}$ zu erwarten sind (vgl. Abschnitt 6.2). Wenn Näherungswerte $s^*_{yy}(h)$ für die (korrigierten) Varianzen in den Schichten bekannt sind, wird man sich bei geschichtetem Vorgehen nicht für die proportionale Aufteilung von n entscheiden, sondern für die kostenoptimale Festlegung

$$n^*(h) = \frac{c}{\bar{c}(h)}\; \frac{N(h)\sqrt{s^*_{yy}(h)\,\bar{c}(h)}}{\sum N(h')\sqrt{s^*_{yy}(h')\,\bar{c}(h')}}\; .$$

Und man wird einen um so deutlicheren Schichtungseffekt erreichen, je besser die Näherungswerte für die Varianzen sind.

Allgemein kann folgendes gesagt werden:

(a) Durch die Berücksichtigung der Schichtung der Erhebungsgesamtheit eliminiert man die Streuung

$$\sum \frac{N(h)}{N}\left[\bar{y}(h)-\bar{y}\right]^2$$

der Mittelwerte der Schichten; dies gilt für jede Aufteilung der Stichprobe auf die Schichten.

(b) Die unter der Nebenbedingung

$$\sum n(h)\,\bar{c}(h) \leq c$$

festzulegende Aufteilung beeinflußt die "Gewichte", mit denen die Varianzen der Schichten in die Varianz der Schätzung eingehen. Bei ungeschickter Festlegung kann der unter (a) genannte Effekt kompensiert oder überkompensiert werden. Der Effekt wird nicht tangiert bei proportionaler Aufteilung. Er wird noch verstärkt, wenn es gelingt, die kostenoptimale Aufteilung zu verwirklichen.

6.4   Schichtungsmerkmale

Wir haben die Schichtung der Erhebungsgesamtheit zunächst aus organisatorischen Gründen in Betracht gezogen. Wegen des zu erwartenden Schichtungseffekts wird man nun aber auch dort schichten, wo keine organisatorischen Vorteile gegeben sind. Insbesondere braucht man sich nicht auf regionale Zerlegungen der Erhebungsgesamtheit zu beschränken.

Vielfach kennt man die Werte, die ein (nicht regionales) Merkmal Z den Erhebungseinheiten zuordnet, und weiß, daß Einheiten mit übereinstimmenden z-Werten auch hinsichtlich des Merkmals Y annähernd übereinstimmen. Dann wird man Z als (sachliches) Schichtungsmerkmal verwenden, d.h. man wird die Erhebungseinheiten mit demselben z-Wert zu einer Schicht zusammenfassen. Aufgrund des skizzierten Zusammenhangs zwischen Y und Z werden

$$s_{yy}(h) \; ; \; h = 1, 2, \ldots H$$

klein ausfallen, d.h. die Schichten werden homogen sein. Dann ist

$$\sum \frac{N(h)}{N} \left[\bar{y}(h) - \bar{y} \right]^2$$

(verglichen mit s_{yy}) groß, und es ist ein deutlicher Schichtungseffekt zu erwarten, und zwar schon bei proportionaler Aufteilung der Stichprobe.

Als Schichtungsmerkmale kommen bei der Auswahl von Personen vor allem Konfession, Geschlecht, Einkommen, Beruf, Alter etc. in Betracht. Wenn Gemeinden ausgewählt werden sollen, schichtet man meist nach der Einwohnerzahl.

Wir erwähnen zwei weitere Beispiele.

a) Bei einer landwirtschaftlichen Betriebszählung interessiert man sich für mehrere Untersuchungsmerkmale gleichzeitig, insbesondere für Bodennutzung, Viehbestände, Arbeitskräfte und Maschinenausstattung. Als Schichtungsmerkmal bietet sich die Betriebsfläche an. Man könnte etwa die Betriebe mit einer Betriebsfläche von weniger als 50 ha zu einer Schicht zusammenfassen, die Betriebe mit einer Betriebsfläche zwischen 50 und 200 ha zu einer zweiten Schicht und diejenigen mit einer Betriebsfläche von mehr als 200 ha zu einer dritten Schicht.

b) Die Erhebungsgesamtheit besteht aus einer gewissen Zahl von Betrieben, und es soll die Gesamtzahl der Beschäftigten dieser Betriebe auf Stichprobenbasis ermittelt werden. Wenn zu einem früheren Zeitpunkt eine Totalerhebung durchgeführt wurde, ist es zweckmäßig, die frühere Beschäftigtenzahl als Schichtungsmerkmal zu verwenden. Die Beschäftigtenzahlen der Betriebe dürften sich im allgemeinen nicht sprunghaft verändert haben, so daß z.B. die Betriebe, die zum Zeitpunkt der Totalerhebung zwischen 5 und 10 Beschäftigte hatten, auch jetzt vergleichbare Beschäftigtenzahlen aufweisen werden.

6.5 Quantitative Schichtungsmerkmale

Nehmen wir an, es werde ein quantitatives Merkmal Z mit den (unterschiedlichen) Ausprägungen

$$\zeta(1), \zeta(2), \dots \zeta(H) > 0$$

als sachliches Schichtungsmerkmal herangezogen; man hat also g in Schichten $g(1), g(2), \dots g(H)$ zerlegt, wobei

$$z_i = \zeta(h)$$

gilt für alle i mit $g_i \in g(h)$.

Unter den jetzigen Voraussetzungen wird man etwas über den Zusammenhang zwischen den Ausprägungen $\zeta(1), \zeta(2), \dots \zeta(H)$..und den Varianzen $\sigma_{yy}(1), \sigma_{yy}(2), \dots \sigma_{yy}(H)$ wissen. Vielfach wird bekannt sein, daß in etwa

$$\sigma_{yy}(h) = \lambda \zeta^{2a}(h)$$

gilt, wobei man den Proportionalitätsfaktor λ nicht zu kennen braucht. Von besonderem Interesse dürften die Fälle $a = 0$ und $a = 1$ sein.

Als optimale Aufteilung erhält man (vgl. (6) in Abschnitt 6.2)

$$n(h) = n \, \frac{N(h) \, \zeta^{a}(h)}{\sum N(h') \, \zeta^{a}(h')} \; .$$

Wenn $a = 0$ gilt, sollte man also proportional aufteilen; im Falle $a = 1$ ergibt sich

$$n(h) = n \, \frac{N(h) \, \zeta(h)}{\sum N(h') \, \zeta(h')}$$
$$= n \, \frac{z(h)}{z}$$

Diese Aufteilung bezeichnet man naheliegenderweise als *z-proportional*.

6.6*   Effizienzvergleiche

Unter den Voraussetzungen des vorangehenden Abschnittes sollen die Verhältnisstrategie, die HH-Strategie und geschichtetes Vorgehen (mit unterschiedlicher Aufteilung des Stichprobenumfangs) miteinander verglichen werden.

Wir wollen zunächst folgende Verfahren betrachten:

(a) Man teilt den Stichprobenumfang n proportional auf, wählt uneingeschränkt zufällig in allen Schichten aus und schätzt durch das Stichprobenmittel $\overline{Y} = \Sigma N(h) \, \overline{Y}(h) / N$ (vgl. Abschnitt 6.2).

(b) Man wählt n Einheiten uneingeschränkt zufällig aus und führt Verhältnisschätzung durch.

Hierbei werden $N(1), N(2), \ldots N(H)$ als groß angesehen, so daß statt $N(h)-1$ auch $N(h)$ und statt $s_{yy}(h)$ auch $\sigma_{yy}(h)$ gesetzt werden kann.

Im Falle (a) ergibt sich als Varianz der Schätzung

$$v_{a} = \frac{1}{n} \left(1 - \frac{n}{N} \right) \sum \frac{N(h)}{N} \sigma_{yy}(h)$$

(vgl. (1) in Abschnitt 6.2).

Im Falle (b) erhaltern wir (vgl. 4.3 Satz)

$$v_b = \frac{1}{n}\left(1 - \frac{n}{N}\right)\frac{1}{N}\sum\left(y_i - \frac{\bar{y}}{\bar{z}}z_i\right)^2 .$$

Wegen

$$\frac{1}{N}\sum\left(y_i - \frac{\bar{y}}{\bar{z}}z_i\right)^2 = \frac{1}{N}\sum_h\sum_i\left[\left(y_i(h) - \bar{y}(h)\right) + \left(\bar{y}(h) - \frac{\bar{y}}{\bar{z}}\zeta(h)\right)\right]^2$$

$$= \sum\frac{N(h)}{N}\left[\sigma_{yy}(h) + \left(\bar{y}(h) - \frac{\bar{y}}{\bar{z}}\zeta(h)\right)^2\right]$$

können wir hierfür schreiben

$$v_b = v_a + \frac{1}{n}\left(1 - \frac{n}{N}\right)\sum\frac{N(h)}{N}\left(\bar{y}(h) - \frac{\bar{y}}{\bar{z}}\zeta(h)\right)^2 .$$

Also gilt $v_b > v_a$, wenn man den Extremfall

$$\bar{y}(h) = \frac{\bar{y}}{\bar{z}}\zeta(h) \ ; \ h = 1, 2, \dots H \tag{1}$$

außer acht läßt, für den Gleichheit gegeben ist. Demnach bringt die Zerlegung der Erhebungsgesamtheit (schon bei proportionaler, erst recht bei optimaler Aufteilung) auch Vorteile gegenüber der Verhältnisschätzung. Die Vorteile fallen kaum ins Gewicht, wenn die arithmetischen Mittel der Schichten proportional zum Schichtungsmerkmal sind, d.h. wenn (1) näherungsweise gilt.

Jetzt gehen wir davon aus, daß der Auswahlsatz n/N nahe bei 0 liegt, so daß keine Korrekturfaktoren zu notieren sind. Wir vergleichen folgende Verfahren:

(a')   Man teilt den Stichprobenumfang n z-proportional auf, wählt uneingeschränkt zufällig in allen Schichten aus und schätzt durch $\sum N(h)\bar{Y}(h)/N$.

(c)   Man führt n-malige Zufallsauswahl (mit Zurücklegen) auf der Basis z-proportionaler Wahrscheinlichkeiten durch und verwendet die HH-Schätzung $(\bar{z}/n)\sum Y_i/Z_i$.

Im Falle (a') ergibt sich als Varianz der Schätzung (vgl. Abschnitt 6.5)

$$v_{a'} = \sum \left[\frac{N(h)}{N} \right]^2 \sigma_{yy}(h) \frac{N \bar{z}}{n\,N(h)\,\zeta(h)}$$

$$= \frac{\bar{z}}{n\,N} \sum \frac{N(h)}{\zeta(h)} \sigma_{yy}(h)\ .$$

Im Falle (c) erhalten wir (vgl. Abschnitt 5.3)

$$v_c = \frac{\bar{z}^2}{n} \sum \frac{z_i}{\bar{z}} \left(\frac{y_i}{z_i} - \frac{\bar{y}}{\bar{z}} \right)^2$$

$$= \frac{\bar{z}}{n\,N} \sum \frac{1}{z_i} \left(y_i - \frac{\bar{y}}{\bar{z}} z_i \right)^2$$

wofür wir wegen

$$\sum \frac{1}{z_i} \left(y_i - \frac{\bar{y}}{\bar{z}} z_i \right)^2 = \sum_h \frac{1}{\zeta(h)} \sum_i \left(y_i(h) - \frac{\bar{y}}{\bar{z}} \zeta(h) \right)^2$$

$$= \sum \frac{1}{\zeta(h)} \sum \left(\left[y_i(h) - \bar{y}(h) \right] + \left[\bar{y}(h) - \frac{\bar{y}}{\bar{z}} \zeta(h) \right] \right)^2$$

$$= \sum \frac{N(h)}{\zeta(h)} \left(\sigma_{yy}(h) + \left[\bar{y}(h) - \frac{\bar{y}}{\bar{z}} \zeta(h) \right]^2 \right)$$

auch schreiben können

$$v_c = v_{a'} + \frac{\bar{z}}{n\,N} \sum \frac{N(h)}{\zeta(h)} \left[\bar{y}(h) - \frac{\bar{y}}{\bar{z}} \zeta(h) \right]^2 .$$

Demnach gilt $v_c > v_{a'}$, wenn man von dem Extremfall (1) absieht, für den Gleichheit gegeben ist.

Häufig ist die Linearitätsbedingung (1) wenigstens näherungsweise erfüllt. Nach der vorangehenden Überlegung wird man die Verhältnis- und die HH-Strategie als Ersatzlösungen für geschichtetes Vorgehen ansehen, und zwar

- die Verhältnisstrategie, wenn proportionale
- die HH-Strategie, wenn z-proportionale

Aufteilung wünschenswert erscheint.

Schließlich wollen wir - wiederum unter der Voraussetzung (1) - Verhält-
nis- und HH-Strategie für den Fall

$$\sigma_{yy}(h) = \lambda \; \zeta^{2a}(h)$$

vergleichen (vgl. Abschnitt 6.5). Offenbar ist $\;v_b < v_c\;$ äquivalent mit

$$\frac{1}{n}\sum \frac{N(h)}{N}\lambda \zeta^{2a}(h) \; < \; \frac{\bar{z}}{nN}\sum \frac{N(h)}{\zeta(h)}\lambda \zeta^{2a}(h)$$

d.h. mit

$$\sum \frac{N(h)}{N}\zeta^{2a}(h) \; < \; \sum \frac{N(h)}{N}\zeta(h) \sum \frac{N(h)}{N}\zeta^{2a-1}(h) \; .$$

Diese Ungleichung ist äquivalent mit $2\,a - 1 < 0$ d.h. mit $a < 1/2$. (Man betrachte Zufallsvariablen U und V, die mit der Wahrscheinlichkeit $N(h)/N$
den Wert $\zeta(h)$ bzw. $\zeta^{2a-1}(h)$ annehmen. Dann gilt

$$cov\,(U,V) = \sum \frac{N(h)}{N}\zeta^{2a}(h) \; - \; \sum \frac{N(h)}{N}\zeta(h) \sum \frac{N(h)}{N}\zeta^{2a-1}(h)$$

und man überlegt sich, daß $cov\,(U,V) < 0$ mit $2\,a - 1 < 0$ äquivalent ist.)
Also wird man sich bei $a < 1/2$ für die Verhältnisstrategie entscheiden
und bei $a > 1/2$ für die HH-Strategie; wenn $a = 1/2$ gilt, sind Verhält-
nis- und HH-Strategie gleich geeignet.

6.7　Nachträgliche Schichtung

Nehmen wir an, Z sei ein Merkmal, das mit dem Untersuchungsmerkmal
Y in dem in Abschnitt 6.4 skizzierten Zusammenhang steht. Die Werte, die
durch Z den Erhebungseinheiten zugeordnet werden, seien aber nicht bekannt. Die Teillisten $g(1), g(2), \ldots g(H)$ können dann nicht angefertigt und
der Auswahl zugrundegelegt werden. Man wird also uneingeschränkt zufällig auswählen und die Merkmale Y und Z erfragen.

Unter Umständen sind dann nicht alle Schichten in ausreichender Weise in
der Stichprobe vertreten. Wir stellen uns vor, daß in einem solchen Fall eine
weitere uneingeschränkte Zufallsauswahl aus der Gesamtheit der zunächst
nicht erfaßten Erhebungseinheiten durchgeführt wird. Gegebenenfalls wären mehrere Wiederholungen durchzuführen.

Die insgesamt gezogene Stichprobe G zerfällt dann in Teilstichproben

$$G(1), G(2), \ldots G(H)$$

deren (zufallsabhängige) Umfänge wir mit $n(1), n(2), \ldots n(H)$ bezeichnen. $\overline{Y}(h)$ sei das arithmetische Mittel aller y-Werte der Einheiten in $G(h)$, $S_{yy}(h)$ die Stichprobenvarianz für $G(h)$.

Nun hat man

$$\overline{y} = \sum \frac{N(h)}{N} \overline{y}(h)$$

so daß

$$\sum \frac{N(h)}{N} \overline{Y}(h)$$

als Schätzung in Betracht kommt; freilich setzt dies voraus, daß $N(1), \ldots$ $N(H)$ bekannt sind. Ein solches Vorgehen nennt man *nachträgliche Schichtung* - auch *Posteriorischichtung* - weil (im Anschluß an eine nichtgeschichtete Zufallsauswahl) die Schätzfunktion benützt wird, die vom geschichteten Vorgehen her bekannt ist.

Wir betrachten ein Beispiel:

Es soll der Stimmenanteil geschätzt werden, der auf eine Partei P_1 bei einer bevorstehenden Wahl entfallen wird. Man geht davon aus, daß die Wahlberechtigten überwiegend dieselbe Partei wählen, der sie bei der letzten Wahl ihre Stimme gegeben haben. Wenn wir einmal unterstellen (der Einfachheit halber), daß dieselben Personen bei beiden Wahlen wahlberechtigt sind - es sind also keine Beteiligte der zurückliegenden Wahl gestorben, und es gibt bei der bevorstehenden Wahl keine Erstwähler - wird man sich eine Zerlegung der Wahlberechtigten in Teilmengen $g(1)$ und $g(2)$ wünschen, wobei $g(1)$ die Menge der Wahlberechtigten bezeichnet, die bei der zurückliegenden Wahl P_1 gewählt haben, und in $g(2)$ alle zusammengefaßt sind, die das nicht getan haben. Der Anteil der jetzigen P_1-Wähler wäre nämlich in $g(1)$ sehr hoch und in $g(2)$ sehr niedrig. Von daher hätte man einen deutlichen Schichtungseffekt zu erwarten.

Nun kann es aber aufgrund des Wahlgeheimnisses keine Liste der Wahlberechtigten geben, in der das Abstimmungsverhalten bei der letzten Wahl vermerkt wäre. Andererseits kennt man die Schichtumfänge $N(1)$ und $N(2)$. Wenn man uneingeschränkt zufällig ausgewählte Wahlberechtigte nach ihrem Abstimmungsverhalten bei beiden Wahlen fragt, kann man also

$$\frac{N(1)}{N} \; \overline{Y}(1) + \frac{N(2)}{N} \; \overline{Y}(2)$$

als Schätzfunktion verwenden.

Wir kommen auf die allgemeine Frage zurück.

Die Wahrscheinlichkeit, mit der beim beschriebenen Vorgehen eine spezielle Aufteilung

$$n(1), n(2), \ldots n(H)$$

des Stichprobenumfangs n auf die H Schichten eintritt, wollen wir mit

$$p(n(1), n(2), \ldots n(H))$$

bezeichnen. Wir benötigen nicht die vollständige Kenntnis dieser Verteilung, gehen aber davon aus , daß aus

$$p(n(1), n(2), \ldots n(H)) > 0$$

folgt

$$n(1), n(2), \ldots n(H) \geq 2 \; .$$

Wir schreiben

$$q_{n(1), n(2), \ldots n(H)}$$

für die unabhängige Zusammenfassung uneingeschränkt zufälliger Auswahlverfahren der Umfänge $n(1), n(2), \ldots n(H)$ in den einzelnen Schichten und bezeichnen das Produkt der Verteilungen

$$p \, , q_{n(1), n(2), \ldots n(H)}$$

mit r . Demnach dürfen wir uns das hinter r stehende Auswahlexperiment so vorstellen:

Zunächst führt man ein Zufallsexperiment P durch, dem die Wahrscheinlichkeitsverteilung p auf der Menge aller möglichen Aufteilungen des Stichprobenumfangs n zugeordnet ist. Wenn P zum Ergebnis $(n(1), n(2), \ldots n(H))$ führt, schließt sich ein Auswahlexperiment

$$Q_{n(1), \ldots n(H)}$$

an, dessen Beschreibung $q_{n(1), n(2), \ldots n(H)}$ ist; man denke etwa an die Durchführung geeigneter Urnenexperimente für die einzelnen Schichten.

Also wird man Erwartungswert- und Varianzbildung für

$$\sum \frac{N(h)}{N} \overline{Y}(h)$$

zunächst auf der Basis des Auswahlverfahrens $q_{n(1),\,n(2),\,\dots\,n(H)}$ vornehmen, wobei $n(1), n(2), \dots n(H)$ die tatsächlich beobachtete Aufteilung von n ist. Als Symbole sind E_2 und var_2 zu verwenden. Aus 4.5 Satz folgt

Satz

Bei Zugrundelegung der oben definierten Verteilung $q_{n(1),\,n(2),\,\dots\,n(H)}$ *hat man*

$$E_2 \sum \frac{N(h)}{N} \overline{Y}(h) = \overline{y}$$

$$var_2 \sum \frac{N(h)}{N} \overline{Y}(h) = \sum \left[\frac{N(h)}{N}\right]^2 \frac{s_{yy}(h)}{n(h)} \left[1 - \frac{n(h)}{N(h)}\right]$$

$$= E_2 \sum \left[\frac{N(h)}{N}\right]^2 \frac{S_{yy}(h)}{n(h)} \left[1 - \frac{n(h)}{N(h)}\right].$$

Aus diesem Satz erhält man

$$E \sum \frac{N(h)}{N} \overline{Y}(h) = \overline{y}$$

$$var \sum \frac{N(h)}{N} \overline{Y}(h) = E \sum \left[\frac{N(h)}{N}\right]^2 \frac{S_{yy}(h)}{n(h)} \left[1 - \frac{n(h)}{N(h)}\right].$$

Hierbei ist von der Beziehung

$$var_1 E_2 \sum \frac{N(h)}{N} \overline{Y}(h) = var_1 \overline{y} = 0$$

Gebrauch gemacht.

Demnach liegt bei nachträglicher Schichtung keine Verzerrung vor, und man hat

$$\sum \left[\frac{N(h)}{N}\right]^2 \frac{S_{yy}(h)}{n(h)} \left[1 - \frac{n(h)}{N(h)}\right]$$

als Varianzschätzung zu verwenden.

Es läßt sich zeigen, daß das hier betrachtete Vorgehen bei großen n und N nicht wesentlich vom gewöhnlichen geschichteten Vorgehen mit proportionaler Aufteilung verschieden ist.

6.8 Aufgaben

Aufgabe 1

Der Durchschnittsgewinn der 50 000 landwirtschaftlichen Betriebe einer Region soll durch eine Stichprobenerhebung geschätzt werden. Für die Untersuchung stehen 160 000 DM zur Verfügung.

Von einer vorjährigen Erhebung sind folgende Zahlen bekannt:

Nutzfläche	Zahl der Betriebe	Standardabweichung der Gewinne (in DM)	im Durchschnitt angefallene Erhebungskosten (pro ausgewählten Betrieb, in DM)
bis 50 ha	40 000	1 000	100
über 50 ha	10 000	6 000	400

a) Wie sollte die Stichprobe auf die beiden Größenklassen aufgeteilt werden?

b) Wie groß ist dann näherungsweise die Wahrscheinlichkeit, mit der der Schätzwert für den Durchschnittsgewinn um höchstens 100 DM vom tatsächlichen Wert abweicht?

c) Wieviel DM würde die Erhebung kosten, wenn bei proportional aufgeteilter Stichprobe eine annähernd gleich große Schätzgenauigkeit angestrebt wird?

Es werden 400 bzw. 300 Betriebe aus den beiden Größenklassen ausgewählt und befragt. Es ergeben sich folgende Daten:

Nutzfläche	durchschnittlicher Gewinn (in DM)	Standardabweichung der Gewinne (in DM)
bis 50 ha	20 000	1 625
über 50 ha	70 000	6 000

d) Berechnen Sie ein *0,9544*-Konfidenzintervall für den Durchschnittsgewinn.

Lösung:

a) Wegen

$$\frac{N(h)\sqrt{s_{yy}^{*}(h)}}{\sqrt{\bar{c}(h)}} = \begin{cases} \dfrac{40\,000 \cdot 1\,000}{10} = 4\,000\,000 \text{ für } h = 1 \\[2mm] \dfrac{10\,000 \cdot 6\,000}{20} = 3\,000\,000 \text{ für } h = 2 \end{cases}$$

hat man bei kostenoptimaler Aufteilung der Stichprobe

$$\frac{n(1)}{n(2)} = \frac{4}{3} \; .$$

Daher gilt für die Gesamtkosten

$$160\,000 = 100\,n(1) + 400\,n(2) = 400\,n(1)$$

und folglich

$$n(1) = 400 \; ; \; n(2) = \frac{3}{4}\,400 = 300 \; .$$

b) Für

$$\overline{Y}_S = \sum \frac{N(h)}{N}\,\overline{Y}(h)$$

gilt (ohne Berücksichtigung der Korrekturfaktoren)

$$var\,\overline{Y}_S = \sum \left(\frac{N(h)}{N}\right)^2 \frac{s_{yy}(h)}{n(h)} = \left(\frac{4}{5}\right)^2 \frac{1\,000^2}{400} + \left(\frac{1}{5}\right)^2 \frac{6\,000^2}{300} = 6\,400 \; .$$

Da die Teilstichprobenumfänge groß sind, ist $\dfrac{\left(\overline{Y}_S - \overline{y}\right)}{\sqrt{var\,\overline{Y}_S}}$ in guter Nähe –

rung standardnormal, so daß gilt

$$W\left(\,|\,\overline{Y}_S - \overline{y}\,| \leq 100\right) = W\left(\overline{y} - 100 \leq \overline{Y}_S \leq \overline{y} + 100\right)$$

$$\approx \phi\left(\frac{\overline{y} + 100 - \overline{y}}{80}\right) - \phi\left(\frac{\overline{y} - 100 - \overline{y}}{80}\right)$$

$$= \phi(1{,}25) - \phi(-1{,}25) = 2\,\phi(1{,}25) - 1 = 0{,}7888 \; .$$

c) Bei proportionaler Aufteilung

$$n(h) = \frac{N(h)}{N}\,n \; ; \; h = 1{,}2$$

gilt für die Varianz (ohne Berücksichtigung der Korrekturfaktoren)

$$var \sum \frac{N(h)}{N}\,\overline{Y}(h) = \frac{1}{n} \sum \frac{N(h)}{N}\,s_{yy}(h)$$

$$= \frac{1}{n}\left[\frac{4}{5}\,1\,000^2 + \frac{1}{5}\,6\,000^2\right] = \frac{1}{n}\,8\,000\,000 \; .$$

Bei gleicher Schätzgenauigkeit wie in b) muß

$$\frac{1}{n}\ 8\,000\,000 = 6\,400$$

erfüllt sein, d.h. $n = 1\,250$. Dann ist

$$n(h) = \begin{cases} \dfrac{4}{5}\ 1\,250 = 1\,000 & \text{für } h = 1 \\[2ex] \dfrac{1}{5}\ 1\,250 = \ \ 250 & \text{für } h = 2 \end{cases}$$

und man hat für die Gesamtkosten

$$c = n(1)\ \bar{c}\ (1) + n(2)\ \bar{c}\ (2) = 1\,000 \cdot 100 + 250 \cdot 400 = 200\,000\ DM\ .$$

d)   Es ist

$$\sum \frac{N(h)}{N}\ \overline{Y}\ (h)\ = \frac{4}{5}\ 20\,000 + \frac{1}{5}\ 70\,000 = 30\,000$$

$$\sum \left(\frac{N(h)}{N}\right)^2 \frac{S_{yy}(h)}{n(h)} = \left(\frac{4}{5}\right)^2 \frac{1\,625^2}{400} + \left(\frac{1}{5}\right)^2 \frac{6\,000^2}{300} = 9\,025 = 95^2\ .$$

Als Konfidenzintervall für den Durchschnittsgewinn erhält man somit
(in DM)

$$[\,29\,810\ ;\ 30\,190\,]\ .$$

Aufgabe 2

Über eine geplante Gebietsreform sollen die Wahlberechtigten der drei betroffenen Gemeinden abstimmen.

Um den Stimmenanteil der Befürworter dieser Reform schätzen zu können, werden aus den drei Gemeinden, in denen 50 000, 10 000 bzw. 10 000 Personen wahlberechtigt sind, in einer geschichteten Zufallsauswahl insgesamt 2 100 Wahlberechtigte ausgewählt und befragt.

a)   Wie sollte man die Stichprobe aufteilen, wenn man vermutet, daß in den drei Gemeinden 90%, 50% bzw. 50% der Wahlberechtigten der Reform zustimmen?

b)   Schätzen Sie den gesuchten Stimmenanteil und die zugehörige Varianz, wenn in der optimal aufgeteilten Stichprobe 70%, 40% bzw. 30% der Befragten die Reform befürworten.

c)   Wie groß ist die Varianz der Schätzfunktion für den gesuchten Stimmenanteil, wenn die unter a) angegebene Vermutung richtig ist?

Lösung: Definiert man Y durch

$$y_i(h) = \begin{cases} 1 & i\text{-te Wahlberechtigte Person in Gemeinde } h \text{ stimmt der Gebietsreform zu} \\ 0 & \text{sonst} \end{cases}$$

$(i = 1, 2, \ldots N(h), h = 1, 2, 3)$, so ist $\bar{y}$ der zu schätzende Stimmenanteil, und es gilt

$$s_{yy} \approx \sigma_{yy} = \bar{y}\,(1 - \bar{y})\,.$$

Entsprechend gilt für die Gemeinden

$$s_{yy}(h) \approx \bar{y}(h)\,(1 - \bar{y}(h))\quad ;\quad h = 1, 2, 3\,.$$

a)   Wegen

$$N(h)\sqrt{s_{yy}(h)} \approx \begin{cases} 50\,000\,\sqrt{0,9 \cdot 0,1} = 15\,000 & \text{für } h = 1 \\ 10\,000\,\sqrt{0,5 \cdot 0,5} = 5\,000 & \text{für } h = 2, 3 \end{cases}$$

und

$$\sum N(h)\sqrt{s_{yy}(h)} \approx 25\,000$$

hat man bei optimaler Aufteilung

$$n(h) = \begin{cases} \dfrac{15\,000}{25\,000}\,2\,100 = 1\,260 & \text{für } h = 1 \\[2mm] \dfrac{5\,000}{25\,000}\,2\,100 = 420 & \text{für } h = 2, 3\,. \end{cases}$$

b)   Als Schätzwert für den unbekannten Stimmenanteil ergibt sich

$$\sum \frac{N(h)}{N}\,\bar{Y}(h) = \frac{5}{7}\,0,7 + \frac{1}{7}\,0,4 + \frac{1}{7}\,0,3 = 0,6\,.$$

Bei Vernachlässigung der Korrekturfaktoren erhält man als Schätzwert für die Varianz

$$\sum \left(\frac{N(h)}{N}\right)^2 \frac{\bar{Y}(h)\,(1 - \bar{Y}(h))}{n(h)}$$

$$= \left(\frac{5}{7}\right)^2 \frac{0,7 \cdot 0,3}{1\,260} + \left(\frac{1}{7}\right)^2 \frac{0,4 \cdot 0,6}{420} + \left(\frac{1}{7}\right)^2 \frac{0,3 \cdot 0,7}{420} = 0,000\,106\,9\,.$$

c) Wenn die Vermutung richtig ist, gilt

$$\sum \left(\frac{N(h)}{N}\right)^2 \frac{\bar{y}(h)\,(1-\bar{y}(h))}{n(h)}$$

$$= \left(\frac{5}{7}\right)^2 \frac{0{,}9 \cdot 0{,}1}{1\,260} + \left(\frac{1}{7}\right)^2 \frac{0{,}5 \cdot 0{,}5}{420} + \left(\frac{1}{7}\right)^2 \frac{0{,}5 \cdot 0{,}5}{420} = 0{,}000\,060\,74 \ .$$

Aufgabe 3

Für 400 uneingeschränkt zufällig ausgewählte Personen einer Großstadt liegen folgende Angaben vor:

h	Altersgruppe	Zahl $n(h)$ der ausgewählten Personen	Durchschnittsalter $\bar{Y}(h)$	Standardabweichung $\sqrt{S_{yy}(h)}$
1	bis 20 Jahre	100	9	5
2	20 bis 60 Jahre	200	38	10
3	über 60 Jahre	100	75	9

a) Berechnen Sie ein *0,9544*-Konfidenzintervall für das Durchschnittsalter $\bar{y}$ aller Einwohner.

b) Berechnen Sie das Konfidenzintervall nach einem anderen Verfahren, wenn bekannt ist, daß 30% aller Einwohner jünger als 20 Jahre und 20% älter als 60 Jahre sind.

Lösung:

a) Bei Vernachlässigung des Korrekturfaktors ist

$$\left[\ \bar{Y} - 2\sqrt{\frac{S_{yy}}{n}}\ ;\ \bar{Y} + 2\sqrt{\frac{S_{yy}}{n}}\ \right]$$

ein *0,9544*-Konfidenzintervall für $\bar{y}$. Mit

$$\bar{Y} = \sum_{h=1}^{3} \frac{n(h)}{n}\ \bar{Y}(h) = \frac{100}{400}\,9 + \frac{200}{400}\,38 + \frac{100}{400}\,75 = 40$$

und

$$S_{yy} = \sum \frac{n(h)}{n-1}\,(\bar{Y}(h) - \bar{Y})^2 + \sum \frac{n(h)-1}{n-1}\,S_{yy}(h)$$

$$\approx \sum \frac{n(h)}{n}\,\left[(\bar{Y}(h) - \bar{Y})^2 + S_{yy}(h)\right]$$

$$= \frac{100}{400}\,[(9-40)^2 + 5^2] + \frac{200}{400}\,[(38-40)^2 + 10^2] + \frac{100}{400}\,[(75-40)^2 + 9^2] = 625$$

erhält man als Konfidenzintervall (in Jahren)

$$[37,5 \; ; \; 42,5] \; .$$

b) Bei Kenntnis von $N(h)/N$ sollte man nachträglich Schichten und das Konfidenzintervall

$$\left[\sum \frac{N(h)}{N} \, \overline{Y}(h) - 2 \sqrt{\sum \left(\frac{N(h)}{N}\right)^2 \frac{S_{yy}(h)}{n(h)}} \; ; \right.$$

$$\left. \sum \frac{N(h)}{N} \, \overline{Y}(h) - 2 \sqrt{\sum \left(\frac{N(h)}{N}\right)^2 \frac{S_{yy}(h)}{n(h)}} \; \right]$$

berechnen. Dabei sind die Korrekturfaktoren vernachlässigt. Mit

$$\sum \frac{N(h)}{N} \, \overline{Y}(h) = 0,3 \cdot 9 + 0,5 \cdot 38 + 0,2 \cdot 75 = 36,7$$

$$\sum \left(\frac{N(h)}{N}\right)^2 \frac{S_{yy}(h)}{n(h)} = 0,3^2 \, \frac{5^2}{100} + 0,5^2 \, \frac{10^2}{200} + 0,2^2 \, \frac{9^2}{100} = 0,1799$$

erhält man als Konfidenzintervall (in Jahren)

$$[35,85 \; ; 37,55] \; .$$

Aufgabe 4

Die Werte des Merkmals Z seien für alle Erhebungseinheiten bekannt. Man entnimmt den Schichten $g(1), g(2), \dots g(H)$ uneingeschränkt zufällig $n(1), n(2), \dots n(H)$ Einheiten und stellt die Merkmalswerte von Y und Z fest. Wir setzen für $a \in \mathbb{R}$

$$U_a = \sum \frac{N(h)}{N} \left[\overline{Y}(h) - a \left(\overline{Z}(h) - \overline{z}(h) \right) \right]$$

a) Zeigen Sie $E\,U_a = \overline{y}$.

b) Berechnen Sie $var\,U_a$.

c) Finden Sie eine erwartungstreue Schätzfunktion für $var\,U_a$.

d) Für welchen a-Wert wird $var\,U_a$ bei proportionaler Aufteilung der Stichprobe minimal?

Lösung:

a) Es ist

$$E[\overline{Y}(h) - a(\overline{Z}(h) - \overline{z}(h))] = \overline{y}(h) - a(\overline{z}(h) - \overline{z}(h)) = \overline{y}(h)$$

und folglich

$$E\,U_a = \sum \frac{N(h)}{N} \, \overline{y}(h) = \overline{y} \; .$$

b) Mit

$$x_i(h) = y_i(h) - a\,z_i(h) \text{ für } i = 1, 2, \dots N(h) \; ; \; h = 1, 2, \dots H$$

hat man

$$\overline{Y}(h) - a\,\overline{Z}(h) = \frac{1}{n(h)} \sum_i \left[Y_i(h) - a\,Z_i(h) \right] = \overline{X}(h)$$

und daher

$$var\left[\overline{Y}(h) - a\left(\overline{Z}(h) - \overline{z}(h) \right) \right] = var\left[\overline{Y}(h) - a\,\overline{Z}(h) \right]$$

$$= var\,\overline{X}(h) = s_{xx}(h) \frac{1}{n(h)} \left(1 - \frac{n(h)}{N(h)} \right)$$

$$= \left[s_{yy}(h) - 2\,a s_{yz}(h) + a^2 s_{zz}(h) \right] \frac{1}{n(h)} \left(1 - \frac{n(h)}{N(h)} \right) .$$

Damit folgt

$$var\,U_a = \sum \left(\frac{N(h)}{N} \right)^2 \left[s_{yy}(h) - 2\,a s_{yz}(h) + a^2 s_{zz}(h) \right] \frac{1}{n(h)} \left(1 - \frac{n(h)}{N(h)} \right) .$$

c) Es gilt

$$E \sum \left(\frac{N(h)}{N} \right)^2 \left[S_{yy}(h) - 2\,a S_{yz}(h) + a^2 S_{zz}(h) \right] \frac{1}{n(h)} \left(1 - \frac{n(h)}{N(h)} \right) = var\,U_a .$$

d) Bei proportionaler Aufteilung gilt

$$\frac{1}{n(h)} \left(1 - \frac{n(h)}{N(h)} \right) = \frac{N}{N(h) \cdot n} \left(1 - \frac{n}{N} \right) = \frac{N-n}{n} \frac{1}{N(h)}$$

und daher

$$var\,U_a = \frac{N-n}{nN} \sum \frac{N(h)}{N} \left[s_{yy}(h) - 2\,a s_{yz}(h) + 2\,a^2 s_{zz}(h) \right] .$$

$var\,U_a$ wird minimal für

$$0 = \frac{d}{da} var\,U_a = \frac{N-n}{nN} \sum \frac{N(h)}{N} \left[-2\,s_{yz}(h) + 2\,a s_{zz}(h) \right]$$

$$= 2\,\frac{N-n}{nN} \left[-\sum \frac{N(h)}{N} s_{yz}(h) + a \sum \frac{N(h)}{N} s_{zz}(h) \right]$$

d.h. für

$$a = \frac{\displaystyle\sum \frac{N(h)}{N} s_{yz}(h)}{\displaystyle\sum \frac{N(h)}{N} s_{zz}(h)} .$$

Aufgabe 5

Von den landwirtschaftlichen Betrieben eines Landes ist bekannt:

h	landwirtschaftliche Nutzfläche	Anzahl der Betriebe	landwirtschaftlich genutzte Fläche insgesamt
1	unter 10 ha	90 000	350 000
2	10 ha bis 50 ha	60 000	1 240 000
3	50 ha und mehr	10 000	800 000

Aus einer proportional auf die Klassen aufgeteilten Stichprobe vom Umfang 800 erhält man für die Merkmale

Y: Weizenanbaufläche

Z : landwirtschaftliche Nutzfläche

folgende Daten:

h	$n(h)$	$\overline{Y}(h)$	$\overline{Z}(h)$	$S_{yy}(h)$	$S_{yy}(h)$	$S_{yz}(h)$
1	450	0,4	4	0,04	4	0,32
2	300	2,5	20	1,00	64	6,40
3	50	10,0	80	9,00	400	50,00

Schätzen Sie die gesamte für den Weizenanbau verwendete Fläche und berechnen Sie einen Schätzwert für die Varianz der verwendeten Schätzfunktion.

Lösung: Zu schätzen ist

$$y = \sum_{1}^{3} y(h) \; .$$

Da Y und Z nicht ohne weiteres als proportional angenommen werden können, ist es naheliegend für $\overline{y}(h)$ die Regressionsschätzung

$$R(h) = \overline{Y}(h) - \frac{S_{yz}(h)}{S_{zz}(h)} \left(\overline{Z}(h) - \overline{z}(h) \right)$$

anzusetzen und y durch

$$R_S = \sum N(h)\, R(h) = \sum N(h)\, \overline{Y}(h) - \sum \frac{S_{yz}(h)}{S_{zz}(h)} \left[N(h)\, \overline{Z}(h) - z(h) \right]$$

zu schätzen. Da die Teilstichprobenumfänge groß sind, kommt

$$\sum N(h)^2 \, \frac{1}{n(h)} \left[S_{yy}(h) - \frac{S_{yz}^2(h)}{S_{zz}(h)} \right] \tag{1}$$

als Schätzung für $var\,R_S$ in Frage. Da die Stichprobe proportional aufgeteilt ist, kann man für (1) schreiben

$$\frac{N}{n} \sum N(h) \left[S_{yy}(h) - \frac{S_{yz}^2(h)}{S_{zz}(h)} \right]$$

Mit der Hilfstabelle

h	1	2	3	Σ
$N(h) \cdot 10^{-3}$	90	60	10	---
$N(h)\,\overline{Y}(h) \cdot 10^{-3}$	36	150	100	286
$N(h)\,\overline{Z}(h) \cdot 10^{-3}$	360	1 200	800	---
$z(h) \cdot 10^{-3}$	350	1 240	800	---
$\dfrac{S_{yz}(h)}{S_{zz}(h)}$	0,08	0,1	0,125	---
$\dfrac{S_{yz}(h)}{S_{zz}(h)} \left[N(h)\,\overline{Z}(h) - z(h) \right] \cdot 10^{-3}$	0,8	4,0	0,0	-3,2

erhält man als Schätzwert für die Weizenanbaufläche

$$R_S = 286 \cdot 10^3 - (-3,2)\,10^3 = 289\,200\,\text{ha}$$

Schließlich ergibt sich

h	1	2	3	Σ
$S_{yy}(h)$	0,04	1	9	---
$\dfrac{S_{yz}^2(h)}{S_{zz}(h)}$	0,0256	0,64	6,25	---
$S_{yy}(h) - \dfrac{S_{yz}^2(h)}{S_{zz}(h)}$	0,0144	0,36	2,75	---
$N(h) \left[S_{yy}(h) - \dfrac{S_{yz}^2(h)}{S_{zz}(h)} \right]$	1 296	21 600	27 500	50 396

und als Schätzwert für $var\,R_S$ berechnet man

$$200 \cdot 50\,396 = 10\,079\,200\,.$$

Aufgabe 6

Zeigen Sie, daß im Falle kostenoptimaler Aufteilung bei Vernachlässigung der Korrekturfaktoren gilt

$$var \sum \frac{N(h)}{N} \overline{Y}(h) = \frac{1}{c} \left[\sum \frac{N(h)}{N} \sqrt{s_{yy}(h)\,\overline{c}(h)} \right]^2 .$$

Lösung: Bei kostenoptimaler Aufteilung gilt

$$n(h) = \frac{c}{\overline{c}(h)} \; \frac{N(h)\sqrt{s_{yy}(h)\,\overline{c}(h)}}{\sum N(h')\sqrt{s_{yy}(h')\,\overline{c}(h')}} .$$

Durch Einsetzen folgt

$$var \sum \frac{N(h)}{N} \overline{Y}(h) = \sum \left(\frac{N(h)}{N}\right)^2 \frac{s_{yy}(h)}{n(h)}$$

$$= \frac{1}{c} \sum N(h) \sqrt{s_{yy}(h)\,\overline{c}(h)} \sum \left(\frac{N(h)}{N}\right)^2 \frac{s_{yy}(h)\,\overline{c}(h)}{N(h)\sqrt{s_{yy}(h)\,\overline{c}(h)}}$$

$$= \frac{1}{c} \left[\sum \frac{N(h)}{N} \sqrt{s_{yy}(h)\,\overline{c}(h)} \right]^2 .$$

Aufgabe 7

Zeigen Sie, daß für eine beliebige Aufteilung $n(1), \ldots n(H)$ des Stichprobenumfangs n gilt

$$\sum \left(\frac{N(h)}{N}\right)^2 \frac{s_{yy}(h)}{n(h)} = \frac{1}{n} \left(\sum \frac{N(h)}{N} \sqrt{s_{yy}(h)} \right)^2 \left(1 + \frac{1}{n} \sum \frac{\left(n_0(h) - n(h)\right)^2}{n(h)} \right) .$$

Dabei ist $n_0(1), \ldots n_0(H)$ die optimale Aufteilung von n.

Lösung: Da gilt

$$n_0(h) = \frac{N(h)\sqrt{s_{yy}(h)}}{\sum N(h')\sqrt{s_{yy}(h')}} \, n$$

hat man

$$N^2(h)\,s_{yy}(h) = \left(\frac{n_0(h)}{n} \sum N(h') \sqrt{s_{yy}(h')} \right)^2$$

und folglich

$$\sum \left(\frac{N(h)}{N}\right)^2 \frac{s_{yy}(h)}{n(h)} = \sum \frac{1}{n(h)} \left(\frac{n_0(h)}{n} \sum \frac{N(h')}{N} \sqrt{s_{yy}(h')}\right)^2$$

$$= \frac{1}{n} \left(\sum \frac{N(h)}{N} \sqrt{s_{yy}(h)}\right)^2 \frac{1}{n} \sum \frac{\left(n_0(h)\right)^2}{n(h)} \ .$$

Weil

$$\frac{\left(n_0(h)\right)^2}{n(h)} = \frac{\left(n_0(h) - n(h)\right)^2}{n(h)} + 2\, n_0(h) - n(h)$$

und daher

$$\sum \frac{\left(n_0(h)\right)^2}{n(h)} = \sum \frac{\left(n_0(h) - n(h)\right)^2}{n(h)} + n$$

erfüllt ist, ergibt sich die Behauptung.

Aufgabe 8 (Stichprobenumfang 1 in Schichten)

Die Zahl H der Schichten sei gerade. Wir setzen

$$V = \sum_{1}^{H/2} \left(\frac{N(2h)}{N} \overline{Y}(2h) - \frac{N(2h-1)}{N} \overline{Y}(2h-1)\right)^2 \ .$$

a) Zeigen Sie

$$E\,V \geq var \sum \frac{N(h)}{N} \overline{Y}(h) \ .$$

Wann gilt das Gleichheitszeichen?

b) Wann sollte V als Varianzschätzung für $\sum \frac{N(h)}{N} \overline{Y}(h)$ herangezogen werden?

Lösung:

a) Wegen

$$var\left(\frac{N(2h)}{N} \overline{Y}(2h) - \frac{N(2h-1)}{N} \overline{Y}(2h-1)\right)$$

$$= E\left(\frac{N(2h)}{N} \overline{Y}(2h) - \frac{N(2h-1)}{N} \overline{Y}(2h-1)\right)^2$$

$$- \left[E\left(\frac{N(2h)}{N} \overline{Y}(2h) - \frac{N(2h-1)}{N} \overline{Y}(2h-1)\right)\right]^2$$

gilt

$$E V = \sum_{1}^{H/2} var \left(\frac{N(2h)}{N} \overline{Y}(2h) - \frac{N(2h-1)}{N} \overline{Y}(2h-1) \right)$$

$$+ \sum_{1}^{H/2} \left(\frac{N(2h)}{N} \overline{y}(2h) - \frac{N(2h-1)}{N} \overline{y}(2h-1) \right)^2$$

woraus mit der Unabhängigkeit von $\overline{Y}(1), \ldots \overline{Y}(H)$ folgt

$$E V = \sum_{1}^{H/2} \left[var \frac{N(2h)}{N} \overline{Y}(2h) + var \frac{N(2h-1)}{N} \overline{Y}(2h-1) \right]$$

$$+ \sum_{1}^{H/2} \left(\frac{N(2h)}{N} \overline{y}(2h) - \frac{N(2h-1)}{N} \overline{y}(2h-1) \right)^2$$

$$= var \sum_{1}^{H} \frac{N(h)}{N} \overline{Y}(h) + \sum_{1}^{H/2} \left(\frac{N(2h)}{N} \overline{y}(2h) - \frac{N(2h-1)}{N} \overline{y}(2h-1) \right)^2$$

$$= var \sum_{1}^{H} \frac{N(h)}{N} \overline{Y}(h) + \frac{1}{N^2} \sum_{1}^{H/2} \left(y(2h) - y(2h-1) \right)^2 .$$

$var \sum_{1}^{H} \frac{N(h)}{N} \overline{Y}(h)$ wird also von V im Durchschnitt überschätzt, außer es gilt

$$y(1) = y(2) \, ; \, y(3) = y(4), \ldots y(H-1) = y(H) \tag{1}$$

b) V kann im Falle $n(1) = \ldots = n(H) = 1$ zur Schätzung von

$$var \sum_{1}^{H} \frac{N(h)}{N} \overline{Y}(h)$$

verwendet werden. Dabei sollte die Numerierung der Schichten so erfolgen, daß (1) möglichst gut erfüllt ist. Gilt $n(h) = 1$ nur für einige Schichten, so kann man die übliche Varianzschätzung für die Schichten mit n $(h) > 1$ und die obige Varianzschätzung für die Schichten mit $n(h) = 1$ kombinieren.

Aufgabe 9

Den Schichten $g\,(1), g\,(2), \ldots g\,(H)$ werden $n\,(1), n\,(2), \ldots n\,(H)$ Einheiten uneingeschränkt zufällig entnommen. Dabei sei $n\,(h) \geq 1$ für alle $h = 1, 2, \ldots H$ und $n\,(h) \geq 2$, falls $N\,(h) \geq 2$. Wir setzen

$$\overline{Y}_S = \sum \frac{N\,(h)}{N}\ \overline{Y}\,(h)\ .$$

a) Berechnen Sie

$$E \sum \frac{N\,(h)}{N} \left[\ \overline{Y}\,(h) - \overline{Y}_S\right]^2\ .$$

b) Finden Sie eine erwartungstreue Schätzfunktion für s_{yy} .

Lösung:

a) Wegen

$$\overline{Y}\,(h) - \overline{Y}_S = \left[\ \overline{Y}\,(h) - \overline{y}\,(h)\right] + \left[\ \overline{y}\,(h) - \overline{y}\right] - \left[\ \overline{Y}_S - \overline{y}\right]$$

hat man

$$\sum \frac{N\,(h)}{N} \left[\ \overline{Y}\,(h) - \overline{Y}_S\right]^2$$

$$= \sum \frac{N\,(h)}{N} \left[\ \overline{Y}\,(h) - \overline{y}\,(h)\right]^2 + \sum \frac{N\,(h)}{N} \left[\ \overline{y}\,(h) - \overline{y}\right]^2 + \left[\ \overline{Y}_S - \overline{y}\right]^2$$

$$+ 2 \sum \frac{N\,(h)}{N} \left[\ \overline{Y}\,(h) - \overline{y}\,(h)\right] \left[\ \overline{y}\,(h) - \overline{y}\right] - 2 \left[\ \overline{Y}_S - \overline{y}\right] \cdot$$

$$\cdot\ \sum \frac{N\,(h)}{N} \left[\ \overline{Y}\,(h) - \overline{y}\,(h)\right] - 2 \left[\ \overline{Y}_S - \overline{y}\right] \sum \frac{N\,(h)}{N} \left[\ \overline{y}\,(h) - \overline{y}\right]\ .$$

Mit

$$\sum \frac{N\,(h)}{N} \left[\ \overline{Y}\,(h) - \overline{y}\,(h)\right] = \sum \frac{N\,(h)}{N}\ \overline{Y}\,(h) - \sum \frac{N\,(h)}{N}\ \overline{y}\,(h) = \overline{Y}_S - \overline{y}$$

$$\sum \frac{N\,(h)}{N} \left[\ \overline{y}\,(h) - \overline{y}\right] = \overline{y} - \overline{y} = 0$$

folgt

$$\sum \frac{N\,(h)}{N} \left[\ \overline{Y}\,(h) - \overline{Y}_S\right]^2$$

$$= \sum \frac{N\,(h)}{N} \left[\ \overline{Y}\,(h) - \overline{y}\,(h)\right]^2 + \sum \frac{N\,(h)}{N} \left[\ \overline{y}\,(h) - \overline{y}\right]^2 - \left[\ \overline{Y}_S - \overline{y}\right]^2$$

$$+ 2 \sum \frac{N\,(h)}{N} \left[\ \overline{Y}\,(h) - \overline{y}\,(h)\right] \left[\ \overline{y}\,(h) - \overline{y}\right]$$

und daher

$$E \sum \frac{N(h)}{N} \left[\overline{Y}(h) - \overline{Y}_S \right]^2$$

$$= \sum \frac{N(h)}{N} \, var \, \overline{Y}(h) + \sum \frac{N(h)}{N} \left[\overline{y}(h) - \overline{y} \right]^2 - var \, \overline{Y}_S$$

$$= \sum \frac{N(h)}{N} \left[\overline{y}(h) - \overline{y} \right]^2 + \overset{*}{\sum} \frac{N(h)}{N} \left(1 - \frac{N(h)}{N} \right) \frac{s_{yy}(h)}{n(h)} \left(1 - \frac{n(h)}{N(h)} \right)$$

wobei sich $\overset{*}{\sum}$ auf alle $h = 1, 2, \dots H$ mit $N(h) > 1$ erstreckt.

b) Wegen

$$(N-1)\, s_{yy} = \sum N(h) \left[\overline{y}(h) - \overline{y} \right]^2 + \overset{*}{\sum} N(h) \frac{N(h)-1}{N(h)} s_{yy}(h)$$

ist

$$E \sum N(h) \left[\overline{Y}(h) - \overline{Y}_S \right]^2 = (N-1)\, s_{yy}$$

$$+ \overset{*}{\sum} N(h) \left[\frac{1}{n(h)} \left(1 - \frac{N(h)}{N} \right) \left(1 - \frac{n(h)}{N(h)} \right) - \frac{N(h)-1}{N(h)} \right] s_{yy}$$

$$= (N-1)\, s_{yy} - \overset{*}{\sum} N(h) \left[n(h) - 1 + \frac{N(h)-n(h)}{N} \right] \frac{s_{yy}(h)}{n(h)} .$$

Folglich ist

$$\sum \frac{N(h)}{N-1} \left[\overline{Y}(h) - \overline{Y}_S \right]^2 + \overset{*}{\sum} \frac{N(h)}{N-1} \left(1 - \frac{N-N(h)+n(h)}{n(h)\,N} \right) S_{yy}(h)$$

eine erwartungstreue Schätzung für s_{yy} .

Aufgabe 10   (Antwortausfälle)

Eine Erhebungsgesamtheit besteht aus N Personen. Man wählt n Personen uneingeschränkt zufällig aus und befragt sie schriftlich. Mit $n(1)$ bezeichnen wir die Anzahl der eingehenden Antworten und für $n(1)>0$ mit $\overline{Y}(1)$ das sich aus den Antworten ergebende arithmetische Mittel. Falls $n(2) = n-n(1)>0$, sei $\overline{Y}(2)$ das (unbekannte) arithmetische Mittel für die Nicht-Antworter. Für eine festgewählte natürliche Zahl $n_0 \geq 2$ sei

$$n'(2) = min\, (\, n(2)\,, n_0\,)$$

Um $\overline{Y}(2)$ zu schätzen, wählt man von den $n\,(2)$ Nicht-Antwortern $n'(2)$ uneingeschränkt zufällig aus und befragt sie durch Interviewer. $\overline{Y}'(2)$ sei das sich dabei ergebende arithmetische Mittel (wobei wir davon ausgehen, daß alle ausgewählten Personen angetroffen werden und auskunftsbereit sind).

a) Zeigen Sie, daß

$$U = \begin{cases} \overline{Y}(1) & \text{falls } n\,(2) = 0 \\[2mm] \dfrac{n\,(1)}{n}\,\overline{Y}(1) + \dfrac{n\,(2)}{n}\,\overline{Y}'(2) & \text{falls } n\,(1),\, n\,(2) > 0 \\[2mm] \overline{Y}'(2) & \text{falls } n\,(1) = 0 \end{cases}$$

eine erwartungstreue Schätzfunktion für $\overline{y}$ ist.

b) Finden Sie eine erwartungstreue Schätzfunktion für $var\,U$.

Lösung:

a) Das beschriebene Auswahlverfahren betrachten wir als zusammengesetztes Zufallsexperiment, wobei das erste Teilexperiment in der Auswahl der n Personen, das zweite Teilexperiment in der Unterauswahl der $n'(2)$ Nicht-Antworter besteht. Die Momentbildung bzgl. dieser Teilexperimente kennzeichnen wir wie üblich durch die Indizes 1 bzw. 2. Dann gilt bei $n\,(2) > 0$

$$E_2\,\overline{Y}'(2) \;=\; \overline{Y}\,(2)$$

also stets

$$E_2\,U = \overline{Y}$$

und daher

$$E\,U \;=\; E_1 E_2\,U \;=\; E_1\,\overline{Y} \;=\; \overline{y}\; .$$

Hierbei ist $\overline{Y}$ das Stichprobenmittel für alle n ausgewählten Personen.

b) Sei S_{yy} die Stichprobenvarianz für alle n ausgewählten Personen. Wegen

$$var_1\,E_2\,U = var_1\,\overline{Y} = \frac{s_{yy}}{n}\left(1 - \frac{n}{N}\right) = E_1\,\frac{S_{yy}}{n}\left(1 - \frac{n}{N}\right)$$

und

$$var_2\, U = \left\{ \begin{array}{ll} \left(\dfrac{n(2)}{n}\right)^2 \dfrac{S_{yy}(2)}{n_0}\left(1-\dfrac{n_0}{n(2)}\right) & \text{für}\quad n(2) > n_0 \\[2ex] 0 & \text{für}\quad n(2) \le n_0 \end{array}\right.$$

folgt

$$var\, U = E_1\, var_2\, U + var_1\, E_2\, U$$

$$= \left\{ \begin{array}{ll} E_1 \dfrac{S_{yy}}{n}\left(1-\dfrac{n}{N}\right) & \text{für}\quad n(2) \le n_0 \\[2ex] E_1\left[\dfrac{S_{yy}}{n}\left(1-\dfrac{n}{N}\right) + \left(\dfrac{n(2)}{n}\right)^2 \dfrac{S_{yy}(2)}{n_0}\left(1-\dfrac{n_0}{n(2)}\right)\right] & \text{für}\quad n(2) > n_0. \end{array}\right.$$

Wenn $n(2) \le n_0$ ist, ist S_{yy} bekannt und $var\, U$ kann durch

$$\frac{S_{yy}}{n}\left(1-\frac{n}{N}\right)$$

erwartungstreu geschätzt werden.

Sei $n(2) > n_0$. In diesem Falle wäre

$$\frac{S_{yy}}{n}\left(1-\frac{n}{N}\right) + \left(\frac{n(2)}{n}\right)^2 \frac{S_{yy}(2)}{n_0}\left(1-\frac{n_0}{n(2)}\right) \tag{1}$$

eine erwartungstreue Schätzfunktion für $var\, U$, wenn S_{yy} bekannt wäre. Für $n(1) = 0$ gilt

$$S_{yy} = S_{yy}(2) = E_2\, S'_{yy}(2)$$

so daß S_{yy} in (1) durch $S'_{yy}(2)$ ersetzt werden kann.

Für $n(1) \ge 1$ denken wir uns die Stichprobe in die Schicht der Antworter und in die Schicht der Nicht-Antworter zerlegt. Für $n(1) = 1$ erhält man nach Aufgabe 9 aus (1) eine erwartungstreue Schätzfunktion für $var\, U$, wenn S_{yy} durch

$$\frac{1}{n-1}\left(\overline{Y}(1) - U\right)^2 + \left(\overline{Y}'(2) - U\right)^2 + \left(1-\frac{1+n_0}{n\, n_0}\right) S'_{yy}(2)$$

ersetzt wird. Für $n(1) > 1$ kann S_{yy} in (1) nach Aufgabe 9 durch

$$\frac{n(1)}{n-1}\left(\overline{Y}(1) - U\right)^2 + \frac{n(2)}{n-1}\left(\overline{Y}'(2) - U\right)^2 + \frac{n(1)-1}{n-1}\, S_{yy}(1)$$

$$+ \frac{n(2)}{n-1}\left(1 - \frac{n(1) + n_0}{n\, n_0}\right) S'_{yy}(2)$$

ersetzt werden.

Aufgabe 11

Wir betrachten Zufallsvariablen

$$X_N(h)\ ;\ h = 1,2\ \ ;\ \ N = 1,2,\ldots$$

mit den Eigenschaften

$$X_N(1), X_N(2)\ \text{unabhängig}\ \ ;\ \ N = 1,2,\ldots$$

$$\lim E\left[N X_N^2(h)\right]^{\frac{v}{2}} = \mu_v\ \ ;\ \ h = 1,2;\ v = 1,2,\ldots$$

und setzen

$$X_N = a(1)\, X_N(1) + a(2)\, X_N(2)$$

wobei $a(1), a(2)$ beliebige reelle Zahlen sind.

Zeigen Sie, daß dann für $v = 1,2,\ldots$ gilt

$$\lim E\left[N X_N^2\right]^{\frac{v}{2}} = \mu_v \left[a^2(1) + a^2(2)\right]^{\frac{v}{2}}.$$

Lösung: Für $N, v = 1,2,\ldots$ ist erfüllt

$$E\left[N X_N^2\right]^{\frac{v}{2}} = \sum \binom{v}{m} a^m(1)\, a^{v-m}(2)\, E\left[\sqrt{N}\, X_N(1)\right]^m E\left[\sqrt{N}\, X_N(2)\right]^{v-m}..$$

Beim Grenzübergang $N \to \infty$ sind auf der rechten Seite nur die Summanden zu berücksichtigen, für die m und v-m geradzahlig sind, d.h. man hat

$$\lim E\left[N X_N^2\right]^{\frac{v}{2}} = 0$$

für ungerades v, und für gerades v gilt

$$\lim_{N} E\left[N X_N^2\right]^{\frac{v}{2}} = \sum_{\kappa=1}^{v/2} \binom{v}{2\kappa}\, a^{2\kappa}(1)\, a^{v-2\kappa}(2)\, \mu_{2\kappa}\, \mu_{v-2\kappa}\ .$$

Wegen

$$\binom{v}{2\kappa}\, \mu_{2\kappa}\, \mu_{v-2\kappa} = \mu_v \binom{v/2}{\kappa}$$

erhält man die Behauptung.

7. 2-stufige Stichprobenverfahren

7.1 Primär- und Sekundäreinheiten

Nehmen wir an, man interessiere sich für ein Wohnungsmerkmal und habe die Merkmalssumme bzw. einen Durchschnittswert für eine Großstadt zu schätzen. Dann kann man das Stadtgebiet in Teilflächen zerlegen und diese als Erhebungseinheiten verwenden. Unter Umständen liegt aber ein Gebäudeverzeichnis vor, so daß auch die Gebäude als Erhebungseinheiten in Frage kommen.

Wir betrachten im folgenden zwei Kategorien von Erhebungseinheiten, die wir als *Primär-* bzw. *Sekundäreinheiten* bezeichnen wollen. Jede Untersuchungseinheit ist einer Sekundäreinheit zugeordnet, jede Sekundäreinheit einer Primäreinheit.

In unserem Beispiel waren die Teilflächen, in die man die Stadtgebiete zerlegt, Primäreinheiten, die Gebäude Sekundäreinheiten und die Wohnungen Untersuchungseinheiten. Häufig sind die Sekundäreinheiten mit den Untersuchungseinheiten identisch.

Wir bezeichnen die Primäreinheiten mit $g_1, g_2, \ldots g_N$, die zu g_i gehörenden Sekundäreinheiten mit

$$g_{i1}, g_{i2}, \ldots g_{iz_i} .$$

Die Zahl z_i der Sekundäreinheiten von g_i setzen wir als bekannt voraus ($i = 1, 2, \ldots N$).

$$y_{ij}$$

ist die y-Ausprägung der j-ten Sekundäreinheit der i-ten Primäreinheit. Wir setzen

$$y_i = \sum_j y_{ij}$$

$$\bar{y}_i = \frac{1}{z_i} \sum_j y_{ij} = \frac{y_i}{z_i}$$

$$\sigma_{iyy} = \frac{1}{z_i} \sum_j \left(y_{ij} - \bar{y}_i \right)^2$$

und definieren s_{iyy} im Falle $z_i > 1$ entsprechend. Die Größen

$$y, \; \bar{y}, \; s_{yy}, \; s_{yz}, \; s_{zz}, \; \sigma_{yy}, \; \sigma_{yz}, \; \sigma_{zz}$$

sind wie früher definiert.

7.2 Klumpeneffekt

Wir vergleichen zwei Stichprobenverfahren

(a) Man wählt $n\,\bar{z}$ Sekundäreinheiten uneingeschränkt zufällig aus und verwendet das dabei beobachtete Stichprobenmittel der y-Werte als Schätzfunktion für y/z .

(b) Man wählt n Primäreinheiten uneingeschränkt zufällig aus, berechnet y- und z-Mittel $\bar{Y}$ und $\bar{Z}$ für die Stichprobe und schätzt y/z durch $\bar{Y}/\bar{Z}$.

Bei Verfahren (b) erfaßt man $n\,\bar{Z}$ Sekundäreinheiten, d.h. man hat ebenso viele Sekundäreinheiten in der Stichprobe zu erwarten wir bei Vorgehen (a). (b) ist aber kostengünstiger als (a), weil die zu erfassenden Sekundäreinheiten in einer kleineren Zahl von Primäreinheiten (eben den ausgewählten) konzentriert und damit ohne hohe Fahrtkosten erreichbar sind.

Zu vergleichen sind die Varianzen der Schätzfunktionen in den Fällen (a) und (b).

Offenbar haben wir im Falle (a) als Varianz

$$\frac{1}{n\bar{z}}\left(1 - \frac{n\bar{z}}{N\bar{z}}\right)\frac{z}{z-1}\sum\frac{z_i}{z}\left(\sigma_{iyy} + \left(\frac{y_i}{z_i} - \frac{y}{z}\right)^2\right) .$$

Dies ist näherungsweise gleich

$$v_a = \frac{1}{n\bar{z}}\left(1 - \frac{n}{N}\right)\sum\frac{z_i}{z}\left(\sigma_{iyy} + \left(\frac{y_i}{z_i} - \frac{y}{z}\right)^2\right) .$$

Im Falle (b) ist die Varianz der verwendeten Schätzfunktion näherungsweise

$$v_b = \frac{1}{n\bar{z}^2}\left(1 - \frac{n}{N}\right)\frac{1}{N}\sum\left(y_i - \frac{y}{z}z_i\right)^2 .$$

Man überlegt sich leicht, daß es bei beliebiger Vorgabe von $z_1, z_2, \ldots z_N$ stets $y_1, y_2, \ldots y_N$ mit $v_a < v_b$ gibt; und es gibt andere $y_1, y_2, \ldots y_N$ mit $v_a > v_b$.

Erhebungseinheiten, die in der Praxis eine Rolle spielen, weisen vielfach eine gewisse Homogenität auf; d.h. daß die Ausprägungen der Untersuchungseinheiten derselben Erhebungseinheit wenig unterschiedlich sind und folglich die Werte

$$\sigma_{i\,yy} \; ; \; i = 1, 2, \ldots N$$

nahe bei 0 liegen. Je nach Zusammenhang spricht man von gegenseitiger Beeinflussung, von Ansteckung oder - neutraler - von einem Nachbarschaftseffekt. Im Grenzfall erhält man für $i = 1, 2, \ldots N$

$$\sigma_{i\,yy} = 0$$

und hat

$$v_a^* = \frac{1}{n\bar{z}} \sum \frac{z_i}{\bar{z}} \left(\frac{y_i}{z_i} - \frac{y}{z} \right)^2 \left(1 - \frac{n}{N} \right)$$

$$= \frac{1}{\bar{z}^2} \frac{1}{nN} \sum \frac{1}{z_i} \left(y_i - \frac{y}{z} z_i \right)^2 \left(1 - \frac{n}{N} \right)$$

mit v_b zu vergleichen. Man sieht sofort, daß

$$v_a^* < v_b$$

gilt, wenn auch nur ein z-Wert größer ist als 1.

Dieser Varianzvergrößerung, mit der man rechnen muß, wenn man von (a) zu (b) übergeht, bezeichnet man kurz als *Klumpeneffekt*.

Wenn die Untersuchungseinheiten mit den Sekundäreinheiten identisch sind und Y für die einzelnen Untersuchungseinheiten nur 0 und 1 als Ausprägungen besitzt, gilt

$$v_a \leq \frac{1}{n\bar{z}} \cdot \frac{1}{4} \left(1 - \frac{n}{N} \right) = V_a.$$

v_b übersteigt die für v_a gegebene Schranke V_a unter Umständen um ein Vielfaches. Besonders einfach ist das zu sehen, wenn

$$A \subset \left\{ 1, 2, \ldots N \right\}$$

existiert mit

$$\sum_{i \in A} z_i = \frac{z}{2} \ .$$

Für

$$y_i = \left\{ \begin{array}{ll} z_i & \text{für } i \in A \\ 0 & \text{sonst} \end{array} \right.$$

gilt dann nämlich $y = z/2$ und

$$v_b = \frac{1}{z^2} \frac{1}{nN} \sum \left(\frac{z_i}{2}\right)^2 \left(1 - \frac{n}{N}\right)$$

$$= \frac{1}{n\bar{z}} \frac{1}{4} \frac{1}{N\bar{z}} \sum z_i^2 \left(1 - \frac{n}{N}\right)$$

$$= \frac{1}{N\bar{z}} \sum z_i^2 \ V_a \ .$$

Man sieht unmittelbar, daß der Quotient $\sum z_i^2 / z$ stets größer, im allgemeinen deutlich größer ist als 1. Bei Vorgabe der Zahl N der Klumpen kann der Klumpeneffekt nach dieser Überlegung besonders bei ungleicher Klumpengröße sehr ins Gewicht fallen.

7.3   Primär- und Sekundärauswahl

Die vorangehend betrachteten Verfahren haben gravierende Nachteile: Beim ersten sind die ausgewählten Sekundäreinheiten weit verstreut, so daß hohe Kosten entstehen, während beim zweiten ein erheblicher Klumpeneffekt zu befürchten ist. Als Ausweg bietet sich in dieser Situation an, eine größere Anzahl n von Primäreinheiten auszuwählen und dann in jeder ausgewählten Primäreinheit einige Sekundäreinheiten in die Auswahl einzubeziehen. Durch geeignete Festlegung der Auswahlsätze sollte sicherzustellen sein, daß die ausgewählten Sekundäreinheiten auf hinreichend viele Primäreinheiten verteilt sind, ohne daß zu hohe Kosten entstehen. Demnach hat man sich also für ein primäres Auswahlverfahren zu entscheiden, und man hat jeder Primäreinheit ein sekundäres Auswahlverfahren zuzuordnen. Eine Sekundäreinheit g_{ij} wird genau dann in die Erhebung einbezogen, wenn das primäre Verfahren zur Auswahl von g_i führt und wenn die anschließende Realisierung des g_i zugeordneten sekundären Verfahrens g_{ij} auswählt.

Wir wollen hier davon ausgehen, daß die Sekundärauswahl uneingeschränkt zufällig erfolgt. (Man vergleiche dagegen Aufgabe 2.) Für jede Primäreinheit g_i ist dann nur festzulegen, wieviele ihrer z_i Sekundäreinheiten $g_{i1}, g_{i2}, \dots g_{iz_i}$ auszuwählen sind. Diese Festlegung soll durch eine Funktion v vorgenommen werden. Wir schreiben also

$$v(z_i)$$

für den Stichprobenumfang der Sekundärauswahl innerhalb von g_i und denken insbesondere an die Fälle

$$v(z_i) = v$$

$$v(z_i) = a\, z_i$$

wobei v bzw. a vorgegeben werden.

Wir wollen unterstellen, daß eine Stichprobe $G = (G_1, G_2, \dots G_n)$ von Primäreinheiten gezogen wird, wobei n fest vorgegeben ist. Man denke insbesondere an die uneingeschränkt zufällige Auswahl von n Primäreinheiten, evtl. mit Zurücklegen. Aber auch Zufallsauswahl auf der Basis z-proportionaler Wahrscheinlichkeiten ist zugelassen.

Wenn der i-te Zug G_i liefert, wird nicht der G_i zugeordnete y-Wert Y_i ermittelt. Es werden vielmehr $v(Z_i)$ Primäreinheiten von G_i uneingeschränkt zufällig ausgewählt. Das Z_i-fache des beobachteten Stichprobenmittels bezeichnen wir mit

$$\hat{Y}_i\,;\, i = 1, 2, \dots n$$

Unter Umständen werden Primäreinheiten mehrfach gezogen. Aus diesen Primäreinheiten werden dann entsprechend viele unabhängige Stichprobenziehungen von Sekundäreinheiten vorgenommen. Nehmen wir beispielsweise an, die Primäreinheit g_i werde zweimal gezogen, sagen wir beim j-ten und beim k-ten Zug: $G_j = G_k = g_i$. Dann gilt zwar $Y_j = Y_k = y_i$, aber im allgemeinen nicht $\hat{Y}_j = \hat{Y}_k$. $\hat{Y}_j$ und $\hat{Y}_k$ werden nämlich für zwei Stichproben berechnet, die jeweils durch uneingeschränkte Zufallsauswahl (vom Umfang $v(z_i) = v(Z_j) = v(Z_k)$) aus g_i gezogen werden, und zwar unabhängig voneinander. (Es ist also nicht ausgeschlossen, daß eine Sekundäreinheit in beiden Stichproben vorkommt.)

Für die (nicht beobachteten) Zufallsvariablen Y_1, Y_2, ... Y_n und für die Zufallsvariablen Z_1, Z_2, ... Z_n sind

$$\overline{Y},\ \overline{Z},\ S_{yy},\ S_{yz},\ S_{zz}$$

wie bisher definiert. Daneben betrachten wir Zufallsvariablen

$$\overline{\hat{Y}},\ S_{\hat{y}\hat{y}},\ S_{\hat{y}z}\ .$$

Sie werden wie $\overline{Y}$, S_{yy} bzw. S_{yz} berechnet, aber von $\hat{Y}_1$, $\hat{Y}_2$, ... $\hat{Y}_n$ ausgehend statt von Y_1, Y_2, ... Y_n .

Schließlich bezeichnen wir mit S_{iyy} die (korrigierte) Varianz der y-Werte aller Sekundäreinheiten von G_i. (Vgl. hierzu die Definition von s_{iyy} für g_i in Abschnitt 7.1 .)

7.4 Zufallsauswahl von Primäreinheiten mit Zurücklegen

Wir gehen jetzt davon aus, daß die Primäreinheiten durch Zufallsauswahl mit Zurücklegen gezogen werden. Offen bleibt vorerst, ob uneingeschränkt zufällig oder zufällig auf der Basis z-proportionaler Wahrscheinlichkeiten ausgewählt wird. In jedem Fall sind

$$\hat{Y}_1,\ \hat{Y}_2,\ ...\ \hat{Y}_n$$

unabhängig identisch verteilt. Betrachten wir also $\hat{Y}_i$; wenn sich E_2, var_2 auf die Auswahl innerhalb der gezogenen Primäreinheiten und E_1, var_1 auf die Auswahl der Primäreinheiten beziehen, gilt nach 3.3 Satz

$$E_2 \hat{Y}_i = Y_i \tag{1}$$

$$var_2 \hat{Y}_i = Z_i^2\, \frac{S_{iyy}}{v(Z_i)} \left(1 - \frac{v(Z_i)}{Z_i} \right) . \tag{2}$$

Satz 1

Wenn die Stichprobe $(G_1, G_2, \ldots G_n)$ durch uneingeschränkte Zufallsauswahl mit Zurücklegen ermittelt wird und n (unabhängige) Stichprobenziehungen aus $G_1, G_2, \ldots G_n$ erfolgen, und zwar durch uneingeschränkte Zufallsauswahl vom Umfang $v(Z_1), v(Z_2), \ldots$ bzw. $v(Z_n)$, gilt

$$E \overline{\hat{Y}} = \overline{y}$$

$$\mathrm{var}\, \overline{\hat{Y}} = \frac{\sigma_{yy}}{n} + \frac{1}{nN} \sum_i z_i^2 \frac{s_{iyy}}{v(z_i)} \left(1 - \frac{v(z_i)}{z_i} \right)$$

$$= E \frac{S_{\hat{y}\hat{y}}}{n}.$$

Beweis: Offenbar gilt nach (1) und (2)

$$E \hat{Y}_i = E_1 E_2 \hat{Y}_i = E_1 Y_i = \overline{y} \tag{3}$$

$$\mathrm{var}\, \hat{Y}_i = \mathrm{var}_1 E_2 \hat{Y}_i + E_1 \mathrm{var}_2 \hat{Y}_i$$

$$= \mathrm{var}_1 Y_i + E_2 Z_i^2 \frac{S_{iyy}}{v(Z_i)} \left(1 - \frac{v(Z_i)}{Z_i} \right)$$

$$= \sigma_{yy} + \frac{1}{N} \sum_i z_i^2 \frac{s_{iyy}}{v(z_i)} \left(1 - \frac{v(z_i)}{z_i} \right). \tag{4}$$

Aus (3) und (4) folgt nach A 5 Satz 1

$$E \overline{\hat{Y}} = \overline{y}$$

$$\mathrm{var}\, \overline{\hat{Y}} = \frac{\sigma_{yy}}{n} + \frac{1}{nN} \sum_i z_i^2 \frac{s_{iyy}}{v(z_i)} \left(1 - \frac{v(z_i)}{z_i} \right).$$

Ebenfalls nach A 5 Satz 1 ergibt sich

$$E S_{\hat{y}\hat{y}} = \mathrm{var}\, \hat{Y}_i$$

so daß

$$\frac{S_{\hat{y}\hat{y}}}{n}$$

eine erwartungstreue Schätzung für $\mathrm{var}\, \overline{\hat{Y}}$ ist. ∎

Satz 2

Wenn die Stichprobe $(G_1, G_2, \ldots G_n)$ durch Zufallsauswahl (mit Zurücklegen) auf der Basis z-proportionaler Wahrscheinlichkeiten ausgewählt wird und n (unabhängige) Stichprobenziehungen durch uneingeschränkte Zufallsauswahl vom Umfang $v(Z_1), v(Z_2), \ldots v(Z_n)..$ aus $G_1, G_2, \ldots G_n$ vorgenommen werden, gilt

$$E \, \frac{\bar{z}}{n} \sum \frac{\hat{Y}_i}{Z_i} = \bar{y}$$

$$var \, \frac{\bar{z}}{n} \sum \frac{\hat{Y}_i}{Z_i} = \frac{\bar{z}}{nN} \sum z_i \left[\frac{s_{iyy}}{v(z_i)} \left(1 - \frac{v(z_i)}{z_i} \right) + \left(\frac{y_i}{z_i} - \frac{\bar{y}}{\bar{z}} \right)^2 \right]$$

$$= E \, \frac{\bar{z}^2}{n(n-1)} \sum \left(\frac{\hat{Y}_i}{Z_i} - \frac{1}{n} \sum \frac{\hat{Y}_j}{Z_j} \right)^2$$

Beweis: Nach (1) und (2) hat man

$$E \, \frac{\hat{Y}_i}{Z_i} = E_1 E_2 \, \frac{\hat{Y}_i}{Z_i} = E_1 \frac{Y_i}{Z_i} = \sum \frac{z_i}{N\bar{z}} \frac{y_i}{z_i} = \frac{\bar{y}}{\bar{z}}$$

$$var \, \frac{\hat{Y}_i}{Z_i} = E_1 var_2 \, \frac{\hat{Y}_i}{Z_i} + var_1 E_2 \frac{\hat{Y}_i}{Z_i}$$

$$= E_1 \, \frac{1}{Z_i^2} \, Z_i^2 \, \frac{S_{iyy}}{v(z_i)} \left(1 - \frac{v(Z_i)}{Z_i} \right) + var_1 \, \frac{Y_i}{Z_i}$$

$$= \sum \frac{z_i}{N\bar{z}} \, \frac{s_{iyy}}{v(z_i)} \left(1 - \frac{v(z_i)}{z_i} \right) + \sum \frac{z_i}{N\bar{z}} \left(\frac{y_i}{z_i} - \frac{\bar{y}}{\bar{z}} \right)^2$$

woraus die ersten beiden Behauptungen gemäß A 5 Satz 1 folgen. Nach demselben Satz ist

$$\frac{1}{n-1} \sum \left(\bar{z} \, \frac{\hat{Y}_i}{Z_i} - \frac{\bar{z}}{n} \sum \frac{\hat{Y}_j}{Z_j} \right)^2$$

eine erwartungstreue Schätzung für $var \, \bar{z} \, Y_i / Z_i$, so daß auch die dritte Behauptung bewiesen ist. ∎

7.5 Uneingeschränkte Zufallsauswahl von Primäreinheiten

Wir gehen jetzt davon aus, daß die Primäreinheiten uneingeschränkt zufällig ausgewählt werden (ohne Zurücklegen). Dann können wir annehmen, es werde in jeder Primäreinheit eine Auswahl von Sekundäreinheiten vorgenommen, und zwar aus g_i eine uneingeschränkte Zufallsauswahl vom Umfang $v(z_i)$. Wir bezeichnen mit

$$\hat{y}_i$$

das z_i-fache des Stichprobenmittels, das aus den $v(z_i)$ y-Werten berechnet wird, und mit

$$\hat{s}_{iyy}$$

die Varianz der $v(z_i)$ y-Werte ($i = 1, 2, \dots N$). Dadurch sind den Primäreinheiten $g_1, g_2, \dots g_N$ Zufallsvariablen $\hat{y}_1, \hat{y}_2, \dots \hat{y}_N$ und Zufallsvariablen $\hat{s}_{1yy}, \hat{s}_{2yy}, \dots \hat{s}_{Nyy}$ zugeordnet. Beobachtet werden allerdings nur die Zufallsvariablen der bei der Primärauswahl erfaßten Primäreinheiten. $\hat{Y}_i$ und $\hat{S}_{iyy}$ sind die Zufallsvariablen, die der beim i-ten Zug erfaßten Primäreinheit zugeordnet sind.

Satz

Bei uneingeschränkt zufälliger Auswahl von n Primäreinheiten und von $v(z_i)$ Sekundäreinheiten der i-ten Primäreinheit (im Falle der Auswahl der i-ten Primäreinheit) sind

$$\bar{\hat{Y}}$$

$$\bar{\hat{Y}} - Z + z$$

$$\frac{\bar{\hat{Y}}}{\bar{Z}}\, \bar{z}$$

erwartungstreue Schätzfunktionen für $\bar{y}$. Die Varianzen dieser Schätzfunktionen lauten

$$\frac{1}{n}\left(1 - \frac{n}{N}\right) s_{yy} + \frac{1}{nN} \sum z_i^2 \frac{s_{iyy}}{v(z_i)} \left(1 - \frac{v(z_i)}{z_i}\right)$$

$$\frac{1}{n}\left(1 - \frac{n}{N}\right)\left(s_{yy} - 2\, s_{yz} + s_{zz}\right) + \frac{1}{nN} \sum z_i^2 \frac{s_{iyy}}{v(z_i)} \left(1 - \frac{v(z_i)}{z_i}\right)$$

$$\frac{1}{n}\left(1 - \frac{n}{N}\right)\left(s_{yy} - 2\, \frac{\bar{y}}{\bar{z}}\, s_{yz} + \left(\frac{\bar{y}}{\bar{z}}\right)^2 s_{zz}\right) + \frac{1}{nN} \sum z_i^2 \frac{s_{iyy}}{v(z_i)} \left(1 - \frac{v(z_i)}{z_i}\right)$$

und als erwartungstreue Schätzungen für diese Varianzen verwendet man

$$\frac{1}{n}\left(1-\frac{n}{N}\right) S_{\hat{y}\hat{y}} \qquad\qquad +\frac{1}{nN}\sum Z_i^2\,\frac{\hat{S}_{iyy}}{v(Z_i)}\left(1-\frac{v(Z_i)}{Z_i}\right)$$

$$\frac{1}{n}\left(1-\frac{n}{N}\right)\left(S_{\hat{y}\hat{y}}-2\,S_{\hat{y}z}+S_{zz}\right) \qquad +\frac{1}{nN}\sum Z_i^2\,\frac{\hat{S}_{iyy}}{v(Z_i)}\left(1-\frac{v(Z_i)}{Z_i}\right)$$

$$\frac{1}{n}\left(1-\frac{n}{N}\right)\left(S_{\hat{y}\hat{y}}-2\,\frac{\overline{Y}}{\overline{Z}}\,S_{\hat{y}z}+\left(\frac{\overline{Y}}{\overline{Z}}\right)^2 S_{zz}\right)+\frac{1}{nN}\sum Z_i^2\,\frac{\hat{S}_{iyy}}{v(Z_i)}\left(1-\frac{v(Z_i)}{Z_i}\right).$$

Hierbei sind die Aussagen über die ersten beiden Schätzfunktionen bei beliebigem n gültig ; die Aussagen über die dritte Schätzfunktion gelten bei großem n in guter Näherung.

Der voranstehende Satz wird in den beiden nächsten Abschnitten bewiesen. Wir betrachten dort die Schätzfunktion

$$a\,\overline{\hat{Y}}+b$$

die für

$$
\begin{aligned}
&a = 1\,,\ b = 0 &&\text{in}\quad \overline{\hat{Y}}\\
&a = 1\,,\ b = -\,\overline{Z}+\overline{z} &&\text{in}\quad \overline{\hat{Y}}-\overline{Z}+\overline{z}\\
&a = \frac{\overline{z}}{\overline{Z}}\,,\ b = 0 &&\text{in}\quad \frac{\overline{\hat{Y}}}{\overline{Z}}\,\overline{z}
\end{aligned}
$$

übergeht. In Abschnitt 7.6 berechnen wir

$$E\ (a\,\overline{\hat{Y}}+b)$$
$$var\,(a\,\overline{\hat{Y}}+b)$$

und in Abschnitt 7.7 geben wir eine Schätzung für

$$var\,(a\,\overline{\hat{Y}}+b)$$

an.

7.6 Erwartungswert und Varianz der Schätzfunktion

Wir schreiben p für die uneingeschränkte Zufallsauswahl der n Primäreinheiten und q_G für das unabhängige Produkt der uneingeschränkt zufälligen Auswahlverfahren vom Umfang $v(Z_i)$ aus G_i ; $i = 1, 2, \dots n$.

Zu betrachten ist das Produkt der Wahrscheinlichkeitsverteilungen

$$p \text{ und } q_G \ .$$

E_2 und var_2 beziehen sich im folgenden auf q_G, E_1 und var_1 auf p .

Nach unseren früheren Überlegungen ist erfüllt

$$E_1(a\,\overline{Y} + b) = a\,\overline{y} + b$$

(im dritten Fall allerdings nur in guter Näherung). Nun gilt (vgl. (1) in Abschnitt 7.4)

$$Y_i = E_2\,\hat{Y}_i$$

und daher

$$\overline{Y} = E_2\,\overline{\hat{Y}} \ .$$

Also hat man

$$\overline{y} = E_1(a\,\overline{Y} + b) = E_1(a\,E_2\,\overline{\hat{Y}} + b)$$
$$= E_1\,E_2(a\,\overline{\hat{Y}} + b) = E(a\,\overline{\hat{Y}} + b)$$

so daß $a\,\overline{\hat{Y}} + b$ unverzerrt ist. (Im 3. Falle gilt dies in guter Näherung.)

Offenbar hat man (vgl. (2) in Abschnitt 7.4)

$$var_2\,\hat{Y}_i = Z_i^2\,\frac{S_{i\,yy}}{v(Z_i)}\left[1 - \frac{v(Z_i)}{Z_i}\right] \ .$$

Mit

$$E_2(a\,\overline{\hat{Y}} + b) = a\,\overline{Y} + b$$

$$var_2(a\,\overline{\hat{Y}} + b) = a^2\,var_2\,\overline{\hat{Y}}$$

$$= \frac{a^2}{n^2}\,\sum var_2\,\hat{Y}_i$$

folgt

$$var \, (a \, \overline{\hat{Y}} + b) \doteq var_1 \, (a \, \overline{Y} + b)$$

$$+ E_1 \, \frac{a^2}{n^2} \, \sum Z_i^2 \, \frac{S_{iyy}}{v(Z_i)} \left[1 - \frac{v(Z_i)}{Z_i} \right] \, .$$

Die Ersetzung von Y_i durch $\hat{Y}_i$ in $a \, \overline{Y} + b$ führt also zu einer Vergrößerung der Varianz um

$$E_1 \, \frac{a^2}{n^2} \, \sum Z_i^2 \, \frac{S_{iyy}}{v(Z_i)} \left[1 - \frac{v(Z_i)}{Z_i} \right] \, .$$

Bei $a = 1$, d.h. bei Verwendung von $\overline{\hat{Y}}$ und $\overline{\hat{Y}} - \overline{Z} + \overline{z}$ ist dies gleich

$$\frac{1}{n} \, E_1 \, \frac{1}{n} \, \sum Z_i^2 \, \frac{S_{iyy}}{v(Z_i)} \left[1 - \frac{v(Z_i)}{Z_i} \right]$$

$$= \frac{1}{n} \, \frac{1}{N} \, \sum z_i^2 \, \frac{s_{iyy}}{v(z_i)} \left[1 - \frac{v(z_i)}{z_i} \right] \, .$$

Weil

$$E \, \frac{\overline{z}}{\overline{Z}}$$

in guter Näherung gleich 1 ist, hat man im Falle $a = \overline{z} / \overline{Z}$ näherungsweise dieselbe Varianzvergrößerung wie oben.

Insgesamt erhält man für $var \, (a \, \overline{\hat{Y}} + b)$ also

$$var \, (a \, \overline{Y} + b) + \frac{1}{nN} \, \sum z_i^2 \, \frac{s_{iyy}}{v(z_i)} \left(1 - \frac{v(z_i)}{z_i} \right) \, .$$

$var \, (a \, \overline{Y} + b)$ entnimmt man 3.3 Satz bzw. 4.1 Satz bzw. 4.3 Satz; die Behauptung von 6.5 über $var \, (a \, \overline{\hat{Y}} + b)$ ist damit bewiesen.

7.7 Schätzung der Varianz der Schätzfunktion

Wir stellen uns jetzt vor, daß zuerst alle Stichprobenerhebungen innerhalb der Primäreinheiten durchgeführt werden und daß erst anschließend entschieden wird, welche Primäreinheiten in die Auswahl einbezogen werden.

Demnach bezeichnen wir - im Gegensatz zu unserem Vorgehen im letzten Abschnitt - das unabhängige Produkt aller N sekundären Auswahlverfahren mit p ; q ist die uneingeschränkte Zufallsauswahl für die Primäreinheiten.

Dann haben wir

$$E_2 \left(a\,\overline{\hat{Y}} + b \right) = \frac{1}{N} \sum \hat{y}_i$$

(Bei $a = \overline{z}\,/\,\overline{Z}$, $b = 0$ gilt dies allerdings nur näherungsweise.)

Es folgt

$$var \left(a\,\overline{\hat{Y}} + b \right) = \frac{1}{N^2} \sum var_1 \hat{y}_i + E_1 var_2 \left(a\,\overline{\hat{Y}} + b \right). \tag{1}$$

Wie $var_2 \left(a\,\overline{\hat{Y}} + b \right)$ zu schätzen ist, ergibt sich aus unseren früheren Überlegungen: Wir haben in den Varianzschätzungen, die in 3.3 Satz, 4.1 Satz und 4.3 Satz angegeben sind, lediglich Y_i durch $\hat{Y}_i$ zu ersetzen, und erhalten

$$\frac{1}{n} \left(1 - \frac{n}{N} \right) S_{\hat{y}\hat{y}} \tag{2}$$

$$\frac{1}{n} \left(1 - \frac{n}{N} \right) \left(S_{\hat{y}\hat{y}} - 2\, S_{\hat{y}z} + S_{zz} \right) \tag{3}$$

$$\frac{1}{n} \left(1 - \frac{n}{N} \right) \left(S_{\hat{y}\hat{y}} - 2\, \frac{\overline{\hat{Y}}}{\overline{Z}}\, S_{\hat{y}z} + \left(\frac{\overline{\hat{Y}}}{\overline{Z}} \right)^2 S_{zz} \right). \tag{4}$$

Andererseits folgt aus 3.3 Satz

$$\frac{1}{N^2} \sum var_1 \hat{y}_i = \frac{1}{N^2} \sum z_i^2\, \frac{s_{iyy}}{v(z_i)} \left[1 - \frac{v(z_i)}{z_i} \right]$$

$$= \frac{1}{N}\, E_1\, \frac{1}{N} \sum z_i^2\, \frac{\hat{s}_{iyy}}{v(z_i)} \left[1 - \frac{v(z_i)}{z_i} \right]$$

$$= \frac{1}{N}\, E_1\, E_2\, \frac{1}{n} \sum Z_i^2\, \frac{\hat{S}_{iyy}}{v(Z_i)} \left[1 - \frac{v(Z_i)}{Z_i} \right].$$

Nach (1) hat man also zu (2), (3) und (4) jeweils

$$\frac{1}{nN} \sum Z_i^2\, \frac{\hat{S}_{iyy}}{v(Z_i)} \left[1 - \frac{v(Z_i)}{Z_i} \right]$$

zu addieren und erhält die in 7.5 angegebenen Varianzschätzungen.

7.8 Aufgaben

Aufgabe 1

Im Zuständigkeitsbereich einer Handelskammer gibt es 10 000 Einzelhandelsgeschäfte, die sich auf 50 Gemeinden verteilen. Um sich einen Überblick über den Anteil der Familienbetriebe und die Entwicklung der Einzelhandelsumsätze im 1. Halbjahr 1984 zu verschaffen, befragt man in 3 zufällig ausgewählten Gemeinden jeweils einige Einzelhändler. Man erhält:

ausgewählte Gemeinde	Zahl der Einzelhandelsgeschäfte			Umsätze der ausgewählten Einzelhandelsgeschäfte im 1. Halbjahr 1984 (in 100 000 DM)			
	insgesamt	ausgewählt	davon Familienbetriebe				
1	100	4	2	5	5	5	5
2	100	4	2	6	3	3	4
3	200	3	3	2	2	5	--

Schätzen Sie für den Zuständigkeitsbereich der Handelskammmer

a) den von den Einzelhandelsgeschäften im 1. Halbjahr 1984 im Durchschnitt erzielten Umsatz

b) den Anteil der Familienbetriebe im Einzelhandel

und berechnen Sie einen Schätzwert für die Varianz der verwendeten Schätzfunktion unter der Voraussetzung, daß die Gemeinden (Primäreinheiten) uneingeschränkt zufällig

(1) mit Zurücklegen
(2) ohne Zurücklegen

ausgewählt sind.

Lösung:

a) Y bezeichne die Umsatzhöhe der Einzelhandelsgeschäfte. Der durchschnittliche Einzelhandelsumsatz $\bar{y}$ pro Gemeinde wird beim Ziehen der Primäreinheiten mit und ohne Zurücklegen geschätzt durch $\hat{\bar{Y}}$. Demnach ist der durchschnittliche Umsatz pro Einzelhändler durch

$$\frac{50}{10\,000}\,\hat{\bar{Y}}$$

zu schätzen.

Mit

$$\hat{Y}_1 = 100 \cdot \frac{1}{4}\,[\,5 + 5 + 5 + 5\,] = 500$$

$$\hat{Y}_2 = 100 \cdot \frac{1}{4}\,[\,6 + 3 + 3 + 4\,] = 400$$

$$\hat{Y}_3 = 200 \cdot \frac{1}{3}\,[\,2 + 2 + 5\,]\ \ \ \ = 600$$

und

$$\overline{\hat{Y}} = \frac{1}{3}\,\left[\hat{Y}_1 + \hat{Y}_2 + \hat{Y}_3\right] = 500$$

erhält man als Schätzwert

$$\frac{50}{10\,000}\,500 = 2,5 \doteq 2,5 \cdot 10^5\,DM = 250\,000\,DM\ .$$

a_1) Im Falle des Ziehens mit Zurücklegen ist

$$\left(\frac{50}{10\,000}\right)^2 \frac{S_{\hat{y}\hat{y}}}{n} = \left(\frac{50}{10\,000}\right)^2 \frac{1}{n\,(n-1)} \sum \left(\hat{Y}_i - \overline{\hat{Y}}\right)^2$$

$$= \left(\frac{50}{10\,000}\right)^2 \frac{1}{3 \cdot 2}\left[(500-500)^2 + (400-500)^2 + (600-500)^2\right]$$

$$= 0,0833 \doteq 0,0833 \cdot 10^{10}\,DM^2$$

ein Schätzwert für die Varianz.

a_2) Im Falle des Ziehens ohne Zurücklegen ist

$$\left(\frac{50}{10\,000}\right)^2 \left[\frac{1}{n}\left(1 - \frac{n}{N}\right) S_{\hat{y}\hat{y}} + \frac{1}{n\,N} \sum Z_i^2 \frac{\hat{S}_{iyy}}{v(Z_i)}\left(1 - \frac{v(Z_i)}{Z_i}\right)\right]$$

zu berechnen. Mit

$$\hat{S}_{1yy} = \frac{1}{3}\left[(5-5)^2 + (5-5)^2 + (5-5)^2 + (5-5)^2\right] = 0$$

$$\hat{S}_{2yy} = \frac{1}{3}\left[(6-4)^2 + (3-4)^2 + (3-4)^2 + (4-4)^2\right] = 2$$

$$\hat{S}_{3yy} = \frac{1}{2}\left[(2-3)^2 + (2-3)^2 + (5-3)^2\right]\ \ \ \ = 3$$

folgt

$$\sum_i Z_i^2 \frac{\hat{S}_{iyy}}{v(Z_i)} = 100^2 \cdot \frac{0}{4} + 100^2 \cdot \frac{2}{4} + 200^2 \cdot \frac{3}{3} = 4,5 \cdot 10^4$$

so daß man bei Vernachlässigung der Korrekturfaktoren $1 - \dfrac{v(Z_i)}{Z_i}$ den

Varianzschätzwert

$$0,0833 \cdot \left(1 - \frac{3}{50}\right) + \left(\frac{50}{10\,000}\right)^2 \frac{1}{3 \cdot 50} \; 4,5 \cdot 10^4 = 0,0858 \doteq 0,0858 \cdot 10^{10} \, DM^2$$

erhält. (Man beachte, daß der Varianzschätzwert für das Ziehen ohne Zurücklegen auch bei Berücksichtigung aller Korrekturfaktoren größer sein kann als der entsprechende Varianzschätzwert beim Ziehen mit Zurücklegen, obwohl für die Varianzen die umgekehrte Relation gilt.)

b) Wir setzen

$$y_{ij} = \begin{cases} 1 & \text{falls das } j\text{-te Einzelhandelsunternehmen in der } i\text{-ten Gemeinde ein Familienbetrieb ist} \\ \\ 0 & \text{sonst} \end{cases}$$

Die durchschnittliche Zahl $\overline{y}$ der Familienbetriebe im Einzelhandel pro Gemeinde wird beim Ziehen mit und ohne Zurücklegen durch

$$\overline{\hat{Y}} = \frac{1}{3}\left[100 \cdot \frac{2}{4} + 100 \cdot \frac{2}{4} + 200 \cdot \frac{3}{3}\right] = 100$$

geschätzt. Für den Anteilswert der Familienbetriebe im Zuständigkeitsbereich der Handelskammer ergibt sich dann der Schätzwert

$$\frac{50}{10\,000} \; \overline{\hat{Y}} = 0,50 \doteq 50\% \; .$$

b$_1$) Beim Ziehen mit Zurücklegen ist als Varianzschätzung

$$\left(\frac{50}{10\,000}\right)^2 \frac{S_{\hat{y}\hat{y}}}{n}$$

zu berechnen. Mit

$$\frac{S_{\hat{y}\hat{y}}}{n} = \frac{1}{3 \cdot 2}\left[(50-100)^2 + (50-100)^2 + (200-100)^2\right] = 2\,500$$

erhält man

$$\left(\frac{50}{10\,000}\right)^2 2\,500 = 0,0625 \; .$$

b$_2$) Da Y jetzt ein *0-1*-Merkmal ist, hat man

$$\hat{S}_{1yy} = \frac{1}{3} \cdot \frac{1}{2} \cdot \frac{1}{2} = \frac{1}{12}$$

$$\hat{S}_{2yy} = \frac{1}{3} \cdot \frac{1}{2} \cdot \frac{1}{2} = \frac{1}{12}$$

$$\hat{S}_{3yy} = \frac{1}{2} \cdot 1 \cdot 0 = 0 \ .$$

Vernachlässigt man wieder die Korrekturfaktoren $1 - \dfrac{v(Z_i)}{Z_i}$, so ergibt

sich für die Varianz der Schätzwert

$$\left(\frac{50}{10\,000}\right)^2 \left[\frac{1}{n}\left(1 - \frac{n}{N}\right) S_{\hat{y}\hat{y}} + \frac{1}{n\,N} \sum Z_i^2 \frac{\hat{S}_{iyy}}{v(Z_i)}\right]$$

$$= 0{,}058\,75 + \left(\frac{50}{10\,000}\right)^2 \frac{1}{3 \cdot 50}\left[100^2 \cdot \frac{1}{12} + 100^2 \cdot \frac{1}{12} + 200^2 \cdot 0\right]$$

$$= 0{,}061\,42 \ .$$

Aufgabe 2

Im Rahmen einer Kaufkraftanalyse für eine Region mit 240 000 Einwohnern, die in 100 000 Haushalten leben, soll das durchschnittliche monatlich verfügbare Haushaltseinkommen geschätzt werden. Dazu werden von den 200 Gemeinden der Region 4 Gemeinden mit Zurücklegen bei größenproportionalen Auswahlwahrscheinlichkeiten ausgewählt. In den Gemeinden ermittelt man durch 3-malige uneingeschränkte Zufallsauswahl mit Zurücklegen Personen aus der Einwohnermeldedatei. Für die Haushalte der in die Auswahl gelangten Personen erfragt man das verfügbare monatliche Haushaltseinkommen. Man erhält:

i	ausgewählte Haushalte der an i-ter Stelle ausgewählten Gemeinde					
	1. Haushalt		2. Haushalt		3. Haushalt	
	Haushalts-größe	verfügbares monatliches Einkommen in 1 000 DM	Haushalts-größe	verfügbares monatliches Einkommen in 1 000 DM	Haushalts-größe	verfügbares monatliches Einkommen in 1 000 DM
1	3	2,4	4	2,0	1	0,8
2	1	0,4	3	3,0	2	3,8
3	4	5,2	1	1,1	5	4,5
4	2	3,0	3	4,2	1	0,4

Schätzen Sie für die betreffende Region das durchschnittliche verfügbare monatliche Haushaltseinkommen und die Standardabweichung der Schätzfunktion.

Lösung: y_{ij} bzw. z_{ij} sei das monatlich verfügbare Einkommen bzw. die Größe von Haushalt j in Gemeinde i. Zu schätzen ist $y / 100\,000$.

Für die im i-ten Zug ausgewählte Gemeinde bezeichnen wir mit Y_{ij} bzw. Z_{ij} das Einkommen bzw. die Größe des an j-ter Stelle ausgewählten Haushalts. Da die Haushalte - über die Einwohnermeldedatei - mit größenproportionalen Wahrscheinlichkeiten ausgewählt werden, ist

$$\hat{Y}_i = \frac{Z_i}{3} \sum_{j=1}^{3} \frac{Y_{ij}}{Z_{ij}}$$

eine erwartungstreue Schätzfunktion für Y_i $(i = 1, 2, 3, 4)$. Weil die Gemeinden in jedem Auswahlschritt mit zur Einwohnerzahl proportionaler Wahrscheinlichkeit ausgewählt werden, ist dann

$$z \frac{1}{n} \sum_{i=1}^{n} \frac{\hat{Y}_i}{Z_i} \tag{1}$$

eine erwartungstreue Schätzfunktion für y . Da die Auswahl der Gemeinden mit Zurücklegen erfolgt, sind die Zufallsvariablen

$$\frac{\hat{Y}_i}{Z_i} = \frac{1}{3} \sum_{j=1}^{3} \frac{Y_{ij}}{Z_{ij}} \qquad i = 1, 2, 3, 4$$

unabhängig identisch verteilt, weshalb

$$\frac{z^2}{n(n-1)} \sum \left(\frac{\hat{Y}_i}{Z_i} - \frac{1}{n} \sum \frac{\hat{Y}_j}{Z_j} \right)^2$$

eine erwartungstreue Schätzfunktion für **die Varianz** von (1) ist. Mit

$$\frac{\hat{Y}_1}{Z_1} = \frac{1}{3} \left[\frac{2,4}{3} + \frac{2,0}{4} + \frac{0,8}{1} \right] = 0,7 \qquad \frac{\hat{Y}_2}{Z_2} = \frac{1}{3} \left[\frac{0,4}{1} + \frac{3,0}{3} + \frac{3,8}{2} \right] = 1,1$$

$$\frac{\hat{Y}_3}{Z_3} = \frac{1}{3} \left[\frac{5,2}{4} + \frac{1,1}{1} + \frac{4,5}{5} \right] = 1,1 \qquad \frac{\hat{Y}_4}{Z_4} = \frac{1}{3} \left[\frac{3,0}{2} + \frac{4,2}{3} + \frac{0,4}{1} \right] = 1,1$$

folgt

$$\frac{1}{n} \sum \frac{\hat{Y}_i}{Z_i} = \frac{1}{4} \left[0,7 + 1,1 + 1,1 + 1,1 \right] = 1$$

und

$$\frac{1}{n(n-1)} \sum \left(\frac{\hat{Y}_i}{Z_i} - \frac{1}{n} \sum \frac{\hat{Y}_j}{Z_j} \right)^2$$

$$= \frac{1}{4 \cdot 3} \left[(0{,}7-1)^2 + (1{,}1-1)^2 + (1{,}1-1)^2 + (1{,}1-1)^2 \right]$$

$$= 0{,}01 \ .$$

Als Schätzwert für das verfügbare monatliche Haushaltseinkommen erhält man

$$\frac{240\,000}{100\,000} \cdot \frac{1}{n} \sum \frac{\hat{Y}_i}{Z_i} = 2{,}4 \doteq 2\,400\,DM$$

und als Schätzwert für die Varianz

$$\left(\frac{240\,000}{100\,000} \right)^2 \frac{1}{n(n-1)} \sum \left(\frac{\hat{Y}_i}{Z_i} - \frac{1}{n} \sum \frac{\hat{Y}_j}{Z_j} \right)^2 = 0{,}24^2$$

bzw. für die Standardabweichung

$$0{,}24 \doteq 240\,DM \ .$$

8 2-phasige Zufallsauswahl

8.1 Auswahl- und Schätzverfahren

Wir stellen uns vor, daß man eine der vorangehend besprochenen Stichprobenstrategien realisieren möchte, die dazu nötigen Vorkenntnisse jedoch nicht besitzt. Man weiß also, daß die Ausprägungen eines Merkmals Z in einer gewissen Beziehung zu den Ausprägungen des Untersuchungsmerkmals stehen - einer Beziehung, die es nahelegt

- bei uneingeschränkter Zufallsauswahl eine auf Z bezogene Differenz- oder Verhältnisschätzung durchzuführen bzw.

- z-proportionale Auswahlwahrscheinlichkeiten zu realisieren und eine HH-Schätzung vorzunehmen bzw.

- Z als Schichtungsmerkmal zu verwenden.

Aber man kennt die z-Werte nicht.

Unter Umständen ist nun die Ermittlung eines z-Wertes wesentlich billiger als die Ermittlung eines y-Wertes. Dann wird man in zwei Phasen vorgehen:

- In *Phase 1* wählt man eine "größerere" Zahl von Einheiten uneingeschränkt zufällig aus und ermittelt ihre z-Werte, nicht aber ihre y-Werte.

- In *Phase 2* greift man einige der in Phase 1 ausgewählten Einheiten heraus, ermittelt ihre y-Werte und schätzt das arithmetische Mittel aller y-Werte der in Phase 1 ausgewählten Einheiten; hierbei sind die in Phase 1 erhobenen z-Werte heranzuziehen.

Die in Phase 2 betrachtete Schätzung wird gleichzeitig als Schätzung für das arithmetische Mittel aller Einheiten benützt.

Die eigentlich interessierende Gesamtheit wollen wir im vorliegenden Abschnitt mit $g'=\{\,g'_1,\ g'_2,\ \dots\ g'_N\,\}$ bezeichnen. Durch uneingeschränkte Zufallsauswahl aus g' gewinnt man in Phase 1 $(\,g_1, g_2, \dots g_N)$. $y_i, z_i, \bar{y}, \bar{z}, s_{yy}, s_{yz}, s_{zz}$ sind wie bisher für $g=\{\,g_1, g_2, \dots g_N\,\}$ definiert; im Hinblick auf die Auswahl der 1. Phase sind diese Größen jedoch als Zufallsvariablen anzusehen. Demgegenüber beziehen sich $y'_i,\ z'_i,\ \bar{y}',\bar{z}', s'_{yy}, s'_{yz},\ s'_{zz}$ auf g'.

Für die Auswahl aus g kommen 3 Vorgehensweisen in Frage:

(1) Man greift uneingeschränkt zufällig n Einheiten heraus.

(2) Man wählt durch Ziehen mit Zurücklegen unter Verwendung z-proportionaler Wahrscheinlichkeiten n Einheiten aus.

(3) Man wählt aus Schichten $g\,(1), g\,(2), \dots$ uneingeschränkt zufällig je $n(1)$, $n(2), \dots$ Einheiten aus.

In den Fällen (1) und (2) schreiben wir Y_i und Z_i für die y- und z-Werte, die bei der i-ten Ziehung der 2. Phase beobachtet werden.

$$\overline{Y}, \ \overline{Z}, \ S_{yy}, \ S_{yz}, \ S_{zz}$$

sind wie früher definiert. Im Falle (3) bezeichnen $Y_i\,(h)$ und $Z_i\,(h)$ die y- und z-Werte, die sich für die i-te Ziehung aus Schicht $g\,(h)$ ergeben. Wie

$$\overline{Y}\,(h), \ \overline{Z}\,(h), \ S_{yy}\,(h), \ S_{yz}\,(h), \ S_{zz}(h)$$

zu definieren sind, liegt auf der Hand.

Als Schätzung bietet sich an:

bei (1): $\quad \overline{Y} - \overline{Z} + \overline{z} \quad$ bzw. $\quad \dfrac{\overline{Y}}{\overline{Z}}\,\overline{z}$

bei (2): $\quad \dfrac{\overline{z}}{n} \sum \dfrac{Y_i}{Z_i}$

bei (3): $\quad \sum \dfrac{N\,(h)}{N}\,\overline{Y}\,(h)\ .$

8.2 Erwartungswertberechnung und Varianzschätzung

Das vorangehend erläuterte 2-phasige Vorgehen hat man durch ein Produkt von Wahrscheinlichkeitsverteilungen

$$p\,, q_g$$

zu beschreiben. Hierbei ist p eine Gleichverteilung auf der Menge aller wiederholungsfreien Stichproben vom Umfang N. Im Falle von Differenz- und Verhältnisbildung ist q_g eine Gleichverteilung auf der Menge aller wiederholungsfreien Stichproben vom Umfang n aus g .

Bei Schichtung und bei Verwendung z-proportionaler Auswahlwahrscheinlichkeiten in der 2. Phase ist q_g entsprechend definiert.

Wenn X eine der in Abschnitt 8.1 genannten Schätzungen ist hat man

$$E_2 X = y$$

- bei Verhältnisschätzung allerdings nur näherungsweise - und folglich

$$E\,X \;=\; E_{1}E_{2}\,X \;=\; \overline{y}'$$

$$var_{1}E_{2}\,X \;=\; \frac{s'_{yy}}{N}\left(1 - \frac{N}{N'}\right)\,.$$

Die beschriebenen Stichprobenverfahren sind also unverzerrt bzw. näherungsweise unverzerrt. Als Varianz erhalten wir

$$var\,X \;=\; E_{1}\,var_{2}\,X \;+\; var_{1}E_{2}\,X$$

$$\;=\; E_{1}\,var_{2}\,X + \frac{s'_{yy}}{N}\left(1 - \frac{N}{N'}\right)\,.$$

Wie $E_{1}\,var_{2}\,X$ zu schätzen ist, liegt auf der Hand.

Im Falle der Differenzschätzung berufen wir uns auf Abschnitt 4.1 , aus dem folgt

$$E_{2}\,\frac{1}{n}\left(1 - \frac{n}{N}\right)\left(S_{yy} - 2\,S_{yz} + S_{zz}\right) \;=\; var_{2}\,X\,.$$

Wegen $E = E_{1}E_{2}$ erhalten wir aus dieser Gleichung

$$E\,\frac{1}{n}\left(1 - \frac{n}{N}\right)\left(S_{yy} - 2\,S_{yz} + S_{zz}\right) \;=\; E_{1}\,var_{2}\,X$$

so daß

$$\frac{1}{n}\left(1 - \frac{n}{N}\right)\left(S_{yy} - 2\,S_{yz} + S_{zz}\right)$$

eine unverzerrte Schätzung für $E_{1}\,var_{2}\,X$ ist.

Entsprechend erhalten wir bei Verhältnisschätzung

$$\frac{1}{n}\left(1 - \frac{n}{N}\right)\frac{1}{n}\sum\left(Y_{i} - \frac{\overline{Y}}{\overline{Z}}Z_{i}\right)^{2}$$

als näherungsweise unverzerrte Schätzfunktion für $E_{1}\,var_{2}\,X$.

In den Fällen (2) und (3) ergeben sich

$$\frac{\overline{z}^{2}}{n\,(n-1)}\sum_{i}\left(\frac{Y_{i}}{Z_{i}} - \frac{1}{n}\sum_{j}\frac{Y_{j}}{Z_{j}}\right)^{2}$$

bzw.

$$\sum\left[\frac{N(h)}{N}\right]^{2}\frac{S_{yy}(h)}{n(h)}\left[1 - \frac{n(h)}{N(h)}\right]$$

als unverzerrte Schätzungen für $E_{1}\,var_{2}\,X$.

Es bleibt also noch s'_{yy} zu schätzen. Bei uneingeschränkter Zufallsauswahl, auch in der 2. Phase, gilt

$$E_2 S_{yy} = s_{yy} \, .$$

Wegen $E_1 s_{yy} = s'_{yy}$ ist S_{yy} im Falle (1) unverzerrt für s'_{yy} .

Im Falle (2) hat man (vgl. 5.6 Aufgabe 4)

$$s_{yy} = E_2 \, \frac{N}{N-1} \left[\frac{\bar{z}^2}{n(n-1)} \sum \left(\frac{Y_i}{Z_i} - \frac{1}{N} \sum \frac{Y_j}{Z_j} \right)^2 + \frac{\bar{z}}{n} \sum \frac{Y_i^2}{Z_i} - \left(\frac{\bar{z}}{n} \sum \frac{Y_i}{Z_i} \right)^2 \right]$$

und im Falle (3) (vgl. 6.8 Aufgabe 9)

$$s_{yy} = E_2 \left\{ \sum \frac{N(h)}{N-1} \left[\overline{Y}(h) - \sum \frac{N(h')}{N} \overline{Y}(h') \right]^2 \right.$$

$$\left. + \sum^* \frac{N(h)}{N-1} \left(1 - \frac{N - N(h) + n(h)}{n(h)N} \right) S_{yy}(h) \right\} \, .$$

Bei großen Gesamtheiten ist s_{yy} im Falle (3) also in guter Näherung gleich

$$E_2 \sum \frac{N(h)}{N} \left[S_{yy}(h) + \left[\overline{Y}(h) - \sum \frac{N(h')}{N} \overline{Y}(h') \right]^2 \right] \, .$$

Damit ist klar, wie die Varianzschätzung vorzunehmen ist. Im folgenden Satz fassen wir nur die Ergebnisse für den Fall (1) zusammen.

Satz

Aus $g' = (g'_1, g'_2, \dots g'_N)$ wählt man in Phase 1 uneingeschränkt zufällig N Einheiten $g_1, g_2, \dots g_N$ aus und erhebt $z_1, z_2, \dots z_N$. In Phase 2 greift man aus $g = \{ g_1, g_2, \dots g_N \}$ uneingeschränkt zufällig n Einheiten $G_1, G_2, \dots G_n$ heraus und ermittelt $Y_1, Y_2, \dots Y_n$. Dann gilt

$$E(\overline{Y} - \overline{Z} + \bar{z}) = \bar{y}\,'$$

$$var(\overline{Y} - \overline{Z} + \bar{z}) = E\left(\frac{1}{n} \left[1 - \frac{n}{N} \right] \left(S_{yy} - 2 S_{yz} + S_{zz} \right) + \frac{S_{yy}}{N} \left[1 - \frac{N}{N'} \right] \right)$$

und

$$E \frac{\overline{Y}}{\overline{Z}} \bar{z} \sim \bar{y}\,'$$

$$var \frac{\overline{Y}}{\overline{Z}} \bar{z} \sim E\left(\frac{1}{n} \left[1 - \frac{n}{N} \right] \left(S_{yy} - 2 \frac{\overline{Y}}{\overline{Z}} S_{yz} + \left(\frac{\overline{Y}}{\overline{Z}} \right)^2 S_{zz} \right) + \frac{S_{yy}}{N} \left[1 - \frac{N}{N'} \right] \right) \, .$$

8.3 Aufgaben

Aufgabe 1

In der Lohnsteuerabteilung eines Finanzamtes werden 10 Vorgänge zufällig ausgewählt; 4 Fälle bearbeitet man vorweg. Es wurden folgende Werte ermittelt (Angaben in 1 000 DM)

1983 einbehaltene Lohnsteuer	10	15	0	7	0	15	9	0	15	9
1983 zu zahlende Lohnsteuer	--	15	0	--	--	--	--	3	--	10

Schätzen Sie (für den Zuständigkeitsbereich des betreffenden Finanzamtes)

a) die von den Lohnsteuerpflichtigen im Durchschnitt zu zahlende Lohnsteuer

b) den durchschnittlichen prozentualen Anstieg der Lohnsteuerzahlungen gegenüber 1980, wenn 1980 im Durchschnitt 5 000 DM gezahlt wurden

c) den Anteil der Arbeitnehmer, die 1983 keine Lohnsteuer zahlen müssen

und geben Sie Schätzwerte für die Varianz der verwendeten Schätzfunktion an.

Lösung:

a) Wir definieren für $i = 1, 2, \ldots N'$

$y'_i =$ zu zahlende Lohnsteuer des i-ten Steuerpflichtigen

$z'_i =$ einbehaltene Lohnsteuer des i-ten Steuerpflichtigen.

Wir schätzen $\bar{y}'$ durch

$$\overline{Y} - (\overline{Z} - \bar{z})$$

und die Varianz dieser Schätzfunktion durch

$$\frac{1}{n}\left[1 - \frac{n}{N}\right]\left(S_{yy} - 2 S_{yz} + S_{zz}\right) + \frac{S_{yy}}{N}\left[1 - \frac{N}{N'}\right]$$

Die Hilfstabelle

i	Y_i	$Y_i-\overline{Y}$	$(Y_i-\overline{Y})^2$	Z_i	$Z_i-\overline{Z}$	$(Z_i-\overline{Z})^2$	$(Y_i-\overline{Y})(Z_i-\overline{Z})$
1	15	8	64	15	9	81	72
2	0	-7	49	0	-6	36	42
3	3	-4	16	0	-6	36	24
4	10	3	9	9	3	9	9
Σ	28	--	138	24	--	162	147

liefert

$$\overline{Y} = 7$$

$$\overline{Z} = 6$$

$$S_{yy} = 46$$

$$S_{zz} = 54$$

$$S_{yz} = 49.$$

Mit $\overline{z} = 8$ erhalten wir für y' den Schätzwert

$$7 - (6-8) = 9 \doteq 9\,000\,DM$$

und für die Varianz den Schätzwert

$$\frac{1}{4}\left[1 - \frac{4}{10}\right](46 - 2\cdot 49 + 54) + \frac{46}{10} = 4,9 \doteq 4,9 \cdot 10^6\,(DM)^2 \ .$$

Dabei wurde der Korrekturfaktor $1 - \dfrac{N}{N'}$ vernachlässigt.

b) Wir schätzen $\dfrac{\overline{y}' - 5\,000}{5\,000}\,100$ durch $\dfrac{9\,000 - 5\,000}{5\,000}\,100 \doteq 80\%$ und erhalten

als Varianzschätzwert $\left(\dfrac{100}{5\,000}\right)^2 4,9 \cdot 10^6 = 1\,960$.

c) Wir definieren für $i = 1, 2, \dots N'$

$$y_i' = \begin{cases} 1 & \text{wenn der } i\text{-te Steuerpflichtige keine Lohnsteuer zahlt} \\ 0 & \text{sonst} \end{cases}$$

$$z_i' = \begin{cases} 1 & \text{wenn vom } i\text{-ten Steuerpflichtigen keine Lohnsteuer einbehalten wurde} \\ 0 & \text{sonst} . \end{cases}$$

Dann gilt

$$\overline{Y} = 0{,}25$$

$$\overline{Z} = 0{,}5$$

$$\overline{z} = 0{,}3$$

$$\frac{1}{n} \sum Y_i Z_i = 0{,}25 \ .$$

Der Anteil $\overline{y}\,'$ derjenigen, die keine Lohnsteuer zahlen, wird geschätzt durch

$$\overline{Y} - (\overline{Z} - \overline{z}) = 0{,}25 - (0{,}5 - 0{,}3) = 0{,}05 \ .$$

Wegen (vgl. 2.6 Aufgabe 2)

$$S_{yy} = \frac{n}{n-1}\,\overline{Y}\,(1 - \overline{Y})$$

$$S_{zz} = \frac{n}{n-1}\,\overline{Z}\,(1 - \overline{Z})$$

$$S_{yz} = \frac{n}{n-1}\left(\frac{1}{n}\sum Y_i Z_i - \overline{Y}\,\overline{Z}\right)$$

ergibt sich als Varianzschätzwert

$$\frac{1}{n}\left(1 - \frac{n}{N}\right)\left[S_{yy} - 2\,S_{yz} + S_{zz}\right] + \frac{S_{yy}}{N}\left[1 - \frac{N}{N'}\right]$$

$$= \frac{1}{3}\left(1 - \frac{4}{10}\right)\left[\frac{1}{4}\cdot\frac{3}{4} - 2\left(\frac{1}{4} - \frac{1}{4}\cdot\frac{1}{2}\right) + \frac{1}{2}\cdot\frac{1}{2}\right] + \frac{1}{10}\cdot\frac{4}{3}\cdot\frac{1}{4}\cdot\frac{3}{4}$$

$$= \frac{1}{16}\ .$$

Dabei wurde wieder der Korrekturfaktor $1 - \dfrac{N}{N'}$ vernachlässigt.

Aufgabe 2

Um die Zahl der Ausbildungsplätze im Handwerk für eine Großstadt zu schätzen, wählt die Handwerkskammer 20 der 1 000 in der Handwerksrolle registrierten Betriebe zufällig aus. Den Unterlagen entnimmt sie, daß dort insgesamt 200 Mitarbeiter beschäftigt sind. Von den 20 Betrieben werden 5 mit zur Beschäftigtenzahl proportionalen Wahrscheinlichkeiten (durch Ziehen mit Zurücklegen) ausgewählt und befragt. Es ergibt sich:

ausgewählter Betrieb	1	2	3	4	5
Zahl der Beschäftigten	5	20	5	10	7
Zahl der Ausbildungsplätze	1	2	0	2	0

Schätzen Sie für die betreffende Stadt die Zahl der Ausbildungsplätze im Handwerk und geben Sie einen Schätzwert für die Varianz der verwendeten Schätzfunktion an.

Lösung: Bezeichnet Y die Zahl der Ausbildungsplätze und Z die Anzahl der Mitarbeiter, so ist die Gesamtzahl y' der Ausbildungsplätze zu schätzen durch

$$N' \frac{\bar{z}}{n} \sum \frac{Y_i}{Z_i} \; .$$

Eine Schätzfunktion für die Varianz ist

$$N'^2 \left\{ \frac{(N'-1)N}{N'(N-1)} \; \frac{\bar{z}^2}{n(n-1)} \sum \left(\frac{Y_i}{Z_i} - \frac{1}{n} \sum \frac{Y_i}{Z_i} \right)^2 \right.$$

$$\left. + \frac{1}{N-1} \left[\frac{\bar{z}}{n} \sum \frac{Y_i^2}{Z_i} - \left(\frac{\bar{z}}{n} \sum \frac{Y_i}{Z_i} \right)^2 \right] \left[1 - \frac{N}{N'} \right] \right\} \; .$$

Mit der Hilfstabelle

i	1	2	3	4	5	Σ
Y_i	1	2	0	2	0	
Z_i	5	20	5	10	7	
$\dfrac{Y_i}{Z_i}$	0,2	0,1	0	0,2	0,0	0,5
$\left(\dfrac{Y_i}{Z_i} - \dfrac{1}{5} \sum \dfrac{Y_i}{Z_i} \right)^2$	0,01	0	0,01	0,01	0,01	0,04
$\dfrac{Y_i^2}{Z_i}$	0,2	0,2	0	0,4	0	0,8

erhält man als Schätzwert für y'

$$1\,000 \cdot \frac{10}{5} \cdot 0{,}5 = 1\,000$$

und als Schätzwert für die Varianz

$$(1\,000)^2 \left\{ \frac{999 \cdot 20}{1\,000 \cdot 19} \frac{10^2}{5 \cdot 4} 0{,}04 + \frac{1}{19} \left[\frac{10}{5} 0{,}8 - \left(\frac{10}{5} 0{,}5 \right)^2 \right] \left[1 - \frac{20}{1\,000} \right] \right\}$$

$$\approx \frac{10^6}{19} [4 + 1{,}6 - 1^2] \approx 24{,}2 \cdot 10^4 \,.$$

9. POISSON-Auswahl

9.1 POISSON-Auswahl und Stichprobenmittel

Wir betrachten unabhängig identisch verteilte Zufallsvariablen

$$L_1, L_2, \ldots L_N$$

mit den Ausprägungen 0 und 1. Man denke beispielsweise an das N-malige Ausspielen eines idealen Würfels und setzte

$$L_i = \begin{cases} 1 & \text{falls die } i\text{-te Ausspielung die Augenzahl } 6 \text{ liefert} \\ 0 & \text{sonst} \end{cases}$$

Von $L_1, L_2, \ldots L_N$ ausgehend wird eine Stichprobenziehung vorgenommen, und zwar soll

$$\left(g_{i_1}, g_{i_2}, \ldots \right)$$

genau dann ausgewählt werden, wenn

$$i_1 < i_2 < \ldots$$
$$L_{i_1} = L_{i_2} = \ldots = 1$$
$$L_i = 0 \text{ für alle } i \neq i_1, i_2, \ldots$$

gilt. Wenn man also $N = 10$ hat und für $L_1, L_2, \ldots L_{10}$ beobachtet

$$0, 0, 1, 1, 0, 0, 0, 0, 1, 0$$

so ist die Stichprobe (g_3, g_4, g_9) zu ziehen.

Man beachte, daß $L_1 = L_2 = \ldots = 0$ mit positiver Wahrscheinlichkeit eintritt. In diesem Falle wählen wir überhaupt keine Einheit aus. Aus formalen Gründen werden wir auch sagen, es werde die *leere Stichprobe ()* gezogen. Der Stichprobenraum umfaßt also alle Tupel

$$\left(g_{i_1}, g_{i_2}, \ldots g_{i_k} \right)$$

wobei $1 \leq i_1 < i_2 < \ldots < i_k \leq N$ gilt, und k von 1 bis N variiert; außerdem gehört (im Gegensatz zu unseren bisherigen Betrachtungen) auch $()$ zum Stichprobenraum.

Das beschriebene Auswahlverfahren nennt man *POISSON-Auswahl*.

Nach unseren Definitionen gibt

$$\sum L_i$$

an, wieviele Einheiten ausgewählt werden. $\sum L_i$ ist als Stichprobenumfang anzusehen.

Im folgenden wollen wir

$$a = W\left(L_i = 1\right)$$

schreiben. Dann gilt für $i = 1, 2, \ldots N$

$$E L_i = a$$

$$var\, L_i = a\,(1-a)$$

und daher

$$E \sum L_i = N a$$

$$var \sum L_i = N a\,(1-a)\;.$$

Die Wahrscheinlichkeit, mit der wir beim beschriebenen Vorgehen eine Stichprobe vom Umfang n ziehen $(n = 0, 1, 2, \ldots N)$, wollen wir mit $q\,(n)$ bezeichnen. (Man überlegt sich leicht, daß

$$q\,(n) = \binom{N}{n}\, a^n \left(1 - a\right)^{N-n}$$

gilt; diese Formel wird im folgenden nicht benötigt.)

r_n schreiben wir für die Gleichverteilung auf der Menge der Stichproben

$$\left(g_{i_1}, g_{i_2}, \ldots g_{i_n}\right)$$

mit $i_1 < i_2 < \ldots < i_n$ $(n = 1, 2, \ldots N)$; r_0 ordnet der leeren Stichprobe $()$ die Wahrscheinlichkeit 1 zu. Dann ist die beschriebene POISSON-Auswahl das Produkt von

$$q\,(n)\ und\ r_n\,;\ n = 0\,, 1\,, \ldots N\,.$$

Im folgenden wollen wir $n > 0$ als gegeben ansehen und Erwartungs- und Varianzbildung auf der Basis des Auswahlverfahrens r_n durchführen; als Symbole haben wir E_2 und var_2 zu verwenden.

Offenbar ist

$$\sum L_i y_i$$

die Summe aller y-Werte der in die Auswahl gelangenden Einheiten und

$$\frac{\sum L_i y_i}{n}$$

das Stichprobenmittel; es gilt

$$E_2 \frac{\sum L_i y_i}{n} = \bar{y}$$

$$var_2 \frac{\sum L_i y_i}{n} = \frac{s_{yy}}{n} \left(1 - \frac{n}{N} \right)$$

d.h. wir argumentieren so, als hätte man n vorgegeben und uneingeschränkt zufällig ausgewählt.

9.2 Eine alternative Schätzfunktion für $\bar{y}$

Mit den vorangehend eingeführten Bezeichnungen gilt

$$E \sum_i L_i y_i = \sum a y_i = N a \bar{y} \ .$$

Also ist

$$\frac{1}{N a} \sum_i L_i y_i$$

eine erwartungstreue Schätzung für $\bar{y}$; sie besitzt die Varianz

$$\frac{1}{N^2 a^2} \sum y_i^2 \, a \left(1 - a \right) = \frac{1-a}{N a} \cdot \frac{1}{N} \sum y_i^2 = \frac{1-a}{N a} \left(\sigma_{yy} + \bar{y}^2 \right)$$

die wiederum durch

$$\frac{1-a}{N a} \frac{1}{N a} \sum_i L_i y_i^2 \tag{1}$$

erwartungstreu geschätzt wird.

Im folgenden wollen wir überlegen, wie Konfidenzintervalle für $\bar{y}$ zu konstruieren sind. Zu diesem Zweck betrachten wir eine Folge $g\,(1),\ g\,(2),\ ...$ von Erhebungsgesamtheiten; die $N^{(K)}$ Erhebungseinheiten von $g^{(K)}$ besitzen die y-Ausprägungen $y_1^{(K)},\ y_2^{(K)},\ ...$ deren Mittel und Varianz

$$\bar{y}^{(K)} = \frac{1}{N^{(K)}} \sum y_i^{(K)}$$

$$\sigma_{yy}^{(K)} = \frac{1}{N^{(K)}} \sum_i \left(y_i^{(K)} - \bar{y}^{(K)} \right)^2$$

sind. Wir führen eine POISSON-Auswahl für $g^{(K)}$ durch und bezeichnen die Wahrscheinlichkeit, eine spezielle Einheit auszuwählen, mit a (ohne Index (K)). Als Schätzung für $\bar{y}^{(K)}$ verwenden wir

$$\frac{1}{N^{(K)} a} \sum_i L_i^{(K)} y_i^{(K)} \ . \tag{2}$$

Der Einfachheit halber wollen wir weiterhin annehmen, daß

$$N^{(K)} = K N_0$$

gilt und alle Gesamtheiten $g^{(1)}$, $g^{(2)}$, ... dieselbe Struktur bzgl. des Merkmals Y aufweisen, d.h. daß jede mögliche y-Ausprägung in allen Gesamtheiten $g^{(1)}$, $g^{(2)}$, ... mit derselben relativen Häufigkeit vertreten ist. Natürlich ist dann

$$\bar{y}^{(K)} \ , \ \sigma_{yy}^{(K)}$$

nicht von K abhängig; wir schreiben also

$$\bar{y} \ , \sigma_{yy} \ .$$

Ohne Mißverständnisse befürchten zu müssen, werden wir auch in (2) den Index (K) weglassen. Weil (2) offenbar auch in der Gestalt

$$\frac{1}{N_0 a} \sum_1^{N_0} \left(\frac{1}{K} \sum_{k=1}^K L_i^{(k)} \right) y_i^{(1)}$$

geschrieben werden kann, wobei

$$L_i^{(k)} \ ; \ i = 1 \, , 2 \, , \ldots N_0 \ ; \ k = 1 \, , 2 \, , \ldots K$$

unabhängig identisch verteilt sind mit

$$E \, L_i^{(k)} = a$$

$$var \, L_i^{(k)} = a \, (1 - a)$$

folgt gemäß B 2 Satz 2 (vgl. auch B 2 Satz 4):

Satz

Für $v = 1, 2, \ldots$ gilt

$$\lim E \left[N \left(\frac{1}{Na} \sum L_i \, y_i - \bar{y} \right)^2 \right]^{\frac{v}{2}} = \mu_v \left[\frac{1-a}{a} \left(\sigma_{yy} + \bar{y}^2 \right) \right]^{\frac{v}{2}}.$$

Nach diesem Satz und B 1 Satz 1 ist

$$\frac{\sqrt{N} \left(\frac{1}{Na} \sum L_i \, y_i - \bar{y} \right)}{\sqrt{\frac{1-a}{a} \left(\sigma_{yy} + \bar{y}^2 \right)}}$$

asymptotisch standardnormal. Da (1) stochastisch gegen

$$\frac{1-a}{a} \, \frac{1}{Na} \sum y_i^2 = \frac{1-a}{a} \left(\sigma_{yy} + \bar{y}^2 \right)$$

konvergiert, ist nach B 1 Satz 2 auch

$$\frac{\sqrt{N} \left(\frac{1}{Na} \sum L_i \, y_i - \bar{y} \right)}{\sqrt{\frac{1-a}{a} \, \frac{1}{Na} \sum L_i \, y_i^2}}$$

asymptotisch standardnormal, so daß Konfidenzintervalle für $\bar{y}$ konstruiert werden können.

9.3 Modifizierte POISSON-Auswahl

Wenn die POISSON-Auswahl die leere Stichprobe $()$ liefert, wird man nicht unbedingt den durch

$$\overline{U} = \frac{1}{Na} \sum L_i \, y_i \tag{1}$$

gelieferten Schätzwert 0 für $\bar{y}$ akzeptieren, insbesondere dann nicht, wenn überhaupt nur positive y-Werte möglich sind. Wir wollen im folgenden davon ausgehen, daß man im Anschluß an die Beobachtung von $()$ nochmals eine POISSON-Auswahl vornimmt, evtl. sogar eine dritte ... bis zum ersten Mal eine echte (d.h. nichtleere) Stichprobe gezogen wird. Der Stichprobenraum dieser *modifizierten POISSON-Auswahl* besteht aus allen Stichproben

$$\left(g_{i_1}, g_{i_2}, \ldots g_{i_k} \right)$$

mit

$$i_1 < i_2 < \dots < i_k \; ; \; k = 1, 2, \dots N \; .$$

Einem Element

$$\left(g_{i_1}, g_{i_2}, \dots g_{i_k} \right)$$

des Stichprobenraumes ist die Wahrscheinlichkeitkeit

$$\frac{a^k \left(1 - a \right)^{N-k}}{1 - \left(1 - a \right)^N}$$

zugeordnet. Die Erwartungswertbildung bzgl. der modifizierten POISSON-Auswahl bezeichnen wir mit E_0. E bezieht sich demgegenüber auf die (nicht modifizierte) POISSON-Auswahl.

Offenbar gilt für jede auf dem Stichprobenraum der POISSON-Auswahl definierte Funktion X

$$E_0 X = \frac{E X - X() \left(1 - a \right)^N}{1 - \left(1 - a \right)^N} \; . \tag{2}$$

Man hat $\overline{U}() = 0$. Bei beliebigem $v = 1, 2, \dots$ folgert man

$$E_0 \left(\overline{U} - \bar{y} \right)^v = \frac{E \left(\overline{U} - \bar{y} \right)^v - \bar{y}^{\,v} \left(1 - a \right)^N}{1 - \left(1 - a \right)^N}$$

und weil bei beliebigem $a \in (0, 1)$

$$\lim N^{\frac{v}{2}} \left(1 - a \right)^N = 0$$

gilt, ergibt sich aus 9.2 Satz

$$\lim E_0 \left[\sqrt{N} \left(\overline{U} - \bar{y} \right) \right]^v$$

$$= \lim E \left[\sqrt{N} \left(\overline{U} - \bar{y} \right) \right]^v = \mu_v \left[\frac{1-a}{a} \left(\sigma_{yy} + \bar{y}^{\,2} \right) \right]^{\frac{v}{2}}$$

und wir haben:

Satz 1

Für $v = 1, 2, \ldots$ gilt

$$\lim E_0 \left[N \left(\frac{1}{Na} \sum_i L_i y_i - \bar{y} \right)^2 \right]^{\frac{v}{2}} = \mu_v \left[\frac{1 - a}{a} \left(\sigma_{yy} + \bar{y}^2 \right) \right]^{\frac{v}{2}} .$$

Unter Umständen wird man keinerlei Schlüsse auf y ziehen wollen, wenn nur einige wenige Einheiten in die Auswahl gelangt sind. Wir gehen im folgenden davon aus, daß man Stichprobenumfänge, die kleiner oder gleich

$$\theta \cdot Na$$

sind - wobei $\theta \in [\,0\,,\,1\,)$ vorgegeben ist - als unzulässig niedrig ansieht. Der Einfachheit halber unterstellen wir, daß man im Falle

$$\sum_i L_i > \theta \cdot Na \tag{2}$$

auswählt, wie oben beschrieben, und daß man andernfalls von neuem unabhängig identisch verteilte Zufallsvariablen $L_1, L_2, \ldots L_N$ mit

$$E L_i = a \quad \text{für} \quad i = 1, 2, \ldots N$$

beobachtet, usw., bis zum ersten Mal (2) gilt. Nur diese letzte "Runde" wird der weiteren Analyse zugrunde gelegt. Erwartungswert- und Varianzbildung bzgl. der so modifizierten POISSON-Auswahl bezeichnen wir durch E_θ. Man beachte, daß die früher erörterte Modifikation dem Wert $\theta = 0$ entspricht.

Der Stichprobenraum der θ-Modifikation besteht aus allen Stichproben

$$\left(g_{i_1}, g_{i_2}, \ldots g_{i_k} \right)$$

mit

$$i_1 < i_2 < \ldots < i_k \; ; \quad k > \theta \cdot Na \; .$$

Einem Element

$$\left(g_{i_1}, g_{i_2}, \ldots g_{i_k} \right)$$

des Stichprobenraumes ist die Wahrscheinlichkeit

$$\frac{a^k \left(1 - a\right)^{N-k}}{1 - w_\theta}$$

zugeordnet, wobei

$$w_\theta = \sum_{x = 0}^{\theta \cdot Na} \binom{N}{x} a^x \left(1 - a\right)^{N-x}$$

die Wahrscheinlichkeit ist, mit der man bei Durchführung einer (modifizierten) POISSON-Auswahl $\Sigma L_i \le \theta \cdot N a$ erhält.

Satz 2

Wenn $0 \le \theta < 1$ erfüllt ist, gilt für $v = 1, 2, \dots$

$$\lim E_\theta \left[N \left(\frac{1}{Na} \sum_i L_i y_i - \bar{y} \right)^2 \right]^{\frac{v}{2}} = \mu_v \left[\frac{1-a}{a} \left(\sigma_{yy} + \bar{y}^2 \right) \right]^{\frac{v}{2}} .$$

Beweis: (a) Man hat

$$w_\theta = W \left(\frac{\sum L_i}{N} \le \theta a \right) = W \left(\frac{\sum L_i}{N} - a \le (\theta - 1) a \right)$$

$$\le W \left(\left| \frac{\sum L_i}{N} - a \right| \ge a (1 - \theta) \right)$$

$$\le \frac{E \left(\frac{\sum L_i}{N} - a \right)^{2m}}{a^{2m} (1 - \theta)^{2m}}$$

für $m = 1, 2, \dots$ (Man vergleiche (1) in Abschnitt A 3.) Es folgt

$$\sqrt{N}^{\,v} \, w_\theta \le \frac{1}{a^{2v} (1 - \theta)^{2v}} \, E \sqrt{N}^{\,v} \left(\frac{\sum L_i}{N} - a \right)^{2v}$$

und mit B 2 Satz 1 erhalten wir

$$\lim \sqrt{N}^{\,v} \, w_\theta = 0$$

für $v = 1, 2, \dots$

(b) Wenn c eine obere Schranke für die Absolutbeträge der y-Werte ist (vgl. (i) in Abschnitt B 3), gilt wegen (2) für $v = 1, 2, \ldots$

$$\frac{E \sqrt{N}^{\,v}\left(\overline{U} - \overline{y}\right)^{v} - \left(c\,\theta + \overline{y}\right)^{v} \sqrt{N}^{\,v}\, w_{\theta}}{1 - w_{\theta}} \leq E_{\theta} \sqrt{N}^{\,v}\left(\overline{U} - \overline{y}\right)^{v}$$

$$\leq \frac{E \sqrt{N}^{\,v}\left(\overline{U} - \overline{y}\right)^{v} + \left(c\,\theta + \overline{y}\right)^{v} \sqrt{N}^{\,v}\, w_{\theta}}{1 - w_{\theta}} \; .$$

(Zur Definition von $\overline{U}$ vgl. (1).)

Aus Beweisteil (a) folgt also mit 9.2 Satz die Behauptung. ∎

9.4 Verhältnisschätzung bei modifizierter POISSON-Auswahl

Jetzt sei H eine Funktion, die auf einem abgeschlossenen Intervall I beliebig oft differenzierbar ist; und es gelte auf dem Stichprobenraum

$$\frac{1}{Na} \sum_{i} L_{i} y_{i} \in I \; .$$

Aus 9.3 Satz 2 ergibt sich dann - man vergleiche auch die Teile (f) und (g) in Abschnitt B 4.

Satz 1

Unter den obigen Voraussetzungen ist erfüllt

$$E_{\theta}\, H\left(\frac{1}{Na} \sum_{i} L_{i} y_{i}\right) \sim H(\overline{y})$$

$$E_{\theta}\left[H\left(\frac{1}{Na} \sum_{i} L_{i} y_{i}\right) - H(\overline{y})\right]^{2} \sim var_{\theta} H\left(\frac{1}{Na} \sum_{i} L_{i} y_{i}\right)$$

$$\sim \left[H'(\overline{y})\right]^{2} \frac{1-a}{Na}\left[\sigma_{yy} + \overline{y}^{\,2}\right]$$

$$= \left[H'(\overline{y})\right]^{2} \frac{1-a}{Na} \frac{1}{N} \sum_{i} y_{i}^{2} \; .$$

Wir nehmen jetzt an, jeder Erhebungseinheit g_{i} seien positive Zahlen y_{i}, z_{i} zugeordnet, und es sei $H(y, z)$ zu schätzen (vgl. Abschnitt 4.2). Zu diesem Zweck führe man eine modifizierte POISSON-Auswahl durch und verwende

$$H(\overline{U}, \overline{V})$$

als Schätzfunktion, wobei gesetzt ist

$$\overline{U} = \frac{1}{Na} \sum_i L_i y_i$$

$$\overline{V} = \frac{1}{Na} \sum_i L_i z_i \,.$$

I sei ein 2-dimensionales Intervall, auf dem H beliebig oft partiell differenzierbar ist, und für das

$$(\overline{U}, \overline{V}) \in I$$

auf dem ganzen Stichprobenraum gilt. In Entsprechung zu Satz 1 haben wir:

Satz 2

Unter den obigen Voraussetzungen ist erfüllt

$$E_\theta \, H(\overline{U}, \overline{V}) \sim H(\overline{y}, \overline{z})$$

$$E_\theta \Big(H(\overline{U}, \overline{V}) - H(\overline{y}, \overline{z}) \Big)^2 \sim var_\theta \, H(\overline{U}, \overline{V})$$

$$\sim \frac{1-a}{Na} \Big(H_y H_y \Big[\sigma_{yy} + \overline{y}^{\,2} \Big]$$

$$+ 2 H_y H_z \Big[\sigma_{yz} + \overline{y}\,\overline{z} \Big] + H_z H_z \Big[\sigma_{zz} + \overline{z}^{\,2} \Big] \Big)$$

$$= \frac{1-a}{Na} \frac{1}{N} \sum \Big(H_y y_i + H_z z_i \Big)^2 \,.$$

Hierbei sind H_y und H_z die partiellen Ableitungen von H nach y und z an der Stelle $(\overline{y}, \overline{z})$.

Jetzt betrachten wir speziell $H(y, z) = \overline{z} \, y / z$ und setzen $z_1, z_2, \ldots z_N > 0$ voraus. Wegen $H_y = 1$ und $H_z = -\overline{y}/\overline{z}$ erhalten wir aus Satz 2:

Satz 3

Bei modifizierter POISSON-Auswahl (genauer bei der θ-Modifikation der POISSON-Auswahl mit Parameter a) ist erfüllt

$$E_\theta \, \frac{\sum_i L_i y_i}{\sum_i L_i z_i} \, \overline{z} \sim \overline{y}$$

191

$$E_\theta \left(\frac{\sum_i L_i y_i}{\sum_i L_i z_i} \, \bar{z} - \bar{y} \right)^2 \sim var_\theta \frac{\sum_i L_i y_i}{\sum_i L_i z_i} \, \bar{z}$$

$$\sim \frac{1-a}{Na} \left(\sigma_{yy} - 2 \frac{\bar{y}}{\bar{z}} \sigma_{yz} + \left(\frac{\bar{y}}{\bar{z}} \right)^2 \sigma_{zz} \right)$$

$$= \frac{1-a}{Na} \frac{1}{N} \sum \left(y_i - \frac{\bar{y}}{\bar{z}} z_i \right)^2 .$$

Wir vergleichen Satz 3 mit 4.3 Satz. In beiden Fällen wird der Quotient aus beobachteter y-Summe und beobachteter z-Summe als Schätzwert für $\bar{y}/\bar{z}$ herangezogen, und es ist asymptotische Erwartungstreue gegeben. Die asymptotischen Näherungen für die Varianzen stimmen ebenfalls überein. Wir brauchen nur

$$n = E_\theta \sum_i L_i$$

zu setzen. Dann gilt

$$n \sim Na .$$

Wegen $s_{yy} \sim \sigma_{yy}, s_{yz} \sim \sigma_{yz}, s_{zz} \sim \sigma_{zz}$ erhalten wir also

$$var_\theta \frac{\sum_i L_i y_i}{\sum_i L_i z_i} \, \bar{z} \sim \frac{1}{n} \left(1 - \frac{n}{N} \right) \left(s_{yy} - 2 \frac{\bar{y}}{\bar{z}} s_{yz} + \left(\frac{\bar{y}}{\bar{z}} \right)^2 s_{zz} \right)$$

und somit völlige Übereinstimmung mit der in 4.3 Satz angegebenen Varianz.

9.5 Variierende Auswahlwahrscheinlichkeiten und Verhältnisschätzung bei POISSON-Auswahl

Wie im vorangehenden Abschnitt nehmen wir an, daß jeder Erhebungseinheit g_i Werte $y_i \in \mathbb{R}$ und $z_i > 0$ zugeordnet sind; jetzt wird die Kenntnis von z_i jedoch vorausgesetzt.

$$L_1, L_2, \dots L_N$$

seien, wie bisher, unabhängige Zufallsvariablen mit den Ausprägungen 0 und 1. Im Gegensatz zu unseren bisherigen Voraussetzungen brauchen L_1, $L_2, \dots L_N$ aber im folgenen nicht identisch verteilt zu sein. Wir gehen von einer Funktion $a(z)$ aus mit

$$0 < a(z) \le 1$$
$$W(L_i = 1) = a(z_i) \quad \text{für } i = 1, 2, \dots N .$$

Von $L_1, L_2, \dots L_N$ ausgehend wird nach der in Abschnitt 9.1 beschriebenen Methode ein Auswahlverfahren definiert, die sog. POISSON-Auswahl mit *variierenden Auswahlwahrscheinlichkeiten.*

Da unter den jetzigen Voraussetzungen

$$E L_i = a(z_i)$$
$$var L_i = a(z_i)\,(1 - a(z_i))$$

gilt, ist

$$\overline{U} = \frac{1}{N} \sum_i L_i \frac{y_i}{a(z_i)}$$

eine erwartungstreue Schätzung für $\overline{y}$ mit

$$var\,\overline{U} = \frac{1}{N^2} \sum \frac{1 - a(z_i)}{a(z_i)} y_i^2 \;.$$

Als Erwartungswert für den Stichprobenumfang $\sum L_i$ erhält man

$$E \sum_i L_i = \sum a(z_i) \;.$$

Es liegt auf der Hand, daß man die POISSON-Auswahl auch bei Verwendung variierender Auswahlwahrscheinlichkeiten modifizieren wird. Als θ-Modifikation wollen wir folgendes Vorgehen bezeichnen:

Man beobachtet Zufallsvariablen $L_1, L_2, \dots L_N$ mit der oben beschriebenen Verteilung. Wenn gilt

$$E \sum_i L_i > \theta \sum a(z_i)$$

wird ausgewählt, wie früher beschrieben. Andernfalls beobachtet man von neuem Zufallsvariablen $L_1, L_2, \dots L_N$ usw.

Erwartungswert- und Varianzbildung bzgl. der modifizierten POISSON-Auswahl (mit variierenden Auswahlwahrscheinlichkeiten) bezeichnen wir mit E_θ und var_θ .

Wir betrachten nun die Folge $g(1), g(2), \dots$ von Erhebungsgesamtheiten mit identischer y-z-Struktur (vgl. Abschnitt 9.2). Weil $\overline{U}$ in der Gestalt

$$\frac{1}{N_0} \sum_1^{N_0} \frac{y_i^{(1)}}{a(z_i)} \frac{1}{K} \sum L_i^{(k)}$$

geschrieben werden kann, wobei die Zufallsvariablen

$$L_i^{(k)} : i = 1, 2, \ldots N_0 ; k = 1, 2, \ldots K$$

unabhängig sind mit

$$E \, L_i^{(k)} = a(z_i)$$

$$var \, L_i^{(k)} = a(z_i)\,(1 - a(z_i))$$

(man beachte, daß hierbei E, var und nicht E_θ, var_θ zu schreiben ist) erhält man:

Satz 1

Für $0 \le \theta < 1$ und $v = 1, 2, \ldots$ gilt

$$\lim E_\theta \left[N\left(\overline{U} - \overline{y} \right)^2 \right]^{\frac{v}{2}} = \mu_v \left[\frac{1}{N} \sum \frac{1 - a(z_i)}{a(z_i)} \, y_i^2 \right]^{\frac{v}{2}}.$$

Satz 1 ermöglicht Aussagen über "glatte" Funktionen der Schätzfunktion $\overline{U}$. Die Herleitung ist analog zu den Beweisen (f) und (g) in Abschnitt B 4 und soll hier nicht ausgeführt werden. Ebenso beweist man:

Satz 2

Wenn

$$\overline{U} = \frac{1}{N} \sum L_i \frac{y_i}{a(z_i)}$$

$$\overline{V} = \frac{1}{N} \sum L_i \frac{z_i}{a(z_i)}$$

gesetzt wird, hat man

$$E_\theta \, \frac{\overline{U}}{\overline{V}} \, \overline{z} \sim \overline{y}$$

$$E_\theta \left[\frac{\overline{U}}{\overline{V}} \, \overline{z} - \overline{y} \right]^2 \sim var_\theta \, \frac{\overline{U}}{\overline{V}} \, \overline{z}$$

$$= \frac{1}{N^2} \sum \frac{1 - a(z_i)}{a(z_i)} \left(y_i - \frac{\overline{y}}{\overline{z}} \, z_i \right)^2.$$

Man beachte insbesondere den Spezialfall

$$a(z_i) = a$$

der in Abschnitt 9.4 behandelt ist.

Wir wollen noch die Funktion

$$a(z_i) = \frac{z_i}{z_i + \bar{z}\, d} \tag{1}$$

betrachten; hierbei legen wir d so fest, daß der erwartete Stichprobenumfang gleich einer vorgegebenen Zahl n ist, d.h.

$$\sum \frac{z_i}{z_i + \bar{z}\, d} = n \ .$$

Wegen der Konkavität von

$$\frac{x}{x + \bar{z}\, d}$$

als Funktion von x folgt

$$\frac{n}{N} = \frac{1}{N} \sum \frac{z_i}{z_i + \bar{z}\, d} < \frac{\bar{z}}{\bar{z} + \bar{z}\, d} = \frac{1}{1 + d}$$

und hieraus

$$d < \frac{N}{n} - 1 \ . \tag{2}$$

Andererseits gilt infolge (1)

$$\frac{1 - a(z_i)}{a(z_i)} = \frac{\bar{z}\, d}{z_i}$$

und aus Satz 2 erhält man

$$var_\theta \ \frac{\overline{U}}{\overline{V}} \ \bar{z} \ \sim \ \frac{\bar{z}\, d}{N^2} \sum \frac{1}{z_i} \left(y_i - \frac{\bar{y}}{\bar{z}}\, z_i \right) = \bar{z}^{\,2} \frac{d}{N^2} \sum \frac{z_i}{\bar{z}} \left(\frac{y_i}{z_i} - \frac{\bar{y}}{\bar{z}} \right)^2 \ .$$

Da gemäß (2)

$$\frac{d}{N} < \frac{1}{n} \left(1 - \frac{n}{N} \right)$$

erfüllt ist, zeigt ein Vergleich mit 5.5 Satz, daß die hier betrachtete Strategie *asymptotisch besser* ist als die RHC-Strategie.

Satz 3

Wir nehmen eine modifizierte POISSON-Auswahl mit

$$a(z_i) = \frac{z_i}{z_i + \bar{z}\, d}$$

vor, wobei sich d (eindeutig) aus der Gleichung

$$\sum \frac{z_i}{z_i + \bar{z}\, d} = n$$

(n vorgegeben) bestimmt, und schätzen durch

$$\frac{\sum \dfrac{L_i\, y_i}{a(z_i)}}{\sum \dfrac{L_i\, z_i}{a(z_i)}}\; \bar{z}\;\;.$$

Die so festgelegte Strategie (mit dem erwarteten Stichprobenumfang n) ist asymptotisch besser als die RHC-Strategie (des Stichprobenumfangs n).

10 Schätzung unter Verwendung von Inklusionswahrscheinlichkeiten

10.1 Inklusionswahrscheinlichkeiten

p sei ein beliebiges Stichprobenverfahren. Dann ist

$$\pi_i(p) = \sum_{G:\, g_i \in G} p(G)$$

die Wahrscheinlichkeit, eine Stichprobe auszuwählen, in der g_i (wenigstens einmal) vorkommt. (Man beachte, daß G als Tupel von Erhebungseinheiten definiert ist, nicht als Menge. Streng genommen, müßten wir also ein Symbol für die Menge aller in der Stichprobe vorkommenden Einheiten einführen, etwa $\tilde{G}$, und dann $g_i \in \tilde{G}$ schreiben, statt $g_i \in G$.)

Für $i \neq j$ ist

$$\pi_{ij}(p) = \sum_{G:\, g_i,\, g_j \in G} p(G)$$

die Wahrscheinlichkeit, bei Anwendung von p eine Stichprobe zu erhalten, in der sowohl g_i als auch g_j (je mindestens einmal) vertreten sind.

Man nennt

$$\pi_i(p) \quad ; i = 1, 2, \ldots N$$

$$\pi_{ij}(p) \quad ; i \neq j$$

Inklusionswahrscheinlichkeiten des Auswahlverfahrens p; $\pi_i(p)$ heißt Inklusionswahrscheinlichkeit *erster Ordnung*, $\pi_{ij}(p)$ Inklusionswahrscheinlichkeit *zweiter Ordnung*.

Die $N \times N$-Matrix

$$\pi(p) = \begin{bmatrix} \pi_1(p) & \pi_{12}(p) & \ldots & \pi_{1N}(p) \\ \pi_{21}(p) & \pi_2(p) & \ldots & \pi_{2N}(p) \\ & \cdot & & \\ & \cdot & & \\ & \cdot & & \\ \pi_{N1}(p) & \pi_{N2}(p) & \ldots & \pi_N(p) \end{bmatrix}$$

wird *Inklusionsmatrix* des Auswahlverfahrens p genannt.

An Stelle von $\pi_i(p)$ schreiben wir gelegentlich auch $\pi_{ii}(p)$. Wo keine Mißverständnisse entstehen, verzichten wir auf die explizite Angabe des Auswahlverfahrens und schreiben π_i statt $\pi_i(p)$ und π_{ij} statt $\pi_{ij}(p)$.

Wenn p die uneingeschränkte Zufallsauswahl von n Einheiten bezeichnet, ist $\pi(p)$ gleich

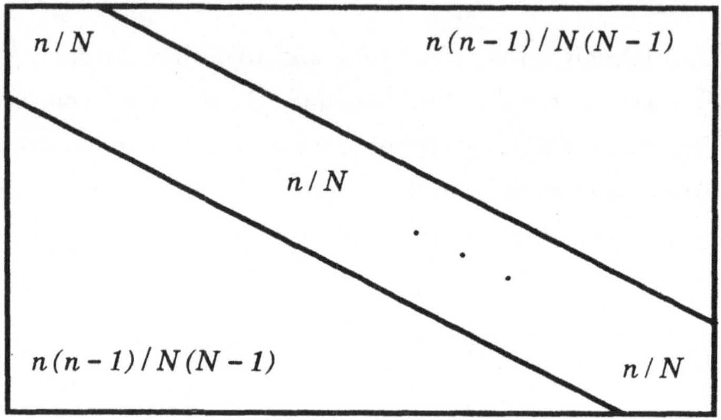

Für die POISSON-Auswahl (vgl. Abschnitt 9.5) erhält man als Inklusionsmatrix

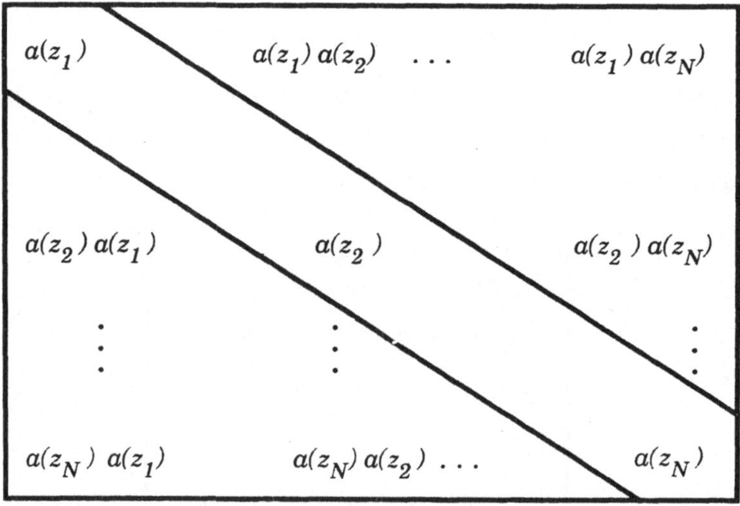

Jetzt nehmen wir an, n werde auf zwei Schichten aufgeteilt und dann werde innerhalb der Schichten uneingeschränkt zufällig ausgewählt. Wir wollen

die Einheiten der ersten Schicht mit *1, 2, ... N (1)* numerieren, die der zweiten mit *N (1) + 1, N (1) + 2, ... N (1) + N (2) = N* . Dann ergibt sich folgende Inklusionsmatrix

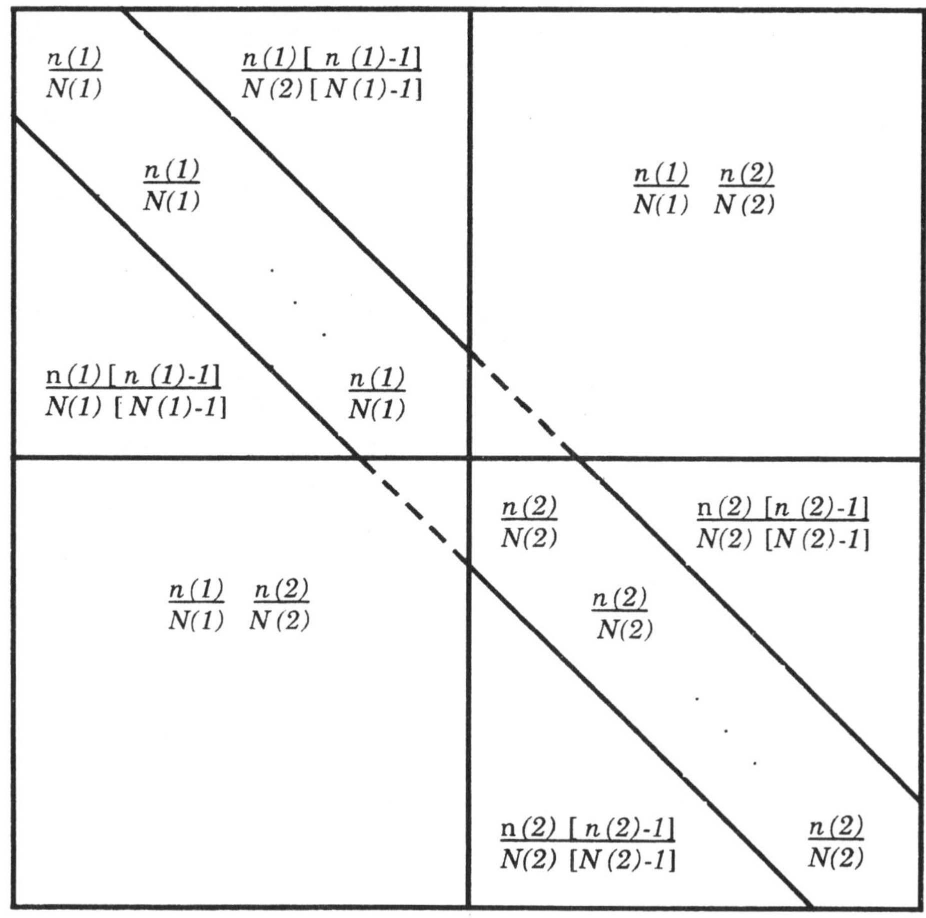

Wir definieren nun Zufallsvariablen L_1, L_2, ... L_N , (d.h. Funktionen auf dem Stichprobenraum) durch folgende Festlegung für $i = 1, 2, ... N$

$$L_i(G) = \begin{cases} 1 & \text{falls } g_i \in G \\ 0 & \text{sonst .} \end{cases}$$

Demnach ist ΣL_i der effekive Umfang der gezogenen Stichprobe.

Offenbar gilt bei Durchführung des Auswahlverfahrens

$$E\,L_i = 1 \cdot \pi_i\,(p) + 0 \cdot \Big(1 - \pi_i(p)\Big)$$

$$= \pi_i\,(p)$$

$$E\,L_i L_j = \pi_{ij}\,(p)$$

und

$$var\,L_i = \pi_i\,(p)\Big(1 - \pi_i\,(p)\Big) \tag{1}$$

$$cov\Big(L_i,L_j\Big) = \pi_{ij}(p) - \pi_i\,(p)\,\pi_j\,(p) \tag{2}$$

wobei $i,j = 1,2,\ldots N$ und $i \neq j$. Man beachte, daß (1) als Spezialfall in (2) enthalten ist, weil $\pi_{ii}(p) = \pi_i(p)$ vereinbart wurde.

Betrachten wir jetzt den (im allgemeinen) vom Zufall abhängenden effektiven Stichprobenumfang $\Sigma\,L_i$. Wegen der Linearität der Erwartungswertbildung und wegen der Kovarianzformel in Abschnitt A 3 haben wir

$$E\sum L_i = \sum E L_i = \sum \pi_i \tag{3}$$

$$cov\Big(L_i,\sum L_j\Big) = \sum_j cov\Big(L_i,L_j\Big) = \sum_j \Big(\pi_{ij}\,(p) - \pi_i\,\pi_j\Big)\,. \tag{4}$$

Aus (4) folgt

$$var \sum L_i = \sum_i cov\Big(L_i,\sum L_j\Big) = \sum_{i,j} \pi_{ij} - \Big(\sum \pi_i\Big)^2\,.$$

D.h. die Spur $\Sigma\,\pi_i\,(p)$ der Inklusionsmatrix von p ist mit dem erwarteten effektiven Stichprobenumfang von p identisch, und die Varianz des effektiven Stichprobenumfangs ist gleich

$$\sum_{i,j} \pi_{ij}\,(p) - \Big[\sum \pi_i\,(p)\Big]^2\,. \tag{5}$$

Im folgenden nehmen wir an, daß auf dem Stichprobenraum

$$\sum L_i = n$$

gilt, d.h. daß nur Stichproben gezogen werden können, deren effektiver Stichprobenumfang gleich der vorgegebenen natürlichen Zahl n ist.

Dann erhalten wir aus (3)

$$\sum \pi_i = n \tag{6}$$

und weil die Kovarianz von L_i und $\Sigma\, L_j = n$ verschwindet, ergibt sich aus (4)

$$\sum_j \left(\pi_{ij} - \pi_i\, \pi_j \right) = 0 \tag{7}$$

und entsprechend

$$\sum_i \left(\pi_{ij} - \pi_i\, \pi_j \right) = 0 \;. \tag{8}$$

Unter Verwendung von (6) läßt sich (7) auch in der Gestalt

$$\sum_j \pi_{ij} = \pi_i\, n$$

schreiben. Und aus (6) erhalten wir

$$\sum_{i,j} \pi_{ij} = n^2 \tag{9}$$

oder äquivalent

$$\sum_{i \neq j} \pi_{ij} = n\,(n-1) \;.$$

10.2   Die HORVITZ-THOMPSON-Schätzung (HT-Schätzung)

Wir stellen uns vor, daß man nicht das Auswahlverfahren p mitteilt, sondern lediglich die p zugeordnete Inklusionsmatrix π .Im übringen gibt man an, welche Einheiten tatsächlich ausgewählt wurden und welche y-Werte ihnen zugeordnet sind; das bedeutet, daß man die (Realisationen der) Zufallsvariablen

$$L_1 y_1 \, , \, L_2 y_2 \, , \, \dots L_N y_N$$

mitteilt. Können wir unter diesen Umständen $\bar{y}$ erwartungstreu schätzen, und läßt sich gegebenenfalls auch die Varianz der verwendeten Schätzfunktion erwartungstreu schätzen?

Betrachten wir eine Linearkombination

$$\sum_1^N a_i L_i y_i \tag{1}$$

der oben notierten Zufallsvariablen. Ihr Erwartungswert lautet

$$\sum a_i E L_i y_i = \sum a_i \pi_i y_i \;.$$

202

Wenn man sicherstellen will, daß (1) eine erwartungstreue Schätzung für $\bar{y}$ ist, hat man $a_i = 1/\pi_i$ zu wählen, und es ergibt sich die sog. *HORVITZ-THOMPSON-Schätzung* (kurz: *HT-Schätzung*)

$$\frac{1}{N} \sum L_i \frac{y_i}{\pi_i} \ .$$

Offenbar erhält man nach Abschnitt A 3 als Varianz dieser Schätzung

$$\frac{1}{N^2} \sum_{i,j} \frac{y_i}{\pi_i} \frac{y_j}{\pi_j} \, cov\left(L_i, L_j\right) = \frac{1}{N^2} \sum_{i,j} \frac{y_i}{\pi_i} \frac{y_j}{\pi_j} \left(\pi_{ij} - \pi_i \pi_j\right) \ . \tag{2}$$

Wegen $E\,L_i L_j = \pi_{ij}$ ist also

$$\frac{1}{N^2} \sum_{i,j} \frac{L_i L_j}{\pi_{ij}} \frac{y_i}{\pi_i} \frac{y_j}{\pi_j} \left(\pi_{ij} - \pi_i \pi_j\right) \ .$$

eine unverzerrte Schätzung für die Varianz der HT-Schätzung.

Die vorangehenden Überlegungen treffen für Inklusionswahrscheinlichkeiten zu, die folgenden Bedingungen genügen

$$\pi_i > 0 \quad \text{für} \quad i = 1, 2, \dots N$$
$$\pi_{ij} > 0 \quad \text{für} \quad i \neq j \ .$$

Wäre die zweite Bedingung verletzt, ließe sich die Varianz der HT-Schätzung nicht erwartungstreu schätzen. Wenn die erste Bedingung nicht erfüllt wäre, könnte man $\bar{y}$ nicht erwartungstreu schätzen.

Wenn $\Sigma\,L_i = n$ gilt, d.h. wenn der effektive Stichprobenumfang zufallsunabhängig ist, wird die Varianz der HT-Schätzung vielfach auf andere Weise geschätzt. Man geht aus von der Identität

$$\frac{y_i}{\pi_i} \frac{y_j}{\pi_j} = \frac{1}{2} \left[-\left(\frac{y_i}{\pi_i} - \frac{y_j}{\pi_j}\right)^2 + \left(\frac{y_i}{\pi_i}\right)^2 + \left(\frac{y_j}{\pi_j}\right)^2 \right]$$

und schreibt die Varianz (2) der HT-Schätzung in der Gestalt

$$\frac{1}{2N^2} \sum_{i,j} \left[-\left(\frac{y_i}{\pi_i} - \frac{y_j}{\pi_j}\right)^2 + \left(\frac{y_i}{\pi_i}\right)^2 + \left(\frac{y_j}{\pi_j}\right)^2 \right] \left(\pi_{ij} - \pi_i \pi_j\right) \ .$$

Mit (7) und (8) in Abschnitt 10.1 ergibt sich also (bei zufallsunabhängigem effektivem Stichprobenumfang)

$$\frac{1}{2N^2} \sum_{i,j} \left(\pi_i \pi_j - \pi_{ij}\right) \left(\frac{y_i}{\pi_i} - \frac{y_j}{\pi_j}\right)^2$$

und

$$\frac{1}{2N^2} \sum_{i,j} \frac{L_i L_j}{\pi_{ij}} \left(\pi_i \pi_j - \pi_{ij} \right) \left(\frac{y_i}{\pi_i} - \frac{y_j}{\pi_j} \right)^2$$

ist eine unverzerrte Schätzung für die Varianz der HT-Schätzung.
Wir fassen zusammen:

Satz

Bei positiver Inklusionsmatrix π ist die HT-Schätzung

$$\frac{1}{N} \sum_i L_i \frac{y_i}{\pi_i}$$

erwartungstreu für $\bar{y}$. Ihre Varianz

$$\frac{1}{N^2} \sum_{i,j} \left(\pi_{ij} - \pi_i \pi_j \right) \frac{y_i}{\pi_i} \frac{y_j}{\pi_j}$$

wird erwartungstreu geschätzt durch

$$\frac{1}{N^2} \sum_{i,j} \frac{L_i L_j}{\pi_{ij}} \left(\pi_{ij} - \pi_i \pi_j \right) \frac{y_i}{\pi_i} \frac{y_j}{\pi_j} \, .$$

Wenn der effektive Stichprobenumfang zufallsunabhängig ist, kann die Varianz auch in der Gestalt

$$\frac{1}{2N^2} \sum_{i,j} \left(\pi_i \pi_j - \pi_{ij} \right) \left(\frac{y_i}{\pi_i} - \frac{y_j}{\pi_j} \right)^2$$

geschrieben und durch

$$\frac{1}{2N^2} \sum_{i,j} \frac{L_i L_j}{\pi_{ij}} \left(\pi_i \pi_j - \pi_{ij} \right) \left(\frac{y_i}{\pi_i} - \frac{y_j}{\pi_j} \right)^2$$

erwartungstreu geschätzt werden.

10.3 Zweckmäßige Festlegung der Inklusionswahrscheinlichkeiten

Wir sind bisher davon ausgegangen, daß ein Auswahlverfahren p vorgegeben ist und ein Schätzverfahren auf der Grundlage der Inklusionsmatrix $\pi(p)$ durchgeführt wird. Jetzt wollen wir überlegen, welche Inklusionsmatrix π eine Schätzung mit kleiner Varianz liefert; anschließend werden wir ein Auswahlverfahren p suchen mit $\pi(p) = \pi$.

Wenn der effektive Stichprobenumfang zufallsunabhängig ist, kann man
die Varianz der HT-Schätzung in der Form

$$\frac{1}{2N^2} \sum_{i,j} \left(\pi_i \pi_j - \pi_{ij} \right) \left(\frac{y_i}{\pi_i} - \frac{y_j}{\pi_j} \right)^2 \tag{1}$$

schreiben. Man wird also die Inklusionswahrscheinlichkeiten erster Ordnung möglichst proportional zu den y-Werten festlegen. Wenn man exakte
Proportionalität erreicht, d.h. im Falle

$$\pi_i = \lambda \, y_i$$

(mit $\lambda > 0$), ist (1) nämlich gleich 0 .

Häufig kennt man Ausprägungen $z_1, z_2, \ldots z_N$ eines Hilfsmerkmals und
weiß, daß in etwa Proportionalität der $z_1, z_2, \ldots z_N$ und der (unbekannten)
$y_1, y_2, \ldots y_N$ vorliegt. Dann wird man sich für

$$\pi_i = \frac{z_i}{N \, \bar{z}} \, n = \frac{z_i}{\bar{z}} \frac{n}{N}$$

entscheiden. Wie aber soll man die π_{ij} $(i \neq j)$ festlegen?

Wir bezeichnen die vorkommenden z-Werte mit

$$\zeta(1), \zeta(2), \ldots \zeta(H)$$

und setzen für $h = 1, 2, \ldots H$

$$g(h) = \left\{ g_i \in g : z_i = \zeta(h) \right\}$$

g ist damit in Schichten zerlegt; die in Abschnitt 2.5 eingeführte Symbolik
wird ohne weitere Erläuterungen benützt. Darüber hinaus definieren wir
für $h = 1, 2, \ldots H$

$$a(h) = \frac{\zeta(h)}{N \, \bar{z}} \cdot n$$

$a(h)$ ist nach unseren früheren Überlegungen die Inklusionswahrscheinlichkeit (erster Ordnung) aller Einheiten in $g(h)$.

π_{ij} $(i \neq j)$ sollte sicherlich nur davon abhängen, welchen Schichten g_i und
g_j angehören. Gesucht sind also

$$\beta(h, h') \; ; h, h' = 1, 2, \ldots H$$

mit der Maßgabe

$$\pi_{ij} = \beta(h, h')$$

falls $g_i \in g(h)$ und $g_j \in g(h')$; hierbei wird $i \neq j$ vorausgesetzt, nicht aber $h \neq h'$. Man beachte, daß der (effektive) Stichprobenumfang nicht konstant zu sein braucht und daß daher die Bedingungen (7) und (8) in Abschnitt 10.1 nicht vorausgesetzt werden können.

Die Inklusionsmatrix, deren Hauptdiagonale wir kennen und deren restliche Elemente wir suchen, hat also folgende Struktur

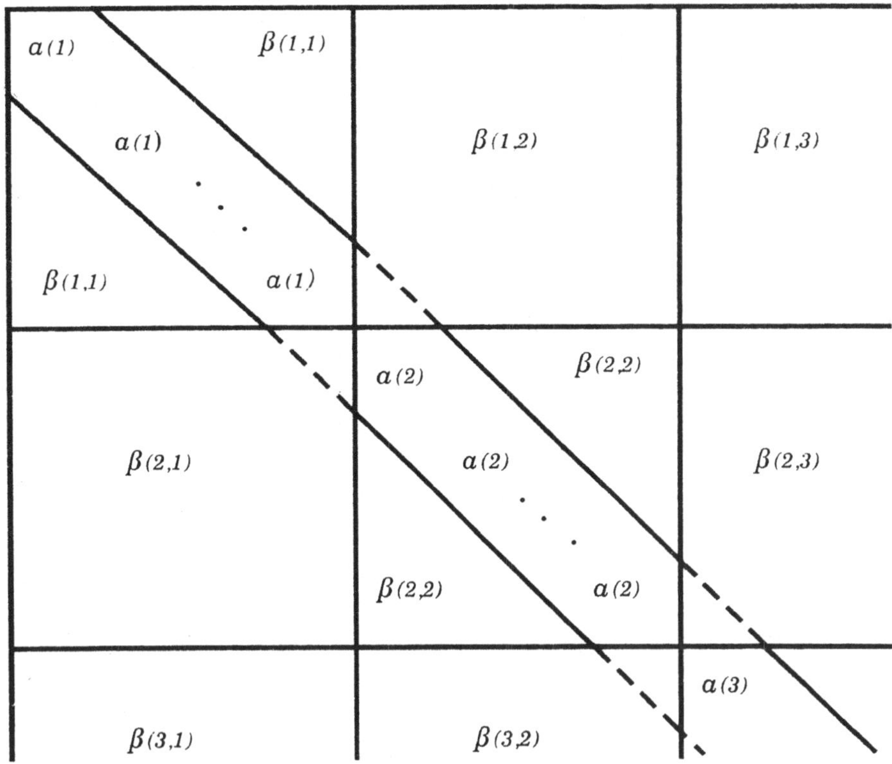

Wenn gesetzt wird

$$L_i(h) = \begin{cases} 1 & \text{falls die } i\text{-te Einheit von } g(h) \text{ in die Auswahl gelangt} \\ 0 & \text{sonst} \end{cases}$$

nimmt die HT-Schätzung die Gestalt an

$$X = \frac{1}{N} \sum_h \sum_i L_i(h) \frac{y_i(h)}{a(h)} = \sum \frac{N(h)}{N} \frac{1}{N(h)\,a(h)} \sum L_i(h)\, y_i(h)$$

und man hat

$$var\,X = \sum_h \left[\frac{N(h)}{N}\right]^2 \frac{1}{N^2(h)\,a^2(h)} \sum_i a(h)\left[1 - a(h)\right]y_i^2(h)$$

$$+ \sum_h \left[\frac{N(h)}{N}\right]^2 \frac{1}{N^2(h)\,a^2(h)} \sum_{i \neq j}\left[\beta(hh) - a^2(h)\right]y_i(h)\,y_j(h)$$

$$+ \sum_{h \neq h'} \frac{N(h)}{N}\,\frac{N(h')}{N}\,\frac{1}{N(h)\,a(h)}\,\frac{1}{N(h')\,a(h')}$$

$$\cdot \sum_{i,j}\left[\beta(hh') - a(h)\,a(h')\right]y_i(h)\,y_j(h')$$

$$= \frac{1}{N}\sum_h \frac{N(h)}{N}\left(\frac{1}{a(h)} - \frac{\beta(hh)}{a^2(h)}\right)\frac{1}{N}\sum y_i^2$$

$$+ \frac{1}{N^2}\sum_h \left(\beta(hh) - a^2(h)\right)\frac{N^2(h)\,\bar{y}^2(h)}{a^2(h)}$$

$$+ \frac{1}{N^2}\sum_{h \neq h'}\left(\beta(hh') - a(h)\,a(h')\right)\frac{N(h)\,N(h')\,\bar{y}(h)\,\bar{y}(h')}{a(h)\,a(h')}\;.$$

Wegen

$$var\sum_i L_i(h) = N^2(h)\left(\beta(hh) - a^2(h)\right) - N(h)\left(\beta(hh) - a(h)\right)$$

$$cov\left(\sum_i L_i(h)\,,\;\sum_j L_j(h')\right) = N(h)\,N(h')\left(\beta(hh') - a(h)\,a(h')\right)$$

(für $h \neq h'$) folgt also mit $n(h) = \sum_i L_i(h)$

$$var\,X = \frac{1}{N}\sum \frac{N(h)}{N}\,\sigma_{yy}(h)\left(\frac{1}{a(h)} - \frac{\beta(hh)}{a^2(h)}\right)$$

$$+ var\sum \frac{N(h)}{N}\,\frac{n(h)}{N(h)\,a(h)}\,\bar{y}(h)\;. \tag{2}$$

Der zweite Term verschwindet (identisch in $\bar{y}(h)$; $h = 1, 2, \ldots H$) genau dann, wenn für $h = 1, 2, \ldots H$ $\,var\,n(h) = 0$ d.h.

$$N(h)\,a(h) + N(h)\left[N(h) - 1\right]\beta(hh) - N^2(h)\,a^2(h) = 0$$

und somit

$$\beta(hh) = \frac{N(h)\,a^2(h) - a(h)}{N(h) - 1} \tag{3}$$

gilt.

Jetzt stellen wir uns vor, daß Erhebungsgesamtheiten $g^{(K)}$; $K = 1, 2, \ldots$ betrachtet werden mit den Umfängen

$$N^{(K)} = K N_0$$

und identischen y-z-Strukturen (vgl. Abschnitt 4.2). $a(h)$ ist also (wegen der gleichbleibenden z-Struktur) für $K = 1, 2, \ldots$ fest, während $\beta(hh)$ nach (3) gegen $a^2(h)$ konvergiert.

Wenn die Aufteilung des Stichprobenumfangs auf die Schichten zufallsunabhängig ist, ist die Varianz der HT-Schätzung also asymptotisch gleich

$$\frac{1}{N} \sum \frac{N(h)}{N} \sigma_{yy}(h) \left(\frac{1}{a(h)} - 1 \right) . \tag{4}$$

Mit dieser Varianz ist man konfrontiert (asymptotisch), wenn man unter Verwendung der Stichprobenumfänge

$$n(h) = a(h) N(h) ; h = 1, 2, \ldots H$$

geschichtet auswählt - entsprechende Ganzzahligkeitsvoraussetzungen seien erfüllt - und die HT-Schätzung anwendet (die mit der üblichen geschichteten Schätzung identisch ist). Das bedeutet (3) und für $h, h' = 1, 2, \ldots H$ mit $h \neq h'$

$$\beta(hh') = \frac{a(h)}{N(h)} \frac{a(h')}{N(h')} . \tag{5}$$

Nach (3) und (5) hängen $\beta(hh)$ und $\beta(hh')$ von K ab und man hat eigentlich $\beta^{(K)}(hh)$ und $\beta^{(K)}(hh')$ zu schreiben, was wir aber der Übersichtlichkeit der Formeln wegen unterlassen wollen.

Zu fragen ist, ob bei einer von (3) und (5) abweichenden Festlegung von $\beta(hh)$ und $\beta(hh')$ die Varianz (2) asymptotisch kleiner gemacht werden kann als (4). Voraussetzung hierfür ist jedenfalls

$$\lim var \sum \frac{N(h)}{N} \frac{n(h)}{N(h) a(h)} \bar{y}(h) = 0 .$$

Dies impliziert aber

$$\lim var \frac{n(h)}{N(h) a(h)} = 0$$

(was man sich besonders einfach überlegt, wenn bei beliebiger Vorgabe von $h_0 = 1, 2, \ldots H$ y-Werte mit $\bar{y}(h_0) \neq 0$ und $\bar{y}(h) = 0$ für $h \neq h_0$ möglich sind) und somit $\lim \beta(hh) = a^2(h)$. Also haben wir (4) als Minimum im asymptotischen Sinn anzusehen. Gleichzeitig ist eine Optimatitätseigenschaft geschichteter Stichprobenstrategien nachgewiesen.

Satz

Die Erhebungsgesamtheit sei in Schichten $g(1), g(2), \ldots g(H)$ zerlegt. Wir betrachten die HT-Schätzung und ein Auswahlverfahren mit Inklusionswahrscheinlichkeiten

$$\pi_i = a(h) \qquad \text{für} \qquad g_i \in g(h)$$

$$\pi_{ij} = \beta(hh') \qquad \text{für} \qquad g_i \in g(h), g_j \in g(h')$$

$(h, h' = 1, 2, \ldots H)$. Hierbei sind $a(1), a(2), \ldots a(H)$ vorgegeben, während die $\beta(hh')$ frei gewählt werden können $(h, h' = 1, 2, \ldots H)$.

Die Varianz einer Stichprobenstrategie dieser Bauart ist asymptotisch größer oder gleich

$$\frac{1}{N} \sum \frac{N(h)}{N} \sigma_{yy}(h) \left(\frac{1}{a(h)} - 1 \right).$$

Bei geschichtetem Vorgehen ist asymptotische Gleichheit gegeben.

10.4 Antwortausfälle

Es gelingt in der Praxis vielfach nicht, Angaben über das Untersuchungsmerkmal für alle in die Auswahl gelangten Einheiten zu ermitteln. Vielfach sind die Antwortausfälle beträchtlich, und zwar aus ganz verschiedenartigen Gründen. Zugeschickte Fragebögen werden verlegt, Interviewer treffen die zu Befragenden nicht an - auch bei Besuchswiederholung nicht - oder der Befragte lehnt die Mitarbeit ab, weil er die Fragen als lästig, vielleicht auch nur als zu zeitaufwendig ansieht. (Vgl. 6.8 Aufgabe 10.)

Unter Umständen hat man Vorstellungen darüber, welche Personen, falls sie angetroffen bzw. angeschrieben werden, keine Auskunft geben - aus welchen Gründen auch immer. Wir wollen im folgenden unterstellen, daß man Wahrscheinlichkeiten $p_1, p_2, \ldots p_N$ kennt und weiß, daß y_i mit der Wahrscheinlichkeit p_i tatsächlich ermittelt wird, falls g_i in die Auswahl gelangt. Wir führen also unabhängige Zufallsvariablen M_1, M_2, ... M_N mit den Ausprägungen 0 und 1 in unsere Überlegungen ein, für die gilt

$$W\left(M_i = 1\right) = p_i \; ; \quad i = 1, 2, ... N \; .$$

Wenn g_i in die Auswahl gelangt, wird

$$M_i y_i$$

beobachtet, d.h. wir notieren y_i mit Wahrscheinlichkeit p_i (d.h. falls Auskunft gegeben wird) und somit 0 mit Wahrscheinlichkeit $1 - p_i$.

Wie das Auswahlverfahren im einzelnen definiert ist, lassen wir offen; lediglich die Inklusionsmatrix π wird als bekannt vorausgesetzt. Die Zufallsvariablen $L_1, L_2,$ ... L_N werden in der früheren Bedeutung benützt; sie sollen unabhängig von den Zufallsvariablen M_1, M_2, ... M_N sein (die ihrerseits unabhängig voneinander sind). Wir wollen Erwartungswert- und Varianzbildung bzgl. des "Befragungsexperiments" mit E_2, var_2 bezeichnen und bzgl. des "Auswahlexperiments" mit E_1, var_1 .

Als Schätzfunktion verwenden wir

$$X = \frac{1}{N} \sum_i L_i M_i \frac{y_i}{\pi_i p_i} \; .$$

Offenbar gilt

$$E_2 X = \frac{1}{N} \sum_i L_i \frac{y_i}{\pi_i}$$

$$var_2 X = \frac{1}{N^2} \sum_i L_i \frac{1-p_i}{p_i} \left(\frac{y_i}{\pi_i}\right)^2$$

und daher

$$E X = E_1 E_2 X = \bar{y}$$

$$E_1 var_2 X = \frac{1}{N^2} \sum_i \pi_i \frac{1-p_i}{p_i} \left(\frac{y_i}{\pi_i}\right)^2$$

$$var_1 E_2 X = \frac{1}{N^2} \sum_{i,j} \left(\pi_{ij} - \pi_i \pi_j\right) \frac{y_i}{\pi_i} \frac{y_j}{\pi_j} \; .$$

Durch Aufsummieren der beiden letzten Gleichungen erhalten wir

$$var\,X = \frac{1}{N^2} \sum \left(\pi_{ij} - \pi_i \pi_j\right) \frac{y_i}{\pi_i} \frac{y_j}{\pi_j} + \frac{1}{N^2} \sum \pi_i \frac{1-p_i}{p_i} \left(\frac{y_i}{\pi_i}\right)^2 . \tag{1}$$

Der zweite Summand der rechten Seite von (1) ist als Varianzvergrößerung durch Antwortausfälle zu interpretieren.

Weiterhin ist erfüllt

$$var\,X = E_1 \left[\frac{1}{N^2} \sum \frac{L_i L_j}{\pi_{ij}} \left(\pi_{ij} - \pi_i \pi_j\right) \frac{y_i}{\pi_i} \frac{y_j}{\pi_j} + \frac{1}{N^2} \sum \frac{L_i}{\pi_i} \pi_i \frac{1-p_i}{p_i} \left(\frac{y_i}{\pi_i}\right)^2 \right]$$

$$= E \left[\frac{1}{N^2} \sum_{i \neq j} \frac{L_i L_j}{\pi_{ij}} \left(\pi_{ij} - \pi_i \pi_j\right) \frac{M_i}{p_i} \frac{y_i}{\pi_i} \frac{M_j}{p_j} \frac{y_j}{\pi_j} \right.$$

$$+ \frac{1}{N^2} \sum \frac{L_i}{\pi_i} \pi_i (1 - \pi_i) \frac{M_i}{p_i} \left(\frac{y_i}{\pi_i}\right)^2 + \frac{1}{N^2} \sum \frac{L_i}{\pi_i} \pi_i \frac{1-p_i}{p_i} \frac{M_i}{p_i} \left(\frac{y_i}{\pi_i}\right)^2$$

$$= E \left[\frac{1}{N^2} \sum_{i,j} \frac{L_i L_j}{\pi_{ij}} \left(\pi_{ij} - \pi_i \pi_j\right) \frac{M_i}{p_i} \frac{y_i}{\pi_i} \frac{M_j}{p_j} \frac{y_j}{\pi_j} \right.$$

$$\left. + \frac{1}{N^2} \sum \frac{L_i}{\pi_i} \frac{\pi_i^2 (1-p_i)}{p_i} \frac{M_i}{p_i} \left(\frac{y_i}{\pi_i}\right)^2 \right] .$$

Man rechnet also mit den tatsächlich erhobenen y-Werten so, als gäbe es keine Antwortausfälle (1. Summand in (2)) und addiert

$$\frac{1}{N^2} \sum \frac{L_i}{\pi_i} \frac{\pi_i^2 (1-p_i)}{p_i} \frac{M_i}{p_i} \left(\frac{y_i}{\pi_i}\right)^2 .$$

Dieser Zusatzterm besitzt den Erwartungswert

$$\frac{1}{N^2} \sum \frac{\pi_i^2 (1-p_i)}{p_i} \frac{y_i^2}{\pi_i^2} = \frac{1}{N^2} \sum \frac{1-p_i}{p_i} y_i^2 .$$

10.5   Aufgaben

Aufgabe 1

Aus einer Erhebungsgesamtheit wird durch 2-malige Zufallsauswahl mit Zurücklegen auf der Basis z-proportionaler Auswahlwahrscheinlichkeiten ausgewählt. Wenn dieselbe Einheit zweimal ausgewählt wird, wiederholen wir den Prozeß, gegebenenfalls mehrmals, bis zum ersten mal zwei verschiedene Einheiten ausgewählt werden. Die in der letzten Runde ausgewählten Einheiten bilden die Stichprobe.

a)   Berechnen Sie die Inklusionswahrscheinlichkeiten erster und zweiter Ordnung.

b) X gebe an, wie oft der beschriebene Prozeß durchgeführt werden muß, bis zwei verschiedene Einheiten ausgewählt werden. Berechnen Sie EX.

c)   Zeigen Sie, daß für alle $i \neq j$

$$\pi_i \pi_j \geq \pi_{ij}$$

gilt.

Lösung:

a)   Wir bezeichnen für $i \neq j$ mit p_{ij} die Wahrscheinlichkeit zuerst i und dann j als Stichprobeneinheit zu erhalten. Offensichtlich ist

$$p_{ij} = \frac{z_i}{z}\frac{z_j}{z} + \sum_k \left(\frac{z_k}{z}\right)^2 \frac{z_i}{z}\frac{z_j}{z} + \left(\sum \left(\frac{z_k}{z}\right)^2\right)^2 \frac{z_i}{z}\frac{z_j}{z} + \ldots = \frac{z_i z_j}{z^2 - \sum z_k^2}$$

und demzufolge

$$\pi_{ij} = p_{ij} + p_{ji} = \frac{2 z_i z_j}{z^2 - \sum_k z_k^2} \quad \text{für } i \neq j .$$

Da der Stichprobenumfang $n = 2$ fest ist, gilt

$$\pi_i = \sum_{j\,:\,j \neq i} \pi_{ij} = \frac{2 z_i (z - z_i)}{z^2 - \sum_k z_k^2} \quad ; \quad i = 1,\ldots N .$$

212

b) Es ist für $k = 1, 2, ...$

$$W(X = k) = \left[1 - \sum \left(\frac{z_i}{z} \right)^2 \right] \left[\sum \left(\frac{z_i}{z} \right)^2 \right]^{k-1}$$

und daher

$$E X = \frac{1}{1 - \sum \left(\frac{z_i}{z} \right)^2} .$$

c) Es gilt für $i \neq j$

$$\pi_{ij} \leq \pi_i \pi_j$$

genau dann, wenn

$$z^2 - \sum z_k^2 \leq 2(z - z_i)(z - z_j)$$

erfüllt ist. Die letzte Ungleichung ist äquivalent mit

$$\left(\sum_{k \neq i,j} z_k + z_i + z_j \right)^2 - \sum_{k \neq i,j} z_k^2 - z_i^2 - z_j^2$$

$$\leq 2 \left(\sum_{k \neq i,j} z_k + z_i \right) \left(\sum_{k \neq i,j} z_k + z_j \right)$$

und daher mit

$$\left(\sum_{k \neq i,j} z_k \right)^2 + \sum_{k \neq i,j} z_k^2 \geq 0$$

Damit ist c) bewiesen.

Aufgabe 2

Für ein Stichprobenverfahren gelte

$$\pi_i = \frac{a}{N} \; ; \; i = 1, ... N$$

$$\pi_{ij} = \frac{a(a-1) + \beta}{N(N-1)} \; ; \; i \neq j .$$

a) Zeigen Sie, daß $\beta \geq 0$ ist und das Gleichheitszeichen dabei nur gelten kann, wenn a ganzzahlig ist.

b) Beweisen Sie, daß sich die Varianz der HT-Schätzung schreiben läßt als

$$\frac{s_{yy}}{a} \left(1 - \frac{a}{N} \right) + \frac{\beta}{a^2} \frac{1}{N(N-1)} \sum_{i \neq j} y_i y_j .$$

Lösung:

a) Der effektive Stichprobenumfang ΣL_i hat die Varianz

$$var \sum L_i = \sum_{i,j} E\, L_i L_j - \left(\sum E\, L_i \right)^2$$

$$= \sum_{i,j} \pi_{ij} - \left(\sum \pi_i \right)^2 = \sum \pi_i + \sum_{i \neq j} \pi_{ij} - \left(\sum \pi_i \right)^2$$

$$= a + a\,(a-1) + \beta - a^2 = \beta \; .$$

Daher ist $\beta \geq 0$. $\beta = 0$ bedeutet, daß der effektive Stichprobenumfang ΣL_i konstant ist. Da dann gilt $\Sigma L_i = E\, \Sigma L_i = a$ muß a ganzzahlig sein.

b) Es ist

$$var \frac{1}{N} \sum L_i \frac{y_i}{\pi_i} = \frac{1}{N^2} \sum_{i,j} \frac{y_i}{\pi_i} \frac{y_j}{\pi_j} \left(\pi_{ij} - \pi_i \pi_j \right)$$

$$= \frac{1}{N^2} \sum_i y_i^2 \frac{1 - \frac{a}{N}}{\frac{a}{N}} + \frac{1}{N^2} \sum_{i \neq j} y_i y_j \frac{N^2}{a^2} \left(\frac{a(a-1) + \beta}{N(N-1)} - \frac{a^2}{N^2} \right)$$

$$= \left(1 - \frac{a}{N} \right) \frac{s_{yy}}{a} + \sum_{i \neq j} y_i y_j \left[\frac{1 - \frac{a}{N}}{a\, N(N-1)} + \frac{a(a-1) + \beta}{a^2 N(N-1)} - \frac{1}{N^2} \right]$$

$$= \left(1 - \frac{a}{N} \right) \frac{s_{yy}}{a} + \frac{\beta}{a^2} \frac{1}{N(N-1)} \sum_{i \neq j} y_i y_j \; .$$

Aufgabe 3

Eine Erhebungsgesamtheit g sei in zwei Schichten $g\,(1)$, $g\,(2)$ zerlegt. Mit Wahrscheinlichkeit $a\,(h)$ werden n Einheiten uneingeschränkt zufällig aus Schicht $g\,(h)$ ausgewählt $(\,h = 1, 2\,)$. Mit Wahrscheinlichkeit $1 - a\,(1) - a\,(2)$ wählt man n_0 Einheiten aus Schicht $g\,(1)$ und $n - n_0$ Einheiten aus Schicht $g\,(2)$.

a) Berechnen Sie die Inklusionswahrscheinlichkeiten erster und zweiter Ordnung.

b) Es sei $N(1) = N(2) = 2$, $n_0 = n - n_0 = 1$ und $a\,(1) = a\,(2) = \frac{1}{3}$.

214

Bei Auswahl der Stichprobe erhielt man die beiden Einheiten aus $g(1)$.
Was fällt Ihnen bei der Schätzung

$$\frac{1}{2N^2} \sum_{i,j} \frac{L_i L_j}{\pi_{ij}} \left(\pi_i \pi_j - \pi_{ij} \right) \left(\frac{y_i}{\pi_i} - \frac{y_j}{\pi_j} \right)^2$$

der Varianz der HT-Schätzung auf?

Lösung:

a) Wir haben es bei der Auswahl mit einem zweistufigen Zufallsexperiment zu tun. Daher ist

$$\pi_i = \begin{cases} a(1) \dfrac{n}{N(1)} + \left[1 - a(1) - a(2)\right] \dfrac{n_0}{N(1)} & \text{für } g_i \in g(1) \\[2em] a(2) \dfrac{n}{N(2)} + \left[1 - a(1) - a(2)\right] \dfrac{n - n_0}{N(2)} & \text{für } g_i \in g(2) \end{cases}$$

$$\pi_{ij} = \begin{cases} a(1) \dfrac{n(n-1)}{N(1)[N(1)-1]} + [1 - a(1) - a(2)] \dfrac{n_0[n_0-1]}{N(1)[N(1)-1]} \\ \hfill \text{für } g_i, g_j \in g(1) \quad i \ne j \\[2em] a(2) \dfrac{n(n-1)}{N(2)[N(2)-1]} + [1 - a(1) - a(2)] \dfrac{[n-n_0][n-n_0-1]}{N(2)[N(2)-1]} \\ \hfill \text{für } g_i, g_j \in g(2) \quad i \ne j \\[2em] [1 - a(1) - a(2)] \dfrac{n_0}{N(1)} \dfrac{n-n_0}{N(2)} \hfill \text{sonst .} \end{cases}$$

b) Es gilt nach a) für $g_i, g_j \in g(1)$, $i \ne j$

$$\pi_{ij} = \frac{1}{3}, \quad \pi_i = \pi_j = \frac{1}{2} .$$

Da

$$\pi_i \pi_j - \pi_{ij} = -\frac{1}{12} < 0$$

ist, gelangt man zu einer negativen Varianzschätzung. Angesichts der Tatsache, daß die Varianz stets nichtnegativ ist, wäre eine negative Zahl als Schätzung für die Varianz unsinnig.

Aufgabe 4

Zeigen Sie, daß man bei festem effektivem Stichprobenumfang n die Varianz der HT-Schätzfunktion ausdrücken kann durch

$$var \ \frac{1}{N} \sum_i L_i \frac{y_i}{\pi_i} = n \sum \pi_i \left(\frac{y_i}{N \pi_i} - \frac{\bar{y}}{n} \right)^2 - \frac{1}{2N^2} \sum_{i \neq j} \pi_{ij} \left(\frac{y_i}{\pi_i} - \frac{y_j}{\pi_j} \right)^2 .$$

Lösung: Wegen

$$\sum_{i,j} \pi_i \pi_j \left(\frac{y_i}{\pi_i} - \frac{y_j}{\pi_j} \right)^2 = \sum_i \frac{y_i^2}{\pi_i} \sum_j \pi_j - 2 y^2 + \sum_j \frac{y_j^2}{\pi_j} \sum_i \pi_i$$

$$= 2n \left[\sum \frac{y_i^2}{\pi_i} - \frac{y^2}{n} \right]$$

$$= 2n \sum \pi_i \left(\frac{y_i}{\pi_i} - \frac{y}{n} \right)^2$$

gilt

$$var \ \frac{1}{N} \sum L_i \frac{y_i}{\pi_i} = \frac{1}{2N^2} \sum_{i,j} \left(\pi_i \pi_j - \pi_{ij} \right) \left(\frac{y_i}{\pi_i} - \frac{y_j}{\pi_j} \right)^2$$

$$= \frac{1}{2N^2} \sum_{i,j} \pi_i \pi_j \left(\frac{y_i}{\pi_i} - \frac{y_j}{\pi_j} \right)^2 - \frac{1}{2N^2} \sum_{i \neq j} \pi_{ij} \left(\frac{y_i}{\pi_i} - \frac{y_j}{\pi_j} \right)^2$$

$$= n \sum_i \pi_i \left(\frac{y_i}{N \pi_i} - \frac{\bar{y}}{n} \right)^2 - \frac{1}{2N^2} \sum_{i \neq j} \pi_{ij} \left(\frac{y_i}{\pi_i} - \frac{y_j}{\pi_j} \right)^2 .$$

Aufgabe 5

Zeigen Sie, daß die übliche Schätzfunktion beim geschichteten Auswahlverfahren als HT-Schätzung aufgefaßt werden kann.

Lösung: Beim geschichteten Auswahlverfahren ist für $g_i \in g(h)$

$$\pi_i = \frac{n(h)}{N(h)}$$

und daher

$$\frac{1}{N} \sum_i L_i \frac{y_i}{\pi_i} = \frac{1}{N} \sum_h \frac{N(h)}{n(h)} \sum_{i: g_i \in G(h)} y_i = \sum \frac{N(h)}{N} \overline{Y}(h) .$$

Aufgabe 6

Aus einer Erhebungsgesamtheit g wird eine Stichprobe vom Umfang n durch uneingeschränkte Zufallsauswahl (mit Zurücklegen) gezogen. Als Schätzfunktion für $\bar{y}$ verwenden wir das arithmetische Mittel der y-Werte der verschiedenen in die Stichprobe gelangten Einheiten, d.h.

$$U = \frac{\sum L_i\, y_i}{\sum L_i}$$

mit

$$L_i = \begin{cases} 1 & \text{falls } g_i \text{ in die Auswahl gelangt} \\ 0 & \text{sonst} \end{cases}$$

für $i = 1, \dots N$.

Zeigen Sie, daß U erwartungstreue Schätzfunktion für $\bar{y}$ ist und eine kleinere Varianz als $\bar{Y}$ besitzt.

Lösung: Für $i = 1, \dots N$ bezeichne H_i die Häufigkeit, mit der g_i in die Stichprobe gelangt. Dann gilt

$$\bar{Y} = \frac{1}{n} \sum_{i=1}^{N} H_i y_i \ .$$

Wir kennzeichnen die Momentbildung bei vorgegebenen Werten für L_1, L_2, $\dots L_N$ durch den Index 2 und die Momentbildung bzgl. der Variablen L_1, $L_2, \dots L_N$ durch den Index 1. Aus Symmetriegründen gilt

$$E_2 H_i = E_2 H_j \quad \text{falls} \quad L_i = L_j \ .$$

Wegen $H_i = 0$ für $L_i = 0$ und $\sum H_i = n$ ergibt sich für $i = 1, 2, \dots N$

$$E_2 H_i = \begin{cases} 0 & \text{falls} \quad L_i = 0 \\[2mm] \dfrac{n}{\sum_j L_j} & \text{falls} \quad L_i = 1 \end{cases} = n\, \frac{L_i}{\sum L_j}$$

und damit

$$E_2 \bar{Y} = E_2 \frac{1}{n} \sum_i H_i y_i = \frac{1}{n} \sum_i \frac{L_i}{\sum L_j}\, y_i = U \ .$$

Da nach 3.5 Satz $E\,\overline{Y} = \overline{y}$ gilt, ist auch

$$EU = E_1\,U = E_1 E_2\,\overline{Y} = \overline{y}\ .$$

Weiter ist $(var_2\,\overline{Y} \neq 0$ vorausgesetzt)

$$var\,\overline{Y} = var_1\,E_2\,\overline{Y} + E_1\,var_2\,\overline{Y} > var_1\,E_2\,\overline{Y} = var_1\,U = var\,U\ .$$

11   Antwortfehler

11.1   Antwortvariabilität und Antwortverzerrung

Die Qualität der im Rahmen einer Volkszählung ausgefüllten Fragebögen werde im allgemeinen beträchtlich überschätzt, schreiben SZAMEITAT /DEININGER (1967)). Sie verweisen unter anderem auf die Volkszählung von 1961; Vergleiche mit dem sechs Wochen später durchgeführten Mikrozensus ergaben, daß für jede dritte Erwerbsperson mindestens eines von 15 erfragten Merkmalen falsch angegeben war.

Wir wollen SZAMEITAT/DEININGER (1967) folgend annehmen, daß jede im Rahmen einer Erhebung gestellte Frage eindeutig formuliert ist und für jede Einheit genau eine reelle Zahl als richtig zu gelten hat. Wir bezeichnen die korrekten Angaben für die Einheiten $g_1, g_2, \ldots g_N$ - auch wahre Werte genannt - mit $x_1, x_2, \ldots x_N$, ihr arithmetisches Mittel mit $\bar{x}$. x_i könnte z.B. die in ganz bestimmter Weise definierte Wohnfläche des i-ten Haushaltes einer Region sein. Wie kommt dann die Angabe zustande, die etwa der Haushaltsvorstand - sagen wir im Rahmen einer schriftlichen Befragung - macht?

Man hat sich vorzustellen, daß es vom Zufall abhängt, in welchem Kontext der Fragebogen ausgefüllt wird. Entsprechend zufällig treten Assoziationen und Mißverständnisse auf. Vielleicht wird das Nachmessen als zu aufwendig empfunden und statt dessen eine Schätzung vorgenommen. Möglicherweise wird die Erhebung sogar in Zusammenhang mit eventuellen Mieterhöhungen gebracht, so daß sich eine Tendenz zur Unterschätzung ergibt.

Ganz ähnlich hat man sich die Angabe der Anbauflächen für einzelne Fruchtarten oder der Tierbestände bei landwirtschaftlichen Erhebungen vorzustellen (vgl. STRECKER/WIEGERT/PEETERS/KAFKA (1983)).

Der Einfachheit halber wollen wir im folgenden annehmen, die Untersuchungseinheiten seien den Erhebungseinheiten - auch als Befragte oder zu befragende Personen bezeichnet - umgekehrt eindeutig zugeordnet. Wir setzen voraus, kein Befragter werde durch einen anderen Befragten beeinflußt - eine Voraussetzung, die jedenfalls bei schriftlichen Befragungen im allgemeinen erfüllt sein dürfte. Wahrscheinlichkeitstheoretisch präzisieren wir diese Voraussetzung durch die Annahme, den Einheiten $g_1, g_2, \ldots g_N$ seien unabhängige Zufallsvariablen

$$y_{11}, y_{21}, \ldots y_{N1}$$

zugeordnet. Wir wollen mit

$$y_i, \sigma^2_{Ri}$$

den Erwartungswert und die Varianz von y_{i1} bezeichnen, und nennen

$$y_i - x_i \qquad \text{(individuelle) Antwortverzerrung von } g_i$$

$$\sigma^2_{Ri} \qquad \text{(individuelle) Antwortvarianz von } g_i$$

$$\bar{y} - \bar{x} = \frac{1}{N} \sum \left(y_i - x_i \right) \qquad \text{durchschnittliche (individuelle) Antwortverzerrung und}$$

$$\sigma^2_R = \frac{1}{N} \sum \sigma^2_{Ri} \qquad \text{durchschnittliche (individuelle) Antwortvarianz.}$$

Wenn

$$\sigma^2_R > 0$$

gilt, sagt man, die Personen der interessierenden Grundgesamtheit seien *antwortvariabel*; andernfalls wollen wir von *Antwortstabilität* sprechen.

Unter Umständen besteht die Möglichkeit, eine Frage mehrfach durch dieselbe Person beantworten zu lassen, und zwar unabhängig. Hierbei ist insbesondere sicherzustellen, daß der wiederholt Befragte sich nicht über die neuerliche Belästigung ärgert; er darf auch nicht ohne weitere Überlegung frühere Antworten wiederholen, sondern muß jeweils so antworten, als stelle man ihm die Frage zum ersten Mal. (Vgl. STRECKER (1983).)

Wahrscheinlichkeitstheoretisch bedeutet dies, daß Zufallsvariablen

$$y_{i1}, y_{i2}, \ldots y_{ik}$$

betrachtet werden, die unabhängig und identisch verteilt sind; natürlich sind auch

$$y_{ij} \quad \text{und} \quad y_{i'j'}$$

für $i \neq i'$ unabhängig. Wir wollen

$$\bar{y}_i = \frac{1}{k} \sum_j y_{ij}$$

$$s^2_{Ri} = \frac{1}{k-1} \sum_j \left(y_{ij} - \bar{y}_i \right)^2$$

setzen.

11.2 Festlegung eines Auswahlverfahrens

Wenn mit Antwortvariabilität und Antwortverzerrung zu rechnen ist, wäre es unzweckmäßig, eine Vollerhebung durchzuführen. Sie würde für jede Einheit einen Wert liefern, der mehr oder weniger weit vom wahren Wert entfernt ist; zweckmäßiger ist ganz offensichtlich, wenigstens für eine Teilmenge die schwer zugänglichen wahren Werte zu ermitteln und dann sinnvolle Schätzungen vorzunehmen.

Wir gehen davon aus, daß den Einheiten $g_1, g_2, \ldots g_N$ durch ein Hilfsmerkmal Ausprägungen

$$z_1, z_2, \ldots z_N > 0$$

zugeordnet sind und daß unter Verwendung z-proportionaler Wahrscheinlichkeiten eine n-malige Zufallsauswahl mit Zurücklegen vorgenommen wird (vgl. Abschnitt 5.1). Wenn jemand mehrfach ausgewählt wird, soll er doch nicht öfter befragt werden als jemand, der nur einmal in die Auswahl gelangt. Wir schreiben

$$Z_i \qquad \text{für die Ausprägung des Hilfsmerkmals}$$

$$X_i \qquad \text{für den wahren Wert}$$

$$Y_i \qquad \text{für die erwartete Angabe}$$

$$\Sigma^2_{Ri} \qquad \text{für die Varianz der Angabe}$$

$$Y_{ij} \qquad \text{für die } j-\text{te Angabe}$$

$$\overline{Y}_i = \frac{1}{k} \sum_j Y_{ij} \qquad \text{für das arithmetische Mittel der } k \text{ Angaben}$$

$$S^2_{Ri} = \frac{1}{k-1} \sum \left(Y_{ij} - \overline{Y}_i \right)^2 \qquad \text{für die Varianz der } k \text{ Angaben}$$

der beim i-ten Zug erfaßten Person. Wenn also beim *2*-ten und beim *305*-ten Zug die dritte Person gezogen wird, gilt

$$Z_2 = Z_{305} = z_3$$
$$X_2 = X_{305} = x_3$$
$$Y_2 = Y_{305} = y_3$$
$$\Sigma^2_{R2} = \Sigma^2_{R305} = \sigma^2_{R3}$$

$$Y_{2j} = Y_{305j} = y_{3j}$$

$$\overline{Y}_2 = \overline{Y}_{305} = \frac{1}{k} \sum y_{3j}$$

$$S^2_{R2} = S^2_{R305} = \frac{1}{k-1} \sum \left(y_{3j} - \overline{y}_3 \right)^2 .$$

Die n Ziehungen und die k Befragungen einer (mindestens einmal) ausgewählten Person sollen unabhängig sein. D.h. daß wir uns alle N Personen k-fach befragt denken können, wobei alle Elemente der Matrix

$$y_{11}, y_{12}, \ldots y_{1k}$$
$$y_{21}, y_{22}, \ldots y_{2k}$$
$$\vdots$$
$$y_{N1}, y_{N2}, \ldots y_{Nk}$$

unabhängig sind und

$$Y_{11}, Y_{12}, \ldots Y_{1k}$$
$$Y_{21}, Y_{22}, \ldots Y_{2k}$$
$$\vdots$$
$$Y_{n1}, Y_{n2}, \ldots Y_{nk}$$

dadurch entsteht, daß aus der oberen Matrix n Zeilen durch Zufallsauswahl mit Zurücklegen (unter Verwendung z-proportionaler Auswahlwahrscheinlichkeiten) herausgegriffen werden.

Mit E_1 und var_1 bezeichnen wir im folgenden Erwartungs- und Varianzbildung bzgl. der Zufälligkeit des Antwortens, mit E_2 und var_2 Erwartungs- und Varianzbildung bzgl. des Auswahlverfahrens.

11.3 Antwortvariabilität bei fehlender Antwortverzerrung

Wir unterstellen im folgenden, daß $y_i = x_i$ gilt, d.h. daß keine Antwortverzerrungen vorliegen. Es soll überlegt werden, welche Konsequenzen sich dann aus Antwortvariabilität, insbesondere aus nicht erkannter Antwortvariabilität ergeben.

Nehmen wir also an, man habe $z_1, \ldots z_N$ festgelegt und verwende

$$\frac{\overline{z}}{n} \sum \frac{Y_{i1}}{Z_i} \qquad (1)$$

als Schätzung. Nach dem vorangehenden Abschnitt gilt dann

$$E_2 \frac{\bar{z}}{n} \sum \frac{Y_{i1}}{Z_i} = \frac{1}{N} \sum y_{i1}$$

und man folgert

$$E \frac{\bar{z}}{n} \sum \frac{Y_{i1}}{Z_i} = E_1 E_2 \frac{\bar{z}}{n} \sum \frac{Y_{i1}}{Z_i} = \frac{1}{N} \sum E_1 y_{i1} = \bar{y} \ .$$

Wenn Antwortvariabilität übersehen wird, ergeben sich also keine Verzerrungen. Dies gilt nicht nur bei Verwendung der HH-Strategie, wie man sich leicht überlegt.

Wer die Antwortvariabilität nicht erkennt, wird nach 5.3 Satz

$$\frac{\bar{z}^2}{n(n-1)} \sum \left(\frac{Y_{i1}}{Z_i} - \frac{1}{n} \sum \frac{Y_{j1}}{Z_j} \right)^2$$

als Schätzung für die Varianz von (1) verwenden.

Wegen der tatsächlich vorliegenden Antwortvariabilität gilt aber

$$var \frac{\bar{z}}{n} \sum \frac{Y_{i1}}{Z_i} = E_1 var_2 \frac{\bar{z}}{n} \sum \frac{Y_{i1}}{Z_i} + var_1 E_2 \frac{\bar{z}}{n} \sum \frac{Y_{i1}}{Z_i}$$

$$= E_1 E_2 \frac{\bar{z}^2}{n(n-1)} \sum \left(\frac{Y_{i1}}{Z_i} - \frac{1}{n} \sum \frac{Y_{j1}}{Z_j} \right)^2 + var_1 \frac{1}{N} \sum_1^N y_{i1}$$

$$= E_1 \ddot{E}_2 \frac{\bar{z}^2}{n(n-1)} \sum \left(\frac{Y_{i1}}{Z_i} - \frac{1}{n} \sum \frac{Y_{j1}}{Z_j} \right)^2 + \frac{\sigma_R^2}{N} \ .$$

Demnach wird die Varianz von (1) unterschätzt. Die in der üblichen Weise konstruierten Konfidenzintervalle für $\bar{x} = \bar{y}$ sind also unzulässig eng.

Wie lautet die korrekte Varianzschätzung?

Offenbar muß σ_R^2 geschätzt werden. Zu diesem Zweck hat man ausgewählte Personen mehrfach zu befragen, sagen wir k-fach. Wegen

$$E_2 \frac{\bar{z}}{n} \sum \frac{\Sigma_{Ri}^2}{Z_i} = \frac{1}{N} \sum_i \sigma_{Ri}^2 = \sigma_R^2$$

$$E_1 S_{Ri}^2 = \Sigma_{Ri}^2$$

gilt

$$E \; \frac{\bar{z}}{n} \sum \frac{S_{Ri}^2}{Z_i} = \sigma_R^2 \; .$$

Wenn k-fach befragt wird, liegt die Verwendung der unverzerrten Schätzung

$$\frac{\bar{z}}{n} \sum \frac{\bar{Y}_i}{Z_i} \tag{2}$$

nahe. Man hat

$$var_2 \frac{\bar{z}}{n} \sum \frac{\bar{Y}_i}{Z_i} = E_2 \frac{\bar{z}^2}{n(n-1)} \sum \left(\frac{\bar{Y}_i}{Z_i} - \frac{1}{n} \sum \frac{\bar{Y}_j}{Z_j} \right)^2$$

$$E_2 \frac{\bar{z}}{n} \sum \frac{\bar{Y}_i}{Z_i} = \frac{1}{N} \sum \bar{y}_i$$

$$var_1 E_2 \frac{\bar{z}}{n} \sum \frac{\bar{Y}_i}{Z_i} = \frac{1}{kN^2} \sum \sigma_{Ri}^2 = \frac{1}{kN} \sigma_R^2 \; .$$

Demnach ist die Varianz der Schätzfunktion (2) durch

$$\frac{\bar{z}^2}{n(n-1)} \sum \left(\frac{\bar{Y}_i}{Z_i} - \frac{1}{n} \sum \frac{\bar{Y}_j}{Z_j} \right)^2 + \frac{1}{kN} \frac{\bar{z}}{n} \sum \frac{S_{Ri}^2}{Z_i}$$

zu schätzen.

Es ist zweifellos außerordentlich aufwendig, Personen mehrfach zu befragen und dafür zu sorgen, daß die einzelnen Antworten unabhängig gegeben werden. Aus diesem Grund wird man k kaum größer als 2 festlegen. Möglicherweise nimmt man die zweite Befragung auch nur im Anschluß an die ersten n_0 Ziehungen vor, wobei n_0 wesentlich kleiner ist als n. Wir gehen auf diese Aspekte nicht weiter ein; als Beispiel für eine erfolgreiche praktische Anwendung sei STRECKER/WIEGERT/PEETERS/KAFKA (1983) genannt.

11.4 Antwortvariabilität bei erkannter Antwortverzerrung

Wahre Werte unter Heranziehung entsprechender Unterlagen zu ermitteln, wird im allgemeinen hohe Kosten verursachen. Andererseits ist klar, daß eine erwartungstreue Schätzung von $\bar{x}$ unmöglich ist, wenn nicht wenigstens für einige Einheiten wahre Werte beschafft werden.

Wir wollen im folgenden davon ausgehen, daß man eine $(n+n')$-malige Zufallsauswahl mit Zurücklegen vornimmt, und zwar unter Zugrundelegung z-proportionaler Auswahlwahrscheinlichkeiten. Für jede (mindestens einmal) gezogene Person werden k unabhängige Befragungen durchgeführt; $k = 1$ ist hierbei als Grenzfall zugelassen. Mit

$$Y_{i1}, Y_{i2}, \ldots Y_{ik} \; ; \; i = 1, 2, \ldots n$$

bezeichnen wir die Angaben, die wir für die im i-ten Zug erfaßte Person erhalten. Demgegenüber sind

$$Y'_{i1}, Y'_{i2}, \ldots Y'_{ik} \; ; \; i = 1, 2, \ldots n'$$

die Angaben für die Person, die an $(n+i)$-ter Stelle gezogen wird. (Sollten z.B. die Züge $1,4$ und $n+2$ dieselbe Person liefern, so gilt $Y_{1j} = Y_{4j} = Y'_{2j}$ für $j = 1, 2, \ldots k$.)

Die wahren Werte sollen nur für die Einheiten erfaßt werden, die bei den letzten n' Ziehungen in die Auswahl gelangen; sie werden mit $X'_1, X'_2, \ldots X'_{n'}$ bezeichnet.

Entsprechend der vorangehend eingeführten Bezeichnungsweise beziehen sich Großbuchstaben "ohne Strich" im folgenden stets auf die ersten n Ziehungen, Großbuchstaben "mit Strich" dagegen auf die letzen n' Ziehungen. Wegen

$$\bar{x} = \bar{y} + (\bar{x} - \bar{y}) = \bar{y} + \frac{1}{N} \sum \left(x_i - y_i \right)$$

bietet sich in der jetzt betrachteten Situation

$$A = \frac{z}{n} \sum \frac{\bar{Y}_i}{Z_i} + \frac{z}{n'} \sum \frac{X'_i - \bar{Y}'_i}{Z'_i}$$

als Schätzfunktion an. (Hierbei verzichtet man allerdings darauf, die in der zweiten Stichprobe gesammelte Information über die y-Werte auch für die Schätzung von $\bar{y}$ zu nutzen.)

Die Erwartungstreue der Schätzfunktion A ist wegen

$$E_2 \left(\frac{\bar{z}}{n} \sum \frac{\overline{Y}_i}{Z_i} + \frac{\bar{z}}{n'} \sum \frac{X'_i - \overline{Y}'_i}{Z'_i} \right) = \frac{1}{N} \sum \bar{y}_i + \frac{1}{N} \sum \left(x_i - \bar{y}_i \right) = \bar{x}$$

offensichtlich; außerdem hat man

$$var\,A = E_1\,var_2\,A\ .$$

Da wegen des Ziehens mit Zurücklegen

$$var_2\,A = var_2 \frac{\bar{z}}{n} \sum \frac{\overline{Y}_i}{Z_i} + var_2 \frac{\bar{z}}{n} \sum \frac{X'_i - \overline{Y}'_i}{Z'_i}$$

gilt und nach Abschnitt 11.2

$$var_2 \frac{\bar{z}}{n} \sum \frac{\overline{Y}_i}{Z_i} = E_2 \frac{\bar{z}^2}{n(n-1)} \sum \left(\frac{\overline{Y}_i}{Z_i} - \frac{1}{n} \sum \frac{\overline{Y}_j}{Z_j} \right)^2$$

$$var_2 \frac{\bar{z}}{n'} \sum \frac{X'_i - \overline{Y}'_i}{Z'_i} = E_2 \frac{\bar{z}^2}{n'(n'-1)} \sum \left(\frac{X'_i - \overline{Y}'_i}{Z'_i} - \frac{1}{n'} \sum \frac{X'_j - \overline{Y}'_j}{Z'_j} \right)^2$$

erfüllt ist, ergibt sich also

$$var\,A = E \left[\frac{\bar{z}^2}{n(n-1)} \sum \left(\frac{\overline{Y}_i}{Z_i} - \frac{1}{n} \sum \frac{\overline{Y}_j}{Z_j} \right)^2 \right.$$
$$\left. + \frac{\bar{z}^2}{n'(n'-1)} \sum \left(\frac{X'_i - \overline{Y}'_i}{Z'_i} - \frac{1}{n'} \sum \frac{X'_j - \overline{Y}'_j}{Z'_j} \right)^2 \right]\ .$$

Wer mit Antwortverzerrung, nicht aber mit Antwortvariabilität rechnet, wird die ausgewählten Personen nur einmal befragen und daher

$$\frac{\bar{z}}{n} \sum \frac{Y_{i1}}{Z_i} + \frac{\bar{z}}{n'} \sum \frac{X'_i - Y'_{i1}}{Z'_i} \tag{2}$$

als Schätzung für x verwenden. Als Schätzung für die Varianz von (3) ergibt sich für ihn

$$\frac{\bar{z}^2}{n(n-1)} \sum \left(\frac{Y_{i1}}{Z_i} - \frac{1}{n} \sum \frac{Y_{j1}}{Z_j} \right)^2 + \frac{\bar{z}^2}{n'(n'-1)} \sum \left(\frac{X'_i - Y'_{i1}}{Z'_i} - \frac{1}{n'} \sum \frac{X'_j - Y'_{j1}}{Z'_j} \right)^2 .$$

Da dieses Vorgehen dem Fall $k=1$ in der obigen Betrachtung entspricht, begeht er bemerkenswerterweise keinen Fehler.

Wichtig ist demnach, das Vorliegen von Antwortverzerrung zu erkennen; die Varianzvergrößerung der Schätzung durch Antwortvariabilität wird dann bei der Konstruktion von Konfidenzintervallen automatisch mit berücksichtigt.

11.5   Aufgaben

Aufgabe 1

Der Mieterverein wählt von 1 000 Haushalten einer Siedlung mit 2 000 Bewohnern 10 Haushalte (mit Zurücklegen) aus, und zwar auf der Basis z-proportionaler Wahrscheinlichkeiten. Alle ausgewählten Haushalte werden nach der Quadratmeterzahl ihrer Wohnung gefragt. Bei den 5 zuletzt ausgewählten Haushalten wird die exakte Wohnungsgröße durch Nachmessen ermittelt. Es ergibt sich:

Ausgewählter Haushalt	Haushalts größe	Angegebene Wohnungsgröße (in qm)	Tatsächliche Wohnungsgröße (in qm)
1	3	84	--
2	1	42	--
3	2	70	--
4	2	60	--
5	4	100	--
6	1	30	34
7	2	70	72
8	2	80	86
9	1	40	41
10	3	80	83

Geben Sie eine Schätzung für die tatsächliche durchschnittliche Wohnungsgröße an und berechnen Sie eine Varianzschätzung.

Lösung: Für $i = 1, \dots N$ bezeichnen wir mit

y_i die angegebene Wohnungsgröße des i-ten Haushalts

x_i die tatsächliche Wohnungsgröße des i-ten Haushalts

z_i Haushaltsgröße des i-ten Haushalts

und verwenden

$$\frac{\bar{z}}{n} \sum \frac{Y_i}{Z_i} + \frac{\bar{z}}{n'} \sum \frac{X'_i - Y'_i}{Z'_i}$$

als Schätzfunktion für die tatsächliche durchschnittliche Wohnungsgröße $\bar{x}$. Dabei beziehen sich die Werte ohne Striche auf die ausgewählten Haushalte, bei denen die exakte Wohnungsgröße nicht ermittelt wurde, und die mit Strich versehenen Werte auf die Haushalte, bei denen auch die tatsächliche Wohnungsgröße ermittelt wurde.

Als Schätzung ergibt sich somit

$$\frac{2}{5}\left(28 + 42 + 35 + 30 + 25\right) + \frac{2}{2}\left(4 + 1 + 3 + 1 + 1\right) = 68 \ .$$

Als Varianzschätzung berechnet man

$$\frac{\bar{z}^2}{n(n-1)} \sum_i \left(\frac{Y_i}{Z_i} - \frac{1}{n}\sum_j \frac{Y_j}{Z_j}\right)^2 + \frac{\bar{z}^2}{n'(n'-1)} \sum_i \left(\frac{X'_i - Y'_i}{Z'_i} - \frac{1}{n'}\sum_j \frac{X'_j - Y'_j}{Z'_j}\right)^2$$

$$= \frac{4}{5\cdot4}\left(16 + 100 + 9 + 4 + 49\right) + \frac{4}{5\cdot4}\left(4 + 1 + 1 + 1 + 1\right)$$

$$= 37{,}2 \ .$$

Aufgabe 2

Es gebe c_x bzw. c_y an, wie teuer die Erhebung eines x- bzw. y-Wertes ist. Dabei seien y_i der von der i-ten Person angegebene Wert und x_i der wahre Wert $(i = 1, \ldots N)$.

Wir gehen davon aus, daß zur Schätzung von $\bar{x}$ eine $(n + n')$-malige uneingeschränkte Zufallsauswahl mit Zurücklegen vorgenommen wird und die ausgewählten Personen einmal befragt werden. Nur bei den n' zuletzt ausgewählten Personen werden auch die wahren Werte ermittelt.

Zeigen Sie, daß bei vorgegebener Kostenschranke für die optimalen Stichprobenumfänge gilt

$$\left(\frac{n'}{n}\right)^2 = \frac{s_{xx} - 2s_{xy} + s_{yy}}{s_{yy}} \ \frac{c_y}{c_x + c_y} \ .$$

Lösung: Da uneingeschränkt zufällig mit Zurücklegen ausgewählt wird, ist

$$var\left(\bar{Y} + \bar{X}' - \bar{Y}'\right) = var\,\bar{Y} + var\left(\bar{X}' - \bar{Y}'\right)$$

$$= \frac{1}{n}\,\sigma_{yy} + \frac{1}{n'}\left(\sigma_{xx} - 2\,\sigma_{xy} + \sigma_{yy}\right) \ .$$

Wegen der Nebenbedingung $n\,c_y + n'\,(c_x + c_y) \leq c$ differenzieren wir

$$\frac{1}{n}\,\sigma_{yy} + \frac{1}{n'}\left(\sigma_{xx} - 2\,\sigma_{xy} + \sigma_{yy}\right) + \lambda\left(n\,c_y + n'\left(c_x + c_y\right) - c\right)$$

nach n und n' und erhalten durch Nullsetzen der Ableitungen

$$\frac{1}{n^2}\,\sigma_{yy} = \lambda\,c_y$$

$$\frac{1}{n'^2}\left(\sigma_{xx} - 2\,\sigma_{xy} + \sigma_{yy}\right) = \lambda\left(c_x + c_y\right).$$

Durch Division findet man

$$\left(\frac{n'}{n}\right)^2 \frac{\sigma_{yy}}{\sigma_{xx} - 2\,\sigma_{xy} + \sigma_{yy}} = \frac{c_y}{c_x + c_y}\,.$$

Man überlegt sich leicht, daß ein Minimum vorliegt, woraus die Behauptung folgt.

12 Zufallsverschlüsselte Antworten

12.1 Verschlüsselungsexperimente

Wir wollen ein Beispiel von WARNER (1965) geringfügig modifizieren und nehmen an, daß der Anteil derjenigen Erwachsenen interessiert, die die Droge Marihuana ein- oder mehrmals konsumiert haben. Zu diesem Zeck wählt man n Erwachsene uneingeschränkt zufällig aus. Jeder ausgewählte Erwachsene wird folgender Prozedur unterworfen:

> Er zieht eine Karte aus einem Skatblatt, das der Interviewer gemischt hat, und antwortet korrekt, wenn die von ihm gezogene Karte eine Kreuz-, Pik- oder Herzkarte ist. Wenn er eine Karokarte zieht, "lügt" er, d.h. er sagt "ja" falls er eigentlich "nein" sagen müßte, und umgekehrt. Dann steckt er die gezogene Karte in das Skatblatt zurück.

Der Interviewer notiert die Antwort, erhält aber keine Kenntnis der vom Befragten gezogenen Karte. Der Antwort kann er also nicht entnehmen, ob der Befragte Marihuana konsumiert hat oder nicht. Somit ist die Vertraulichkeit gewahrt, und es entfällt eine wichtige Ursache für Antwortverweigerung oder (unkontrollierte) Antwortverfälschung.

Obwohl nicht bekannt ist, welche Befragte Marihuana konsumiert haben, läßt sich der gesuchte Anteil schätzen. Wir setzen

$$y_i = \begin{cases} 1 \text{ falls der Erwachsene } g_i \text{ Marihuana konsumiert hat} \\ 0 \text{ sonst}. \end{cases}$$

Dann ist $\bar{y}$ gesucht.

Der an i-ter Stelle ausgewählte Erwachsene G_i führt das beschriebene *Verschlüsselungsexperiment* durch. Wir wollen definieren

$$U_i = \begin{cases} 1 \text{ falls eine Kreuz-, Pik- oder Herzkarte gezogen wird} \\ 0 \text{ sonst}. \end{cases}$$

Dann können wir die Angabe von G_i in der Gestalt

$$X_i = U_i Y_i + \left(1 - U_i\right)\left(1 - Y_i\right) = \left(2 U_i - 1\right) Y_i + \left(1 - U_i\right)$$

schreiben. Und weil U_i den Erwartungswert $0{,}75$ besitzt, besitzt X_i den Erwartungswert $0{,}5\, Y_i + 0{,}25$. Wenn man für die Ausgewählten $G_1, G_2, \dots G_n$ die Antworten $X_1, X_2, \dots X_n$ erhält, wird man also $\bar{X}$ als Schätzung für

$$0{,}5\, \bar{Y} + 0{,}25$$

und somit

$$\frac{\overline{X} - 0{,}25}{0{,}5} \qquad (1)$$

als Schätzung für $\overline{Y}$ verwenden. Da $\overline{Y}$ den Erwartungswert $\overline{y}$ besitzt, ist (1) gleichzeitig als Schätzung für den gesuchten Anteil $\overline{y}$ geeignet.

Wir betrachten ein zweites Beispiel.

Man möchte das Durchschnittseinkommen einer bestimmten Gruppe freiberuflich Tätiger für das vergangene Jahr schätzen. Dazu wählt man n Personen des betreffenden Personenkreises aus und bittet jeden Ausgewählten eine echte Münze solange zu werfen, bis zum ersten Mal "Zahl" erscheint. Wenn der an i-ter Stelle Ausgewählte G_i, dessen Einkommen mit Y_i bezeichnet wird, U_i Würfe benötigt, teilt er dem Interviewer - der das Münzenexperiment nicht beobachtet und U_i daher nicht kennt - den Wert

$$X_i = U_i Y_i + \left(U_i - 10 \right) \cdot 100$$

mit.

Man überlegt sich, daß die Zufallsvariable U_i den Erwartungswert 2 besitzt. G_i macht also eine Angabe, deren Erwartungswert

$$2\,Y_i - 800$$

ist. Wenn man für die n Ausgewählten die Angaben X_1, X_2, ... X_n erhält, wird man also $\overline{X}$ als Schätzung für

$$2\,\overline{Y} - 800$$

ansehen und

$$\frac{\overline{X} + 800}{2} \qquad (2)$$

als Schätzung für $\overline{Y}$ verwenden. Da $\overline{Y}$ den Erwartungswert $\overline{y}$ besitzt, eignet sich (2) auch als Schätzung für $\overline{y}$. Für weitere Beispiele und eine sehr ausführliche Literaturübersicht sei auf DEFFAR (1982) verwiesen.

Wir wollen jetzt allgemeiner annehmen, daß jeder Befragte dasselbe Zufallsexperiment zur Verschlüsselung seiner Antwort durchführt. Durch die Verschlüsselungsexperimente der G_i; $i = 1, 2, ... n$ sollen unabhängige und identisch verteilte $\left(A_i, B_i \right)$; $i = 1, 2, ... n$ definiert sein, die von Y_1, Y_2, ... Y_n unabhängig sind; man beobachtet

$$X_i = A_i Y_i + B_i \,.$$

Im ersten Beispiel gilt

$$A_i = 2\,U_i - 1\ ,\ B_i = 1 - U_i$$

und im zweiten

$$A_i = U_i\ ,\ B_i = \big(U_i - 10\big)\,100\ .$$

Wir werden die Operatoren E, var mit den Indizes ab bzw. y versehen, wenn sie sich nur auf die Zufallsvariablen A_i, B_i $(i = 1, 2, \ldots n)$ bzw. nur auf die Zufallsvariablen Y_i $(i = 1, 2, \ldots n)$ beziehen. Es wird für $i \neq j$ gesetzt

$$
\begin{aligned}
\mu_a &= E_{ab}\,A_i\\
\mu_b &= E_{ab}\,B_i\\
\sigma_{aa} &= var_{ab}\,A_i\\
\sigma_{bb} &= var_{ab}\,B_i\\
\sigma_{ab} &= cov_{ab}(A_i, B_i)\ .
\end{aligned}
$$

Dann gilt

$$E_{ab}\,\overline{X} = \mu_a\,\overline{Y} + \mu_b$$

und folglich

$$E_{ab}\left(\frac{\overline{X} - \mu_b}{\mu_a}\right) = \overline{Y}$$

so daß

$$\frac{\overline{X} - \mu_b}{\mu_a}$$

eine unverzerrte Schätzung für $\overline{y}$ ist.

12.2 Varianzberechnung und Varianzschätzung

Mit den vorangehend eingeführten Definitionen hat man

$$E_{ab}\,\overline{X} = \mu_a\,\overline{Y} + \mu_b$$

$$var_{ab}\,\overline{X} = \frac{1}{n^2}\sum\left(Y_i^2\,\sigma_{aa} + 2\,Y_i\,\sigma_{ab} + \sigma_{bb}\right)\ .$$

Es folgt dann

$$E_y\,var_{ab}\,\overline{X} = \frac{1}{n}\left\{\sigma_{aa}\,\frac{1}{N}\sum y_i^2 + 2\,\sigma_{ab}\,\overline{y} + \sigma_{bb}\right\}$$

$$var_y\,E_{ab}\,\overline{X} = \mu_a^2\,\frac{s_{yy}}{n}\left(1 - \frac{n}{N}\right)$$

und wir erhalten

$$var\ \overline{X} = \mu_a^2\ \frac{s_{yy}}{n}\left(1 - \frac{n}{N}\right) + \frac{1}{n}\left\{\sigma_{aa}\frac{1}{N}\sum y_i^2 + 2\,\sigma_{ab}\,\overline{y} + \sigma_{bb}\right\}\ .$$

Demnach besitzt die (für $\overline{y}$ unverzerrte) Schätzfunktion

$$\frac{\overline{X} - \mu_b}{\mu_a}$$

die Varianz

$$\frac{s_{yy}}{n}\left(1 - \frac{n}{N}\right) + \frac{1}{n\,\mu_a^2}\left\{\sigma_{aa}\frac{1}{N}\sum y_i^2 + 2\,\sigma_{ab}\,\overline{y} + \sigma_{bb}\right\}\ .$$

Wie sollte man diese Varianz schätzen?

Wir gehen aus von den Beziehungen

$$E_y\ \overline{X} = \overline{x}$$

$$var_y\ \overline{X} = \frac{s_{xx}}{n}\left(1 - \frac{n}{N}\right)\ .$$

Wegen $E_y\,S_{xx} = s_{xx}$ ist erfüllt

$$E_{ab}\,var_y\ \overline{X} = E\,\frac{S_{xx}}{n}\left(1 - \frac{n}{N}\right)\ . \tag{1}$$

Zu überlegen ist also noch, wie

$$var_{ab}\,E_y\,\overline{X} = var_{ab}\,\overline{x} = \frac{1}{N}\left\{\sigma_{aa}\,\frac{1}{N}\sum y_i^2 + 2\,\sigma_{ab}\,\overline{y} + \sigma_{bb}\right\} \tag{2}$$

geschätzt werden kann. Wir haben

$$E_y\,\frac{1}{n}\sum X_i^2 = \frac{1}{N}\sum x_i^2\ .$$

Wegen

$$E_{ab}\,x_i^2 = \left(\sigma_{aa} + \mu_a^2\right)y_i^2 + 2\left(\sigma_{ab} + \mu_a\mu_b\right)y_i + \left(\sigma_{bb} + \mu_b^2\right)$$

folgt

$$E\,\frac{1}{n}\sum X_i^2 = \left(\sigma_{aa} + \mu_a^2\right)\frac{1}{N}\sum y_i^2 + 2\left(\sigma_{ab} + \mu_a\mu_b\right)\overline{y} + \left(\sigma_{bb} + \mu_b^2\right)$$

und daher

$$E\left[\frac{1}{n}\sum X_i^2 - 2\left(\sigma_{ab} + \mu_a\mu_b\right)\frac{\overline{X}-\mu_b}{\mu_a} - \left(\sigma_{bb}+\mu_b^2\right)\right] = \left(\sigma_{aa}+\mu_a^2\right)\frac{1}{N}\sum y_i^2 \;.$$

Gemäß (2) ergibt sich also

$$\begin{aligned}
var_{ab}E_y\,\overline{X} &= E\,\frac{1}{N}\left\{\frac{\sigma_{aa}}{\sigma_{aa}+\mu_a^2}\left[\frac{1}{n}\sum X_i^2 - 2\left(\sigma_{ab}+\mu_a\mu_b\right)\frac{\overline{X}-\mu_b}{\mu_a}\right.\right.\\
&\qquad\left.\left. - \left(\sigma_{bb}+\mu_b^2\right)\right] + 2\,\sigma_{ab}\frac{\overline{X}-\mu_b}{\mu_a} + \sigma_{bb}\right\}\\
&= E\,\frac{1}{N}\,\frac{1}{\sigma_{aa}+\mu_a^2}\left\{\sigma_{aa}\frac{1}{n}\sum X_i^2 + 2\,\overline{X}\left(\mu_a\sigma_{ab} - \sigma_{aa}\mu_b\right)\right.\\
&\qquad\left. + \sigma_{aa}\mu_b^2 - 2\,\mu_a\sigma_{ab}\mu_b + \mu_a^2\sigma_{bb}\right\}\,. \qquad\qquad (3)
\end{aligned}$$

Als Schätzung für

$$var\,\frac{\overline{X}-\mu_b}{\mu_a} = \frac{1}{\mu_a^2}\,var\,\overline{X}$$

erhalten wir aus (1) und (3)

$$\frac{1}{\mu_a^2}\left[\frac{S_{xx}}{n}\left(1-\frac{n}{N}\right) + \frac{1}{N\left(\sigma_{aa}+\mu_a^2\right)}\left(\sigma_{aa}\frac{1}{n}\sum X_i^2 + 2\,\overline{X}\left(\mu_a\sigma_{ab}-\sigma_{aa}\mu_b\right)\right.\right.$$
$$\left.\left. + \sigma_{aa}\mu_b^2 - 2\,\mu_a\sigma_{ab}\mu_b + \mu_a^2\sigma_{bb}\right)\right]\,. \qquad\qquad (4)$$

Alle Formeln vereinfachen sich wesentlich, wenn

$$\mu_b = 0\,,\ \sigma_{ab} = 0$$

erfüllt ist. (Dies läßt sich bei der Einkommensverschlüsselung leicht realisieren.) Dann gilt für die Schätzung $\overline{X}/\mu_a$

$$var\,\frac{\overline{X}}{\mu_a} = \frac{s_{yy}}{n}\left(1-\frac{n}{N}\right) + \frac{1}{n\mu_a^2}\left\{\sigma_{aa}\frac{1}{N}\sum y_i^2 + \sigma_{bb}\right\}$$

und

$$\frac{1}{\mu_a^2}\left[\frac{S_{xx}}{n}\left(1-\frac{n}{N}\right)+\frac{1}{N\left(\sigma_{aa}+\mu_a^2\right)}\left\{\sigma_{aa}\frac{1}{N}\sum X_i^2+\mu_a^2\,\sigma_{bb}\right\}\right]$$

ist eine erwartungstreue Schätzung für $var\ \overline{X}/\mu_a$.

Wir wollen das erste Beispiel in Abschnitt 12.1 wieder aufgreifen und die Wahrscheinlichkeit, mit der eine korrekte Antwort gegeben wird, mit π bezeichnen. Dann gilt

$$\begin{aligned}
\mu_a &= 2\pi-1\\
\mu_b &= 1-\pi\\
\sigma_{aa} &= 4\pi(1-\pi)\\
\sigma_{bb} &= \pi(1-\pi)\\
\sigma_{ab} &= -2\pi(1-\pi)\,.
\end{aligned}$$

Wir haben also die Schätzung

$$\frac{\overline{X}-(1-\pi)}{2\pi-1}$$

mit der Varianz

$$\frac{s_{yy}}{n}\left(1-\frac{n}{N}\right)+\frac{\pi(1-\pi)}{n(2\pi-1)^2}\left\{4\frac{1}{N}\sum y_i^2-4\,\overline{y}+1\right\}\,.$$

Wegen $y_i^2=y_i$ ist dies gleich

$$\frac{s_{yy}}{n}\left(1-\frac{n}{N}\right)+\frac{\pi(1-\pi)}{n(2\pi-1)^2}\,.$$

Als Varianzschätzung erhält man aus (4)

$$\frac{1}{(2\pi-1)^2}\left[\frac{S_{xx}}{n}\left(1-\frac{n}{N}\right)+\frac{\pi(1-\pi)}{N}\right]$$

$$=\frac{1}{(2\pi-1)^2}\left[\frac{\overline{X}(1-\overline{X})}{n-1}\left(1-\frac{n}{N}\right)+\frac{\pi(1-\pi)}{N}\right]\,.$$

13 Superpopulationsmodelle

13.1 Zufallsauswahl und Superpopulationsmodell

Wir haben vielfach von Informationen gesprochen, die a-priori vorliegen und bei der Festlegung von Auswahl- und Schätzverfahren genutzt werden - in sehr behutsamer Weise allerdings. Wenn sich nämlich E auf das von uns bevorzugte Auswahlverfahren bezieht und X die gewählte Stichprobenfunktion ist, gilt stets

$$E X = \bar{y}$$

(zumindest asymptotisch), auch dann, wenn unsere Ausgangsinformation völlig unzutreffend sein sollte. Wenn man zuverlässige und präzise Vorkenntnisse besitzt, wird man anders vorgehen. Wir betrachten ein Beispiel.

An einem Automaten wird Zucker in Tüten gefüllt. Das Füllgewicht ist als Zufallsvariable anzusehen, deren genauer Erwartungswert μ und deren Varianz σ^2 unbekannt sind; jedenfalls weiß man, daß die einzelnen Abfüllungen Wiederholungen desselben Zufallsexperiments sind. Die tatsächlichen Füllgewichte $y_1, y_2, \dots y_N$ von Paketen $g_1, g_2, \dots g_N$ (die in dieser Reihenfolge im Laufe eines Tages hergestellt werden) sind dann Realisationen unabhängiger identisch verteilter Zufallsvariablen $\mathbf{y}_1, \mathbf{y}_2, \dots \mathbf{y}_N$.

Nehmen wir jetzt ganz allgemein an, $y_1, y_2, \dots y_N$ seien Realisationen von Zufallsvariablen $\mathbf{y}_1, \mathbf{y}_2, \dots \mathbf{y}_N$, deren Verteilung man bis auf einige Parameter kennt - im Beispiel: bis auf die Parameter μ und σ. Die Menge $g = \{g_1, g_2, \dots g_N\}$ bezeichnet man vielfach auch als *Population*, die Verteilung von $\mathbf{y}_1, \mathbf{y}_2, \dots \mathbf{y}_N$ daher als *Superpopulation*. Man wird also sagen, daß wir vorangehend ein *Superpopulationsmodell*, d.h. eine Klasse möglicher Verteilungen, betrachtet haben.

Nun kann man sich für Parameter des Superpopulationsmodells interessieren - im Beispiel etwa für μ - oder man kann nach $\bar{y} = \Sigma y_i / N$ fragen . (Für den Abnehmer der vorangehend betrachteten Tagesproduktion ist nicht μ, sondern $\bar{y}$ relevant.) In beiden Fällen wird man einige Einheiten, sagen wir $G_1, G_2, \dots G_n$, herausgreifen - nicht unbedingt zufällig - und die Realisationen $Y_1, Y_2, \dots Y_n$ der zugeodneten Zufallsvariablen $\mathbf{Y}_1, \mathbf{Y}_2, \dots \mathbf{Y}_n$ ermitteln.

Wir setzen

$$\overline{Y} = \frac{1}{n} \sum Y_i$$

$$S_{yy} = \frac{1}{n-1} \sum \left(Y_i - \overline{Y}\right)^2 .$$

Die Operatoren E und *var* sollen sich - wie bisher - stets auf das Auswahlverfahren beziehen; wenn die Auswahl nicht zufällig erfolgt, verlieren sie also ihre Bedeutung. Demgegenüber betreffen **E** und **var** die Superpopulation. In unserem Beispiel sind $Y_1, Y_2, \ldots Y_n$ bei Vorgabe von $G_1, G_2, \ldots G_n$ unabhängig identisch verteilt mit $\mathbf{E}Y_i = \mu$,**var** $Y_i = \sigma^2$, und wir erhalten nach A 5 Satz 1

$$\mathbf{E}\,\overline{Y} = \mu$$

$$\mathbf{var}\,\overline{Y} = \frac{\sigma^2}{n}$$

$$= \mathbf{E}\,\frac{S_{yy}}{n}$$

so daß $\overline{Y}$ unverzerrt ist für μ mit

$$\frac{S_{yy}}{n}$$

als geschätzter Varianz. Im übrigen ist

$$\left[\overline{Y} - 1{,}96\sqrt{\frac{S_{yy}}{n}}\,;\;\overline{Y} + 1{,}96\sqrt{\frac{S_{yy}}{n}}\right] \tag{1}$$

ein Konfidenzintervall zum Sicherheitsgrad $0{,}95$ für μ.

Wenn nun aber $\overline{y}$ bzw. die Zufallsvariable $\overline{\mathbf{y}}$, deren Realisation $\overline{y}$ ist, interessiert - wird man dann auch das Intervall (1) konstruieren?

Man hat

$$\overline{Y} - \overline{\mathbf{y}} = \left(\frac{1}{n} - \frac{1}{N}\right) \sum Y_i - \frac{1}{N} \sum\nolimits^* y_i$$

$$= \left(\frac{1}{n} - \frac{1}{N}\right) \sum \left(Y_i - \mu\right) - \frac{1}{N} \sum\nolimits^* \left(y_i - \mu\right)$$

wobei Σ^* Summation über die Einheiten bezeichnet, die nicht ausgewählt werden, und es folgt

$$\mathbf{E}\,(\overline{Y} - \overline{\mathbf{y}}) = 0 \tag{2}$$

$$E\left(\overline{Y} - \overline{y}\right)^2 = \left(\frac{1}{n} - \frac{1}{N}\right)^2 n\,\sigma^2 + \frac{1}{N^2}\left(N - n\right)\sigma^2$$

$$= \frac{\sigma^2}{n}\left(1 - \frac{n}{N}\right)$$

$$= E\,\frac{S_{yy}}{n}\left(1 - \frac{n}{N}\right). \qquad (3)$$

Wegen (2) sagt man, durch $\overline{Y}$ werde $\overline{y}$ unverzerrt *prognostiziert;* und wegen (3) ist

$$\frac{S_{yy}}{n}\left(1 - \frac{n}{N}\right)$$

eine unverzerrte Schätzung für den erwarteten quadrierten Prognosefehler. Im übrigen überlegt man sich leicht, daß

$$\frac{\overline{Y} - \overline{y}}{\sqrt{\dfrac{S_{yy}}{n}\left(1 - \dfrac{n}{N}\right)}}$$

asymptotisch standardnormal ist, so daß sich als *Prognoseintervall* zum Sihercheitsgrad *0,95* für $\overline{y}$ ergibt

$$\left[\overline{Y} - 1{,}96\,\sqrt{\frac{S_{yy}}{n}\left(1 - \frac{n}{N}\right)}\,,\ \overline{Y} + 1{,}96\,\sqrt{\frac{S_{yy}}{n}\left(1 - \frac{n}{N}\right)}\right]. \qquad (4)$$

Demnach ist das Konfidenzintervall (1) deutlich breiter als das Prognoseintervall (2), falls der Auswahlsatz $n\,/\,N$ groß ist.

13.2 BLU-Prognosen

Von besonderer Bedeutung ist das Superpopulationsmodell (vgl.. CASSEL/ SÄRNDAL/WRETMAN (1977))

$$y_i = \beta z_i + \tau(z_i)\,u_i;\quad i = 1,2,\dots N$$

wobei $u_1, u_2, \dots u_N$ unabhängig identisch verteilt sind mit

$$E\,u_i = 0\,;\ \mathrm{var}\,u_i = \sigma^2.$$

Wir setzen voraus, daß

$$z_1, z_2, \dots z_N > 0$$

und die Funktion

$$\tau(z) > 0 \text{ für } z > 0$$

bekannt sind; man denke insbesondere an die Möglichkeiten $\tau(z) = 1$, $\tau(z) = \sqrt{z}$ und $\tau(z) = z$. β und $\sigma > 0$ braucht man nicht zu kennen.

Wir haben in früheren Abschnitten mehrfach unterstellt, die Punkte (z_i, y_i); $i = 1, 2, \ldots N$ seien um eine Ursprungsgerade konzentriert. Die vorangehenden Annahmen können wir als Präzisierung dieser Forderung interpretieren: β ist die Steigung der erwähnten Ursprungsgeraden; die Konzentration um die Ursprungsgerade mit der Steigung β ist um so stärker, je kleiner σ ist; und die Funktion τ legt die Gestalt der Punktwolke fest. So ist die Streuung der y-Werte für kleine z_i ebenso groß wie für große z_i, wenn $\tau(z) = 1$ gilt.

Um eine konkrete Situation vor Augen zu haben, interpretiere man g_1, g_2, $\ldots g_N$ etwa als landwirtschaftliche Betriebe, $z_1, z_2, \ldots z_N$ als Anbauflächen für eine bestimmte Fruchtart und y_1, y_2, $\ldots y_N$ als Ernteerträge für diese Fruchtart. Man beachte, daß wir in derartigen Zusammenhängen die Verhältnisschätzung als zweckmäßig erkannt haben.

Nun habe man die Stichprobe $G = (G_1, G_2, \ldots G_n)$ ausgewählt und y- und z-Werte erhoben. Offenbar gilt für $i = 1, 2, \ldots n$

$$\mathbf{Y}_i = \beta Z_i + \tau(Z_i)\,\mathbf{U}_i$$

wobei $\mathbf{U}_1$, $\mathbf{U}_2$, $\ldots \mathbf{U}_n$ unabhängig sind mit

$$\mathbf{E}\,\mathbf{U}_i = 0\ :\ \mathrm{var}\,\mathbf{U}_i = \sigma^2.$$

Man bezeichnet jede Linearkombination

$$\sum A_i(G)\,\mathbf{Y}_i$$

der Zufallsvariablen $\mathbf{Y}_1$, $\mathbf{Y}_2$, $\ldots \mathbf{Y}_n$ als *lineare Prognose* für $\overline{y}$ (vgl. hierzu auch Abschnitt 4.6). Man nennt die Prognose *unverzerrt*, wenn

$$\mathbf{E}\left(\sum A_i(G)\,\mathbf{Y}_i - \overline{\mathbf{y}}\right) = 0$$

und hiermit gleichbedeutend

$$\sum A_i(G)\,Z_i = \overline{z} \tag{1}$$

gilt. Eine unverzerrte lineare Prognose $\sum A_i^*(G)\,\mathbf{Y}_i$ wird als *beste lineare unverzerrte Prognose* (kurz als *BLU-Prognose*) bezeichnet, wenn für alle anderen unverzerrten linearen Prognosen

$$\sum A_i(G)\, \mathbf{Y}_i$$

bei beliebigem β, σ gilt

$$\mathbf{E}\left(\sum A_i^*(G)\,\mathbf{Y}_i - \overline{\mathbf{y}}\right)^2 \le \mathbf{E}\left(\sum A_i(G)\,\mathbf{Y}_i - \overline{\mathbf{y}}\right)^2 .$$

Satz

Wenn für $i = 1, 2, \ldots n$

$$A_i^*(G) = \frac{\overline{z} - \dfrac{n}{N}\,\overline{Z}}{\displaystyle\sum \frac{Z_j^2}{\tau^2(Z_j)}}\,\frac{Z_i}{\tau^2(Z_i)} + \frac{1}{N}$$

gesetzt wird, ist $\sum A_i^*(G)\, \mathbf{Y}_i$ *eine BLU-Prognose.*

Beweis: Wir schreiben A_i an Stelle von $A_i(G)$ und haben

$$\sum A_i \mathbf{Y}_i - \overline{\mathbf{y}} = \sum A_i \mathbf{Y}_i - \frac{1}{N}\sum \mathbf{Y}_i - \frac{1}{N}\sum{}^* \mathbf{y}_i$$

$$= \sum\left(A_i - \frac{1}{N}\right)\mathbf{Y}_i - \frac{1}{N}\sum{}^* \mathbf{y}_i$$

wobei Σ^* die Summation über die nicht in die Auswahl gelangenden Einheiten bezeichnet. Wegen der Unverzerrtheit von $\sum A_i \mathbf{Y}_i$ erhalten wir

$$\sum A_i \mathbf{Y}_i - \overline{\mathbf{y}} = \sum\left(A_i - \frac{1}{N}\right)\tau(Z_i)\,\mathbf{U}_i - \frac{1}{N}\sum{}^* \tau(z_i)\,\mathbf{u}_i$$

so daß aufgrund der Unabhängigkeit von $\mathbf{u}_1, \mathbf{u}_2, \ldots \mathbf{u}_N$ folgt

$$\mathbf{E}\left(\sum A_i \mathbf{Y}_i - \overline{\mathbf{y}}\right)^2 = \sigma^2\left[\sum\left(A_i - \frac{1}{N}\right)^2 \tau^2(Z_i) + \frac{1}{N^2}\sum{}^* \tau^2(z_i)\right] . \quad (2)$$

Man minimiert also

$$\sum\left(A_i - \frac{1}{N}\right)^2 \tau^2(Z_i)$$

als Funktion von $A_1, A_2, \ldots A_n$ unter der Nebenbedingung (vgl. (1))

$$\sum A_i Z_i = \overline{z} .$$

Hierbei ergibt sich A_i^* wie im Satz angegeben. ∎

13.3 Prognosen und Zufallsauswahl

Wir setzen jetzt speziell

$$\tau(z) = \sqrt{\bar{z}} \tag{1}$$

voraus. Dann gilt (vgl. 13.2 Satz)

$$A_i^*(G) = \frac{\bar{z}}{n\,\bar{Z}}$$

und als BLU-Prognose erhalten wir

$$\frac{\bar{Y}}{\bar{Z}}\,\bar{z}$$

d.h. die "Verhältnisschätzung", wobei jetzt allerdings G als fest vorgegeben anzusehen ist.

Aus (2) in Abschnitt 13.2 ergibt sich mit (1) und $A_i = \bar{z}/n\,\bar{Z}$

$$E\left(\frac{\bar{Y}}{\bar{Z}}\,\bar{z} - \bar{y}\right)^2 = \frac{\bar{z}\,\sigma^2}{n}\left(\frac{\bar{z}}{\bar{Z}} - \frac{n}{N}\right) \tag{2}$$

als erwarteter quadrierter Prognosefehler. Wir wollen uns überlegen, wie σ^2 zu schätzen ist. Man hat

$$\frac{1}{n\,\bar{Z}}\sum Z_i\left(\frac{Y_i}{Z_i} - \frac{\bar{Y}}{\bar{Z}}\right)^2 = \frac{1}{n\,\bar{Z}}\sum Z_i\left(\frac{Y_i - \beta Z_i}{Z_i} - \frac{1}{\bar{Z}}\frac{1}{n}\sum\left(Y_j - \beta Z_j\right)\right)^2$$

$$= \frac{1}{n\,\bar{Z}}\sum \frac{\left(Y_i - \beta Z_i\right)^2}{Z_i} - \left(\frac{1}{\bar{Z}}\frac{1}{n}\sum\left(Y_j - \beta Z_j\right)\right)^2.$$

Wegen $E\,(\,Y_i - \beta Z_i\,)\,(\,Y_j - \beta Z_j\,) = 0$ für $i \neq j$ folgt

$$E\,\frac{1}{n\,\bar{Z}}\sum\left(\frac{Y_i}{Z_i} - \frac{\bar{Y}}{\bar{Z}}\right)^2 = \frac{1}{n\,\bar{Z}}\sum \frac{1}{Z_i}Z_i\,\sigma^2 - \frac{1}{\bar{Z}^2}\frac{1}{n^2}\sum Z_i\,\sigma^2 = \frac{n-1}{n}\cdot\frac{\sigma^2}{\bar{Z}}$$

so daß sich

$$E\,\frac{1}{n-1}\sum Z_i\left(\frac{Y_i}{Z_i} - \frac{\bar{Y}}{\bar{Z}}\right)^2 = \sigma^2$$

und somit

$$\frac{1}{n-1}\sum Z_i\left(\frac{Y_i}{Z_i} - \frac{\bar{Y}}{\bar{Z}}\right)^2\frac{\bar{z}}{n}\left(\frac{\bar{z}}{\bar{Z}} - \frac{n}{N}\right) \tag{3}$$

als Prognose für den erwarteten quadrierten Prognosefehler ergibt.

Man überlegt sich leicht, wie mit Hilfe von (3) Prognoseintervalle zu konstruieren sind.

Die vorangehenden Aussagen sind völlig unabhängig davon, wie $G_1, G_2, \ldots G_n$ ausgewählt werden. (2) legt also nahe, die Auswahl so vorzunehmen, daß $\overline{Z}$ möglichst groß ausfällt; d.h. man wird die n Einheiten mit den größten z-Werten herausgreifen, um eine möglichst gute Prognose vornehmen zu können. Eine derartige *bewußte* Auswahl wäre allerdings mit einem gewissen Risiko verbunden. Wenn nämlich (entgegen unserer A-priori-Vorstellung) nicht $\mathbf{E}\mathbf{y}_i = \beta\, z_i$, sondern etwa

$$\mathbf{E}\,\mathbf{y}_i = \beta\, z_i^{\gamma}\; ;\; i = 1, 2, \ldots N$$

für ein $\gamma \neq 1$ erfüllt ist, besitzt unsere Prognose die Verzerrung

$$\mathbf{E}\left(\frac{\overline{\mathbf{Y}}}{\overline{Z}}\,\overline{z} - \overline{\mathbf{y}}\right) = \beta\left(\frac{\overline{z}}{\overline{Z}}\cdot\frac{1}{n}\sum Z_i^{\gamma} - \frac{1}{N}\sum z_i^{\gamma}\right).$$

die (bei der oben in Betracht gezogenen *bewußten* Auswahl) beträchtlich sein kann. Andererseits ist es unmöglich, die Stichprobe $(G_1, G_2, \ldots G_n)$ so festzulegen, daß

$$\frac{\overline{z}}{\overline{Z}}\cdot\frac{1}{n}\sum Z_i^{\gamma} = \frac{1}{N}\sum z_i^{\gamma} \tag{4}$$

für beliebige γ gilt. Zu fragen bleibt, ob die Identität (4) bei geeigneter Zufallsauswahl wenigstens mit hoher Wahrscheinlichkeit in guter Näherung erfüllt ist.

Angenommen, man wählt uneingeschränkt zufällig aus; dann hat man für beliebiges γ

$$\mathbf{E}\,\frac{1}{n}\sum Z_i^{\gamma} = \frac{1}{N}\sum z_i^{\gamma}\; .$$

Daher ist nach B 3 Satz 4 erfüllt

$$\mathbf{E}\,\frac{\overline{z}}{\overline{Z}}\,\frac{1}{n}\sum Z_i^{\gamma} \sim \frac{1}{N}\sum z_i^{\gamma}$$

$$\mathbf{E}\left(\frac{\overline{z}}{\overline{Z}}\,\frac{1}{n}\sum Z_i^{\gamma} - \frac{1}{N}\sum z_i^{\gamma}\right)^2 \sim \frac{A}{n}$$

wobei A von $z_1, z_2, \ldots z_N$ und γ abhängt. Und es folgt nach (1) in Abschnitt A 3 bei beliebigem $\varepsilon > 0$

244

$$W\left(\; | \; \frac{\bar{z}}{\bar{Z}} \frac{1}{n} \sum Z_i^Y - \frac{1}{N} \sum z_i^Y \; | \; \leq \varepsilon \right) \sim 1 \; .$$

Also ist (4) tatsächlich mit hoher Wahrscheinlichkeit in guter Näherung erfüllt.

Die uneingeschränkt zufällige Auswahl sichert unserer Prognose somit eine gewisse *Robustheit* und behält insofern ihre Berechtigung - auch beim hier betrachteten Superpopulationsmodell.

13.4 Effizienzvergleiche im Rahmen eines linearen Superpopulationsmodells

Vielfach hat man $y_1, y_2, \ldots y_N$ als Realisationen von Zufallsvariablen $\mathbf{y}_1$, $\mathbf{y}_2, \ldots \mathbf{y}_N$, anzusehen, über deren Verteilung wenig Informationen vorliegen. Man vermutet, daß das Superpopulationsmodell

$$\mathbf{y}_i = \beta z_i + \tau(z_i) \, \mathbf{u}_i \tag{1}$$

zutrifft, wobei die am Anfang des Abschnitts 13.2 formulierten Bedingungen erfüllt sind, hält aber auch andere Verteilungen für möglich. Die vorangehend geschilderte Prognose kommt dann allenfalls bei zusätzlicher Absicherung durch uneingeschränkte Zufallsauswahl in Betracht. Zweckmäßiger dürfte es sein, auf die früher erörterten Stichprobenstrategien zurückzugreifen und das Superpopulationsmodell (1) nur bei der Entscheidung für eine spezielle Strategie heranzuziehen. Wir wollen dieses Vorgehen an einem Beispiel erläutern und nehmen an, man habe sich zwischen der Verhältnisstrategie (vgl. Abschnitt 4.3) und der RHC-Strategie (vgl. Abschnitt 5.5) zu entscheiden. Dann folgern wir aus (2) in Abschnitt 13.2

$$\mathbf{E}\left(\frac{\bar{\mathbf{Y}}}{\bar{z}} \bar{z} - \bar{\mathbf{y}} \right)^2 = \sigma^2 \left[\frac{\bar{z}^2}{n \bar{Z}^2} \frac{1}{n} \sum \tau^2(Z_i) - \frac{2\bar{z}}{N \bar{Z}} \frac{1}{n} \sum \tau^2(Z_i) + \frac{1}{N^2} \sum \tau^2(z_i) \right]$$

und hieraus (vgl. B 3 Satz 4)

$$E \, \mathbf{E}\left(\frac{\bar{\mathbf{Y}}}{\bar{z}} \bar{z} - \bar{\mathbf{y}} \right)^2 \sim \frac{\sigma^2 \sum \tau^2(z_i)}{N} \frac{1}{n} \left(1 - \frac{n}{N} \right) . \tag{2}$$

Nach 5.5 Satz ist für die RHC-Schätzung

$$A = \frac{1}{n} \sum \bar{z}(h) \frac{\mathbf{Y}_1(h)}{Z_1(h)}$$

erfüllt

$$E\left(A - \bar{\mathbf{y}}\right)^2 = \frac{\bar{z}^2}{n}\left(1 - \frac{n}{N}\right)\frac{N}{N-1}\sum \frac{z_i}{z}\left(\frac{\mathbf{y}_i}{z_i} - \frac{\bar{\mathbf{y}}}{\bar{z}}\right)^2 .$$

Wegen

$$\frac{\mathbf{y}_i}{z_i} - \frac{\bar{\mathbf{y}}}{\bar{z}} = \frac{\mathbf{y}_i - \beta z_i}{z_i} - \frac{\sum\left(\mathbf{y}_i - \beta z_i\right)}{\bar{z}}$$

$$= \left(\mathbf{y}_i - \beta z_i\right)\left(\frac{1}{z_i} - \frac{1}{\bar{z}}\right) - \sum_{j\,:\,j\,\neq\,i}\left(\mathbf{y}_j - \beta z_j\right)\frac{1}{\bar{z}}$$

erhält man

$$\frac{1}{\sigma^2}\mathbf{E}\left(\frac{\mathbf{y}_i}{z_i} - \frac{\bar{\mathbf{y}}}{\bar{z}}\right)^2 = \tau^2(z_i)\left(\frac{1}{z_i} - \frac{1}{\bar{z}}\right)^2 + \sum_{j\,:\,j\,\neq\,i}\tau^2(z_j)\frac{1}{\bar{z}^2}$$

$$= \frac{\tau^2(z_i)}{z_i^2} - \frac{2}{\bar{z}}\frac{\tau^2(z_i)}{z_i} + \sum_j \tau^2(z_j)\frac{1}{\bar{z}^2}$$

und

$$\mathbf{E}\, E\left(A - \bar{\mathbf{y}}\right)^2 = \frac{\bar{z}^2}{n}\left(1 - \frac{n}{N}\right)\frac{N}{N-1}\sigma^2\left[\frac{1}{\bar{z}}\sum\frac{\tau^2(z_i)}{z_i} - \frac{1}{\bar{z}^2}\sum\tau^2(z_i)\right]$$

$$\sim \frac{\sigma^2}{n}\left(1 - \frac{n}{N}\right)\bar{z}\cdot\frac{1}{N}\sum\frac{\tau^2(z_i)}{z_i} . \tag{3}$$

Die Verhältnisstrategie ist nach (2) und (3) im asymptotischen Sinn besser als die RHC-Strategie, wenn

$$\sum\tau^2(z_i) < \bar{z}\cdot\sum\frac{\tau^2(z_i)}{z_i} \tag{4}$$

gilt. Nun bedeutet (4), daß die Zahlenreihen

$$z_1, z_2, \ldots z_N \quad \text{und} \quad \frac{\tau^2(z_1)}{z_1}, \frac{\tau^2(z_2)}{z_2}, \ldots \frac{\tau^2(z_N)}{z_N}$$

negativ korreliert sind, was sicher der Fall ist, wenn

$$\frac{\tau^2(z)}{z}$$

monoton in z fällt, insbesondere also für

$$\tau^2(z) = z^\gamma$$

mit $\gamma < 1/2$. Man wird sich somit für die Verhältnisstrategie entscheiden, wenn $\gamma < 1/2$ gilt. Entsprechend präferiert man die RHC-Strategie, wenn $\gamma > 1/2$ erfüllt ist; im Falle $\gamma = 1/2$ sind beide Vorgehensweisen asymptotisch äquivalent.

13.5*   Superpopulationsmodelle bei POISSON-Auswahl

Wir legen eine Funktion $a(z)$ mit

$$0 < a(z) \leq 1$$

$$\sum a(z_i) = n$$

fest und betrachten unabhängige Zufallsvariablen

$$L_1, L_2, \dots L_N$$

mit den Ausprägungen 0 und 1 und

$$E L_i = a(z_i)$$

für $i = 1, 2, \dots N$. Als (erwartungstreue) Schätzfunktion für y verwenden wir

$$\frac{1}{N} \sum L_i \frac{y_i}{a(z_i)}$$

und haben (vgl. Abschnitt 9.5)

$$var \frac{1}{N} \sum L_i \frac{y_i}{a(z_i)} = \frac{1}{N^2} \sum \frac{1-a(z_i)}{a(z_i)} y_i^2 \ .$$

Bei beliebigem Superpopulationsmodell gilt also

$$\mathbf{E}\, var \frac{1}{N} \sum L_i \frac{y_i}{a(z_i)} = \frac{1}{N^2} \sum \frac{1-a(z_i)}{a(z_i)} \mathbf{E}\, \mathbf{y}_i^2$$

und für das Superpopulationmodell

$$\mathbf{y}_i = \beta z_i + \tau(z_i)\mathbf{u}_i \tag{1}$$

mit den in Abschnitt 13.2 festgelegten Eigenschaften erhalten wir

$$\mathbf{E}\, var \frac{1}{N} \sum L_i \frac{y_i}{a(z_i)} = \frac{1}{N^2} \sum \frac{1-a(z_i)}{a(z_i)} \left(\beta^2 z_i^2 + \sigma^2 \tau^2(z_i) \right) . \tag{2}$$

Es liegt also nahe, die Funktion $a(z_i)$ so festzulegen, daß (2) möglichst klein ausfällt. Wir wollen dies für den Spezialfall

$$\tau(z) = z$$

durchführen, für den (2) übergeht in

$$\mathbf{E}\,var\,\frac{1}{N}\sum_i L_i\,\frac{y_i}{a(z_i)} = \frac{\beta^2 + \sigma^2}{N^2}\sum\frac{1 - a(z_i)}{a(z_i)}\,z_i^2\,.$$

Zu diesem Zweck minimieren wir

$$\sum\cdot\frac{1 - a_i}{a_i}\,z_i^2$$

unter der Nebenbedingung $\sum a_i = n$. Wir erhalten

$$a_i = \frac{n\,z_i}{N\,\bar{z}}\,.$$

Folglich ist die Festlegung

$$a(z_i) = \frac{n}{N\,\bar{z}}\,z_i$$

optimal und bei Gültigkeit des Superpopulationsmodells ist die Varianz unserer Schätzung im Durchschnitt gleich

$$\left(\sigma^2 + \beta^2\right)\left(\frac{1}{n}\left(1 - \frac{n}{N}\right)\bar{z}^2 - \frac{\sigma_{zz}}{N}\right)$$

wie man sich leicht überlegt.

Jetzt kommen wir zum allgemeinen Modell (1) zurück und wollen die in Abschnitt 9.5 erläuterte θ-Modifikation der POISSON-Auswahl betrachten; wir setzen

$$\overline{\mathbf{U}} = \frac{1}{N}\sum\frac{L_i\,y_i}{a(z_i)}$$

$$\overline{\mathbf{V}} = \frac{1}{N}\sum\frac{L_i\,z_i}{a(z_i)}$$

und schätzen $\bar{y}$ durch

$$\frac{\overline{\overline{U}}}{\overline{V}}\,\bar{z} = \frac{\sum L_i\,y_i\,/\,a(z_i)}{\sum L_i\,z_i\,/\,a(z_i)}\,\bar{z}\quad.$$

Wir berechnen

$$\mathbf{E}\,var\,\frac{\sum L_i\,y_i\,/\,a(z_i)}{\sum L_i\,z_i\,/\,a(z_i)}\,\bar{z} \;=\; \mathbf{E}\,E\left(\frac{\sum L_i\,y_i\,/\,a(z_i)}{\sum L_i\,z_i\,/\,a(z_i)}\,\bar{z} - \bar{y}\right)^2$$

$$= E\;\mathbf{E}\left(\frac{\sum L_i\,y_i\,/\,a(z_i)}{\sum L_i\,z_i\,/\,a(z_i)}\,\bar{z} - \bar{y}\right)^2\quad.$$

Offenbar gilt

$$\bar{y} = \frac{1}{N}\left(\sum L_i\,\mathbf{y}_i + \sum\left(1 - L_i\right)\mathbf{y}_i\right)$$

und daher

$$\frac{\sum L_i\,y_i\,/\,a(z_i)}{\sum L_i\,z_i\,/\,a(z_i)}\,\bar{z} - \bar{y}$$

$$= \sum L_i\left(\frac{1\,/\,a(z_i)}{\sum L_i\,z_i\,/\,a(z_i)}\,\bar{z} - \frac{1}{N}\right)\mathbf{y}_i - \frac{1}{N}\sum\left(1 - L_i\right)\mathbf{y}_i\quad.$$

Wegen

$$\sum L_i\left(\frac{1\,/\,a(z_i)}{\sum L_i\,z_i\,/\,a(z_i)}\,\bar{z} - \frac{1}{N}\right)z_i - \frac{1}{N}\sum\left(1 - L_i\right)z_i = 0$$

folgt

$$\mathbf{E}\left(\frac{\sum L_i\,y_i\,/\,a(z_i)}{\sum L_i\,z_i\,/\,a(z_i)}\,\bar{z} - \bar{y}\right)^2$$

$$= \sigma^2\left[\sum L_i\left(\frac{1\,/\,a(z_i)}{\sum L_i\,z_i\,/\,a(z_i)}\,\bar{z} - \frac{1}{N}\right)^2\tau^2(z_i) + \frac{1}{N^2}\sum\left(1 - L_i\right)\tau^2(z_i)\right]$$

$$= \sigma^2\left[\frac{\sum L_i\,\dfrac{\tau^2(z_i)\,/\,a(z_i)}{a(z_i)}}{\left(\sum L_i\,z_i\,/\,a(z_i)\right)^2}\,\bar{z}^2 - \frac{2}{N}\,\frac{\sum L_i\,\tau^2(z_i)\,/\,a(z_i)}{\sum L_i\,z_i\,/\,a(z_i)}\,\bar{z} + \frac{1}{N^2}\sum\tau^2(z_i)\right]\quad.$$

Hieraus ergibt sich (vgl. die Bemerkung vor 9.5 Satz 2)

$$E \ \mathbf{E} \left(\frac{\sum_i L_i \, y_i \, / \, a(z_i)}{\sum_i L_i \, z_i \, / \, a(z_i)} \, \bar{z} - \bar{\mathbf{y}} \right)^2 \sim \sigma^2 \left[\frac{1}{N^2} \sum \frac{\tau^2(z_i)}{a(z_i)} - \frac{1}{N^2} \sum \tau^2(z_i) \right]$$

$$= \frac{\sigma^2}{N^2} \sum \frac{1 - a(z_i)}{a(z_i)} \, \tau^2(z_i) \; . \tag{3}$$

Ein Vergleich von (2) und (3) zeigt, daß die Quotientenbildung eine beträchtliche Verbesserung der Schätzung bewirkt. Im übrigen überlegt man sich sehr einfach, daß (3) unter der Nebenbedingung $\sum a(z_i) = n$ für

$$a(z_i) = \frac{n}{\sum \tau(z_i)} \, \tau(z_i)$$

das Minimum

$$\sigma^2 \left[\frac{1}{n} \left(1 - \frac{n}{N} \right) \left(\frac{\sum \tau(z_i)}{N} \right)^2 - \frac{\sigma_{\tau(z)\,\tau(z)}}{N} \right]$$

annimmt; hierbei ist

$$\sigma_{\tau(z)\,\tau(z)} = \frac{1}{N} \sum \tau^2(z_i) - \left(\frac{1}{N} \sum \tau(z_i) \right)^2$$

gesetzt.

13.6 Aufgaben

Aufgabe 1

Wir betrachten das Superpopulationsmodell

$$\mathbf{y}_i = \beta \, z_i + z_i^\gamma \, \mathbf{u}_i$$

mit unabhängig identisch verteilten $\mathbf{u}_1, \ldots \mathbf{u}_N$, für die gilt

$$\mathbf{E} \, \mathbf{u}_i = 0$$

$$\mathbf{var} \ \mathbf{u}_i = \sigma^2 > 0 \; .$$

Hierbei setzen wir $z_1, \ldots z_N > 0$ und $\gamma > 0$ voraus.

a) Zeigen Sie, daß für ein Auswahlverfahren mit festem Stichprobenumfang und

$$\pi_i = \frac{n \, z_i}{z} \quad ; \quad i = 1, \ldots N$$

die HT-Strategie besser (schlechter) ist als die RHC-Strategie, falls

$$\gamma > \frac{1}{2} \left(\gamma < \frac{1}{2} \right) \text{ gilt.}$$

Im folgenden sei neben γ auch β bekannt.

b) Zeigen Sie, daß für

$$A = \frac{1}{N} \sum L_i \frac{y_i}{a(z_i)} + \beta \bar{z} \left(1 - \frac{\sum L_i}{\sum a(z_i)} \right)$$

bei Verwendung der POISSON-Auswahl gilt

$$E\,A = \bar{y} \ .$$

Berechnen Sie $E\ var\ A$.

c) Für welche Wahl von $a(z_i)$ wird $E\ var\ A$ minimal, wenn $\sum a(z_i) = n$ und $\gamma = 1$ gilt?

d) Zeigen Sie, daß für $\gamma > 1/2$ und $a(z_i) = n\,z_i/z$ $(i = 1, \dots N)$ die in (b) gegebene Strategie im asymptotischen Sinn besser ist als die RHC-Strategie und die Verhältnisstrategie.

Lösung:

a) Es gilt für die erwartete Varianz der HT-.Schätzung

$$E\ var\ \frac{1}{N} \sum L_i \frac{y_i}{\pi_i}$$

$$= E\ var \left(\frac{1}{N} \sum L_i \frac{y_i - \beta z_i}{n z_i} z + \beta \bar{z} \right)$$

$$= E\ var \left(\frac{1}{N} \sum L_i \frac{y_i - \beta z_i}{n z_i} z \right)$$

$$= E\ \frac{1}{N^2} \sum_{i,j} \frac{(y_i - \beta z_i)(y_j - \beta z_j)}{n^2 z_i z_j} z^2 \left(\pi_{ij} - \pi_i \pi_j \right)$$

$$= \sigma^2 \frac{\bar{z}^2}{n^2} \sum z_i^{2\gamma - 2} \frac{n z_i}{z} \left(1 - \frac{n z_i}{z} \right)$$

$$= \sigma^2 \left(\frac{\bar{z}}{n} \frac{1}{N} \sum_i z_i^{2\gamma - 1} - \frac{1}{N^2} \sum z_i^{2\gamma} \right) \ .$$

Bei Verwendung der RHC-Strategie erhalten wir für die erwartete Vaianz nach 13.3

$$\sigma^2 \, \frac{\bar{z}^2}{n} \left(1 - \frac{n}{N}\right) \frac{N}{N-1} \left[\frac{1}{\bar{z}} \sum z_i^{2\gamma-1} - \frac{1}{\bar{z}^2} \sum z_i^{2\gamma}\right]$$

$$= \sigma^2 \, \frac{N-n}{n(N-1)} \left(\bar{z} \, \frac{1}{N} \sum z_i^{2\gamma-1} - \frac{1}{N^2} \sum z_i^{2\gamma}\right).$$

Daher ist in diesem Fall die HT-Strategie besser als die RHC-Strategie, wenn

$$\frac{1}{n} \sum z_i \sum z_i^{2\gamma-1} - \sum z_i^{2\gamma} < \frac{1}{n} \frac{N-n}{N-1} \left(\sum z_i \sum z_i^{2\gamma-1} - \sum z_i^{2\gamma}\right)$$

d.h.

$$\sum z_i \sum z_i^{2\gamma-1} < N \sum z_i^{2\gamma}$$

ist.

Nach 13.3 ist die letzte Ungleichung genau dann erfüllt, wenn $\gamma > 1/2$ ist. Da die umgekehrte Ungleichung im Falle $\gamma < 1/2$ richtig ist, folgt die Behauptung.

b)   Es ist

$$E\left[\frac{1}{N} \sum L_i \frac{y_i}{a(z_i)} + \beta \bar{z}\left(1 - \frac{\sum L_i}{\sum a(z_i)}\right)\right]$$

$$= \frac{1}{N} \sum a(z_i) \frac{y_i}{a(z_i)} + \beta \bar{z}\left(1 - \frac{\sum a(z_i)}{\sum a(z_i)}\right) = \bar{y}$$

$$E \, var\left[\frac{1}{N} \sum L_i \frac{y_i}{a(z_i)} + \beta \bar{z}\left(1 - \frac{\sum L_i}{\sum a(z_i)}\right)\right]$$

$$= E \, var \sum L_i \left[\frac{y_i}{N a(z_i)} - \frac{\beta \bar{z}}{\sum a(z_j)}\right]$$

$$= E \sum a(z_i)\left(1 - a(z_i)\right)\left[\frac{y_i}{N a(z_i)} - \frac{\beta \bar{z}}{\sum a(z_j)}\right]^2$$

$$= \sum a(z_i)\left(1 - a(z_i)\right)\left[\frac{\sigma^2 z_i^{2\gamma}}{N^2 a^2(z_i)} + \beta^2\left(\frac{z_i}{N a(z_i)} - \frac{\bar{z}}{\sum a(z_j)}\right)^2\right].$$

c) Offensichtlich ist für $\gamma = 1$

$$\mathbf{E}\,var\left[\frac{1}{N}\sum_i L_i \frac{y_i}{a(z_i)} + \beta \bar{z}\left(1 - \frac{\sum L_i}{n}\right)\right]$$

$$\geq \frac{\sigma^2}{N^2}\sum \frac{1-a(z_i)}{a(z_i)} z_i^2 = \frac{\sigma^2}{N^2}\sum \frac{z_i^2}{a(z_i)} - \frac{\sigma^2}{N^2}\sum z_i^2 \; .$$

Der letzte Ausdruck ist wegen $\sum a(z_i) = n$ minimal für

$$a(z_i) = \frac{n\,z_i}{z} \; ; \quad i = 1\,,\ldots N$$

und man sieht sofort, daß diese Wahl für $a(z_i)$ die erwartete Varianz minimiert.

d)   Im Falle

$$a(z_i) = \frac{n\,z_i}{z} : \quad i = 1\,,\ldots N$$

ist

$$\mathbf{E}\,var\left[\bar{z}\sum_i L_i \frac{y_i}{n\,z_i} + \beta\bar{z}\left(1 - \frac{\sum L_i}{n}\right)\right]$$

$$= \frac{\sigma^2}{N^2}\sum \frac{1 - n\,z_i/z}{n\,z_i/z} z_i^{2\gamma}$$

$$= \frac{\sigma^2}{N}\left(\frac{\bar{z}}{n}\sum z_i^{2\gamma-1} - \frac{1}{N}\sum z_i^{2\gamma}\right)$$

$$= \mathbf{E}\,var\,\frac{1}{N}\sum_i L_i \frac{y_i}{n_i} \; .$$

Das letzte Gleichheitszeichen folgt aus a).

Weiter ist nach a) für $\gamma > 1/2$ die vorgeschlagene Schätzfunktion besser als die RHC-Strategie. Wie man sofort sieht, bleibt in a) das strenge Ungleichheitszeichen auch asymptotisch erhalten.

Da in diesem Falle die RHC-Strategie auch besser ist als die Verhältnisstrategie ist die Behauptung bewiesen.

14 Minimaxstrategien

14.1 Standardstrategie

In Abschnitt 13 haben wir mehr oder weniger vage A-priori-Vorstellungen durch Superpopulationsmodelle präzisiert. Unter Umständen bietet sich eine ganz andere Präzisierung an: Man eliminiert diejenigen N-tupel $\underline{y} = (y_1, y_2, \ldots y_N) \in \mathbb{R}^N$, die nicht als Ausprägungstupel für die Erhebungsgesamtheit in Frage kommen - aufgrund der A-priori-Vorstellungen. Die Menge der verbleibenden N-tupel bezeichnet man mit [-]. Nur diese Menge [-] soll bei der Festlegung der Stichprobenstrategie berücksichtigt werden; daß aufgrund der A-priori-Informationen einige Elemente von [-] nahezu ausgeschlossen werden können, während andere als "außerordentlich plausibel" zu gelten haben, kommt jetzt nicht zum Tragen.

Bei Vorgabe von [-] wird man diejenige Stichprobenstrategie suchen, deren mittlerer quadrierter Fehler - im folgenden auch *Risiko* genannt - als Funktion von $\underline{y} \in$ [-] nicht zu groß wird, genauer: Man betrachtet das bzgl. [-] gebildete Maximum des Risikos einer jeden Strategie und entscheidet sich für diejenige Strategie, deren Maximum möglichst klein ist - dies alles unter Berücksichtigung des (durch eine Kostenschranke) vorgegebenen Stichprobenumfangs. Eine Strategie mit dieser Eigenschaft heißt *Minimaxstrategie*.

Satz

Nehmen wir an, es gelte

$$[-] = \left\{ \left(y_1, y_2, \ldots y_N \right) \in \mathbb{R}^N : \sigma_{yy} \le c^2 \right\} \tag{1}$$

wobei $c > 0$ bekannt ist. Dann ist die Standardstrategie Minimaxstrategie, wenn alle linearen Schätzfunktionen (vgl. Abschnitt 4.6)

$$\sum_i b_i(G) Y_i$$

zugelassen und n Einheiten auszuwählen sind.

Wir wollen uns dies zunächst für den Fall $n = 1$ überlegen. Nehmen wir also an, man wähle g_i mit der Wahrscheinlichkeit $p(i)$ aus wobei

$$p(1), p(2), \ldots p(N) > 0 \quad ; \quad \sum p(i) = 1$$

gilt; wenn g_i ausgewählt wird, verwende man

$$b(i)\, y_i$$

als Schätzung für $\bar{y}$, wobei $b(1), b(2), \dots b(N)$ reelle Zahlen sind. Das Risiko der durch $(p(1), p(2), \dots p(N))$ und $(b(1), b(2), \dots b(N))$ gegebenen Strategie lautet

$$\sum p(i) \left(b(i)\, y_i - \bar{y} \right)^2 . \tag{2}$$

Für $\underline{y} = (\eta, \eta, \dots \eta,)$ mit $\eta \in \mathbb{R}$ ist $\underline{y} \in [\,-\,]$ erfüllt. (2) nimmt andererseits für dieses $\underline{y}$ den Wert

$$\eta^2 \sum p(i) \left(b(i) - 1 \right)^2$$

an. Das Supremum des Risikos (2) ist also ∞ , es sei denn

$$b(i) = 1 \ \text{für } i = 1, 2, \dots N$$

Wenn die letzte Bedingung erfüllt ist, erhält man als Risiko

$$\sum p(i) \left(y_i - \bar{y} \right)^2 . \tag{3}$$

Wir betrachten dieses Risiko an N Stellen $\underline{\eta}^{(1)}, \underline{\eta}^{(2)}, \dots \underline{\eta}^{(N)}$, wobei die i-te Komponente von

$$\underline{\eta}^{(i_0)}$$

durch

$$\eta_i^{(i_0)} = \begin{cases} \dfrac{N\,c}{\sqrt{N-1}} & \text{falls } i = i_0 \\[2mm] 0 & \text{sonst} \end{cases}$$

definiert wird. Man überlegt sich leicht, daß gilt

$$\sigma_{yy} = c^2 \quad \text{für} \quad \underline{y} = \underline{\eta}^{(i_0)} \tag{4}$$

so daß

$$\underline{\eta}^{(i_0)} \in [\,-\,]$$

erfüllt ist.

Das Risiko (3) ist an der Stelle

$$\underline{\eta}^{(i_0)}$$

gleich

$$p(i_0)\left(\frac{Nc}{\sqrt{N-1}} - \frac{c}{\sqrt{N-1}}\right)^2 + \sum_{i \neq i_0} p(i)\left(\frac{c}{\sqrt{N-1}}\right)^2$$

$$= \frac{c^2}{N-1}\left[p(i_0)\,N(N-2) + 1\right].$$

Dies gilt für $i_0 = 1, 2, \ldots N$. Das arithmetische Mittel der Risiken an den Stellen $\underline{\eta}^{(1)}, \underline{\eta}^{(2)}, \ldots \underline{\eta}^{(N)}$ ist daher c^2 und das Risiko (3) ist mindestens an einer der obigen Stellen größer oder gleich (4).

Andererseits ist (3) im Falle $p(i) = 1/N$ $(i = 1, 2, \ldots N)$ für alle $\underline{y} \in [-]$ kleiner gleich c^2. Somit ist die Standardstrategie im Falle $n = 1$ eine Minimaxstrategie.

Jetzt betrachten wir den Fall $n = 2$. Wir bezeichnen die Wahrscheinlichkeit, mit der die Einheiten g_i und g_j $(i \neq j)$ in dieser Reihenfolge ausgewählt werden, mit $p(ij)$;

$$b_1(ij)\,y_i + b_2(ij)\,y_j$$

sei die Schätzung, die man von der Stichprobe (g_i, g_j) ausgehend vornimmt. Das Risiko

$$\sum_{i \neq j} p(ij)\left(b_1(ij)\,y_i + b_2(ij)\,y_j - \bar{y}\right)^2 \tag{5}$$

dieser Schätzung besitzt offenbar das Supremum ∞, es sei denn, man hat

$$b_1(ij) + b_2(ij) = 1 \tag{6}$$

für alle $i \neq j$ mit $p(ij) > 0$. Insofern dürfen wir im folgenden (6) für alle $i \neq j$ voraussetzen.

An der Stelle

$$\underline{\eta}^{(i_0)}$$

256

lautet das Risiko (5)

$$\sum_{j \neq i_0} p(i_0 j) \left(b_1(i_0 j) \frac{Nc}{\sqrt{N-1}} - \frac{c}{\sqrt{N-1}} \right)^2$$

$$+ \sum_{i \neq i_0} p(ii_0) \left(b_2(ii_0) \frac{Nc}{\sqrt{N-1}} - \frac{c}{\sqrt{N-1}} \right)^2 + \sum_{\substack{j \neq k \\ j,k \neq i_0}} p(jk) \frac{c^2}{N-1}$$

$$= \frac{c^2}{N-1} \left[N^2 \sum_{j \neq i_0} p(i_0 j) b_1^2(i_0 j) + N^2 \sum_{i \neq i_0} p(ii_0) b_2^2(ii_0) \right.$$

$$\left. - 2N \sum_{j \neq i_0} p(i_0 j) b_1(i_0 j) - 2N \sum_{i \neq i_0} p(ii_0) b_2(ii_0) + 1 \right].$$

Als arithmetisches Mittel der Risiken an den Stellen $\underline{n}^{(1)}, \underline{n}^{(2)}, \ldots \underline{n}^{(N)}$ erhalten wir daher

$$\frac{c^2}{N-1} \left[N \sum_{i \neq j} p(ij) \left(b_1^2(ij) + b_2^2(ij) \right) \right.$$

$$\left. - 2 \sum_{i \neq j} p(ij) \left(b_1(ij) + b_2(ij) \right) + 1 \right] \qquad (7)$$

und weil

$$\frac{1}{2} \left[b_1^2(ij) + b_2^2(ij) \right] \geq \left(\frac{b_1(ij) + b_2(ij)}{2} \right)^2$$

gilt, ergibt sich unter Berücksichtigung von (6), daß das arithmetische Mittel (7) der Risiken an den Stellen $\underline{n}^{(1)}, \ldots \underline{n}^{(N)}$ mindestens gleich

$$\frac{c^2}{N-1} \left[N \sum_{i \neq j} p(ij) \, 2 \left(\frac{b_1(ij) + b_2(ij)}{2} \right)^2 \right.$$

$$\left. - 2 \sum_{i \neq j} p(ij) \left(b_1(ij) + b_2(ij) \right) + 1 \right]$$

$$= \frac{c^2 (N-2)}{2(N-1)}$$

ist.

Also ist das Risiko der betrachteten Strategie mindestens an einer der Stellen $\underline{n}^{(1)}, \underline{n}^{(2)}, \ldots \underline{n}^{(N)}$ größer oder gleich

$$\frac{c^2 (N-2)}{2(N-1)} \,. \tag{8}$$

Andererseits ist das Risiko der Standardstrategie wegen (4) für alle $\underline{y} \in [\,-\,]$ gleich (8). Folglich ist die Standardstrategie im Falle $n = 2$ eine Minimaxstrategie.

Die vorangehende Überlegung läßt sich auf $n = 3$, $4 \ldots$ übertragen.

14.2   HH-Strategie

Wir gehen jetzt davon aus, daß für die Erhebungseinheiten z-Werte bekannt sind mit

$$0 < z_i < \frac{z}{2} \quad \text{für} \ \ i = 1, 2, \ldots N$$

und daß $[\,-\,]$ durch die Ungleichung

$$\sum \frac{z_i}{z} \left(\frac{y_i}{z_i} - \frac{y}{z} \right)^2 \leq c^2 \tag{1}$$

festgelegt ist. Man interpretiere z_i insbesondere als Anzahl der in g_i zusammengefaßten Untersuchungseinheiten und verteile y_i gleichmäßig auf diese Untersuchungseinheiten. Dann ist

$$\frac{1}{z} \sum z_i \left(\frac{y_i}{z_i} - \frac{y}{z} \right)^2$$

die Varianz der y-Beträge

$$\underbrace{\frac{y_1}{z_1}, \frac{y_1}{z_1}, \ldots \frac{y_1}{z_1},}_{z_1\text{-mal}} \quad \underbrace{\frac{y_2}{z_2}, \ldots \frac{y_2}{z_2},}_{z_2\text{-mal}} \quad \frac{y_3}{z_3}, \quad \ldots \quad \frac{y_N}{z_N}$$

die auf die $z_1 + z_2 + \ldots + z_N = z$ Untersuchungseinheiten entfallen.

(1) bedeutet, daß eine obere Schanke c^2 für diese Varianz bekannt ist.

258

Wir stellen uns vor, daß nur eine Einheit auszuwählen ist. Wir schreiben $p(i)$ für die Wahrscheinlichkeit, mit der g_i in die Auswahl gelangt, und $b(i)\, y_i$ für die Schätzung, die dann erfolgt.

Als Risiko haben wir somit

$$\sum p(i)\left(b(i)\, y_i - \bar{y}\right)^2 \tag{2}$$

und speziell für $\gamma \in \mathbb{R}$ und

$$y_i = \gamma\, z_i$$

ergibt sich für (2)

$$\gamma^2 \sum p(i)\left(b(i)\, z_i - \bar{z}\right)^2 .$$

Das (über [-] gebildete) Supremum von (2) ist also ∞, es sei denn, man hat für alle i mit $p(i) > 0$

$$b(i) = \frac{\bar{z}}{z_i} .$$

In diesem Falle ist (2) gleich

$$\sum p(i)\left(\frac{y_i}{z_i}\,\bar{z} - \bar{y}\right)^2 \tag{3}$$

und es bleibt zu klären, bei welcher Festlegung von $p(1), p(2), \ldots p(N)$ das (bzgl. [-] gebildete) Maximum möglichst klein ausfällt.

Für $p(i) = z_i / z$ geht (3) in

$$\sum \frac{z_i}{z}\left(\frac{y_i}{z_i}\,\bar{z} - \bar{y}\right)^2 \tag{4}$$

über, so daß wir als Maximum auf [-] erhalten

$$\bar{z}^2 c^2 .$$

Nun nehmen wir an, es existiere ein Auswahlverfahren $p(1), p(2), \ldots p(N)$ mit

$$\max_{\underline{y}\in[-]} \sum p(i)\left(\frac{y_i}{z_i}\,\bar{z} - \bar{y}\right)^2 < \bar{z}^2 c^2 \tag{5}$$

Wir betrachten

$$y_1 = \lambda$$
$$y_2 = y_3 = \dots y_N = 0$$

wobei $\lambda \neq 0$ so gewählt wird, daß (1) mit dem Gleichheitszeichen erfüllt ist, d.h. so daß

$$\frac{z_1}{z}\left(\frac{\lambda}{z_1} - \frac{\lambda}{z}\right)^2 + \left(1 - \frac{z_1}{z}\right)\left(\frac{\lambda}{z}\right)^2 = c^2$$

oder damit äquivalent

$$\frac{\lambda^2}{z^2}\frac{z_1}{z}\left[\left(\frac{z}{z_1} - 1\right)^2 - 1\right] + \frac{\lambda^2}{z^2} = c^2 \tag{6}$$

gilt. Für dieses $\underline{y}$ ist (3) gleich

$$p(1)\left(\frac{\lambda}{z_1}\bar{z} - \frac{\lambda}{N}\right)^2 + \frac{\lambda^2}{N^2}\left(1 - p(1)\right)$$

und aus Annahme (5) folgt

$$\frac{\lambda^2}{N^2}p(1)\left[\left(\frac{z}{z_1} - 1\right)^2 - 1\right] + \frac{\lambda^2}{z^2} < \bar{z}^2 c^2 . \tag{7}$$

Nach (6) und (7) erhalten wir

$$\frac{\lambda^2}{N^2}p(1)\left[\left(\frac{z}{z_1} - 1\right)^2 - 1\right] + \frac{\lambda^2}{z^2} < \bar{z}^2 \cdot \left(\frac{\lambda^2}{z^2}\frac{z_1}{z}\left[\left(\frac{z}{z_1} - 1\right)^2 - 1\right] + \frac{\lambda^2}{z^2}\right)$$

oder gleichbedeutend

$$p(1)\left[\left(\frac{z}{z_1} - 1\right)^2 - 1\right] < \frac{z_1}{z}\left[\left(\frac{z}{z_1} - 1\right)^2 - 1\right] . \tag{8}$$

Wegen $0 < z_1 < z/2$ ist aber

$$\left(\frac{z}{z_1} - 1\right)^2 - 1 = \left(\frac{z}{z_1}\right)^2 - 2\frac{z}{z_1} + 1 - 1 = \frac{z}{z_1}\left(\frac{z}{z_1} - 2\right) > 0$$

erfüllt. Also ist (8) äquivalent mit

$$p(1) < \frac{z_1}{z} .$$

Entsprechend folgert man aus Annahme (5) für $i = 2, 3, \dots N$

$$p(i) < \frac{z_i}{z} .$$

Wegen $p(1) + p(2) + ... + p(N) = 1$ ist (5) also widerlegt, und wir haben:

Satz

Es gelte

$$0 < z_1, z_2, ... z_N < \frac{z}{2}$$

$$[-] = \left\{ \left(y_1, y_2, ... y_N \right) \in \mathbb{R}^N : \sum \frac{z_i}{z} \left(\frac{y_i}{z_i} - \frac{y}{z} \right)^2 \le c^2 \right\}$$

wobei $c > 0$ bekannt ist. Man habe eine Einheit auszuwählen, um $\bar{y}$ (linear) zu schätzen. Als Minimaxstrategie ergibt sich dann die HH-Strategie.

14.3 Schichtungsstrategie

Wir nehmen an, die Erhebungsgesamtheit sei in Schichten $g(1)$, $g(2)$, ... $g(H)$ zerlegt. Bekannt seien $c(1), c(2), ... c(H) > 0$ mit

$$[-] = \left\{ \left(y_1, y_2, ... y_N \right) : s_{yy}(h) \le c^2(h) \text{ für } h = 1, 2, ... H \right\} .$$

Man überträgt die Überlegungen des Abschnitts 14.1 und zeigt, daß die Einheiten derselben Schicht "gleich" zu behandeln sind. D.h. daß bei Vorgabe der Aufteilung $n(1)$, $n(2)$, ... $n(H)$ des Gesamtstichprobenumfangs n (auf die Schichten) innerhalb der Schichten uneingeschränkt zufällig auszuwählen ist und daß alle Beobachtungen aus derselben Schicht mit demselben Faktor in die Schätzung eingehen.

Die zu verwendende Schätzfunktion ist demnach von der Gestalt

$$X = \sum \lambda \left(\frac{n(1)}{N(1)}, ... \frac{n(H)}{N(H)} ; h \right) \bar{Y}(h) \tag{1}$$

wobei aus $n(h) = 0$

$$\lambda \left(\frac{n(1)}{N(1)}, ... \frac{n(H)}{N(H)} ; h \right) = 0$$

folgen soll, so daß $\bar{Y}(h)$ nicht für $n(h) = 0$ definiert zu werden braucht.

Das Auswahlverfahren legt eine Wahrscheinlichkeitsverteilung q auf der Menge der Aufteilungen $n(1)$, $n(2)$, ... $n(H)$ fest. Im folgenden beziehen sich E_1, var_1 auf diese Wahrscheinlichkeitsverteilung. E_2, var_2 betreffen dagegen die uneingeschränkte Zufallsauswahl innerhalb der Schichten (bei Vorgabe der Aufteilung $n(1), n(2), ... n(H)$).

Es gilt bei beliebiger Aufteilung $n(1), n(2), \ldots n(H)$

$$E_2\left(X - \bar{y}\right)^2 = var_2 X + \left(E_2 X - \bar{y}\right)^2$$

$$= \sum{}^* \lambda^2 \left(\frac{n(1)}{N(1)}, \ldots \frac{n(H)}{N(H)}; h\right) \frac{s_{yy}(h)}{n(h)} \left(1 - \frac{n(h)}{N(h)}\right)$$

$$+ \left(\sum \left[\lambda\left(\frac{n(1)}{N(1)}, \ldots \frac{n(H)}{N(H)}; h\right) - \frac{N(h)}{N}\right] \bar{y}(h)\right)^2 .$$

Hierbei bezeichnet Σ^* die Summation über alle h mit $n(h) > 0$. Bei festgehaltener Aufteilung $n(1), n(2), \ldots n(H)$ wählen wir $h = 1, 2, \ldots H$; $\delta \neq 0$ und setzen

$$\begin{aligned} \bar{y}(h) \;\; &= \;\; \delta \\ \bar{y}(h') \;\; &= \;\; 0 \quad \text{für } h' \neq h \\ s_{yy}(h') \;\; &= \;\; 0 \quad \text{für } h' = 1, 2, \ldots H \end{aligned}$$

Offenbar ist dann $\underline{y} \in [\,-\,]$ erfüllt und

$$E_2\left(X - \bar{y}\right)^2 \geq \left[\lambda\left(\frac{n(1)}{N(1)}, \ldots \frac{n(H)}{N(H)}; h\right) - \frac{N(h)}{N}\right]^2 \delta^2 .$$

Also gilt $sup\, E_2(X - \bar{y})^2 = \infty$ (und daher auch $sup\, E(X - \bar{y})^2 = \infty$) , es sei denn, man hat

$$\lambda\left(\frac{n(1)}{N(1)}, \ldots \frac{n(H)}{N(H)}; h\right) = \frac{N(h)}{N} \tag{2}$$

Daher setzen wir (2) im folgenden für $h = 1, 2, \ldots H$ voraus. Dann ergibt sich

$$E_2\left(X - \bar{y}\right)^2 = \sum \left[\frac{N(h)}{N}\right]^2 \frac{s_{yy}(h)}{n(h)} \left[1 - \frac{n(h)}{N(h)}\right]$$

und $E_2(X - \bar{y})^2$ besitzt das Maximum

$$\sum \left[\frac{N(h)}{N}\right]^2 \frac{c^2(h)}{n(h)} \left[1 - \frac{n(h)}{N(h)}\right] . \tag{3}$$

Nun ist (3) als Funktion von $n(1), n(2), \ldots n(H)$ unter der Nebenbedingung $\Sigma\, n(h) = n$ für

$$n(h) = \frac{N(h)\, c(h)}{\sum N(h')\, c(h')} \, n \tag{4}$$

minimal, und es folgt:

Satz

*Die Erhebungsgesamtheit sei in Schichten g (1), g (2), ... g (H) zerlegt, und es
gelte*

$$[-] = \left\{ \left(y_1, y_2, \ldots y_N \right) : s_{yy}(h) \le c^2(h) \text{ für } h = 1, 2, \ldots H \right\}.$$

wobei $c(1), c(2), \ldots c(H) > 0$ *bekannt sind. Man habe* n *Einheiten auszuwählen und* $\bar{y}$ *durch*

$$\sum \lambda \left(\frac{n(1)}{N(1)}, \ldots \frac{n(H)}{N(H)}; h \right) \overline{Y}(h)$$

zu schätzen.

*In der Klasse der damit in Betracht kommenden Stichprobenstrategien ist
die geschichtete Auswahl auf der Grundlage der Aufteilung (4) zusammen
mit der üblichen Schätzung*

$$\lambda \left(\frac{n(1)}{N(1)}, \ldots \frac{n(H)}{N(H)}; h \right) = \frac{N(h)}{N}; h = 1, 2, \ldots H$$

*Minimaxstrategie, d.h. ihr maximales Risiko ist nicht größer als dasjenige ir-
gendeiner anderen Strategie der betrachteten Klasse.*

Vorangehend wird unterstellt, daß sich die Aufteilung (4) exakt realisieren
läßt, d.h. daß die durch (4) definierten $n(1), n(2), \ldots n(H)$ natürliche Zahlen sind. Auf die asymptotische Aussage, zu der man andernfalls geführt
wird, gehen wir nicht ein.

14.4*   Verhältnisstrategie

Wir nehmen an, daß den Erhebungseinheiten positive z-Werte zugeordnet
sind, und betrachten die in Abschnitt 9.5 beschriebene modifizierte
POISSON-Auswahl mit variierenden Auswahlwahrscheinlichkeiten $a(z_1)$,
$a(z_2), \ldots a(z_N)$.
$\zeta(1), \zeta(2), \ldots \zeta(H)$ sind wieder die Werte, die man aus $z_1, z_2, \ldots z_N$ dadurch
erhält, daß man jede vorkommende Zahl nur einmal aufschreibt. Es wird
gesetzt

$$a(h) = a(\zeta(h)).$$

Im folgenden betrachten wir nur solche Funktionen a , für die

$$\sum_i a(z_i) = n \tag{1}$$

und damit gleichbedeutend $\Sigma\, N(h)\, a(h) = n$ gilt; n sehen wir als vorgegeben an. Demgegenüber gibt $n(h)$ an, wieviele Einheiten mit der z-Ausprägung $\zeta(h)$ in die Auswahl gelangen. (Es muß also nicht $n = \Sigma\, n(h)$ gelten.)

Wir wollen

$$X = \sum \lambda\left(\frac{n(1)}{N(1)},\frac{n(2)}{N(2)},\dots\frac{n(H)}{N(H)}\,;\,h\right)\overline{Y}(h)$$

als Schätzfunktion verwenden. Hierbei ist $\overline{Y}(h)$ das arithmetische Mittel der y-Werte, die für Einheiten aus $g(h)$ beobachtet werden; die Funktionen

$$\lambda\left(x_1,x_2,\dots x_H\,;h\right);\quad h = 1\,,2\,,\dots H$$

sollen zweckmäßig gewählt werden. (Daß wir uns auf Schätzfunktionen beschränken, in denen die beobachteten y-Werte von Einheiten mit demselben z-Wert symmetrisch vorkommen, läßt sich in Anlehnung an Abschnitt 14.1 rechtfertigen.)

Wir ziehen nur solche Funktionen λ in Betracht, für die gilt

$$\frac{\lambda\left(x_1,x_2,\dots x_H\,;h\right)}{\sqrt{x_h}}$$

ist für $0 \le x_h \le 1$ und $\Sigma\, x_h > 0$ beliebig oft partiell differenzierbar und nimmt für $x_h = 0$ den Wert 0 an. Dann ist auch $\lambda(x_1,\dots x_H\,;h)$ beliebig oft partiell differenzierbar und nimmt an der Stelle $x_h = 0$ den Wert 0 an. Insofern braucht $\overline{Y}(h)$ nicht für $n(h) = 0$ definiert zu werden.

Beispielsweise sind die obigen Regularitätsbedingungen für

$$\overline{U} = \frac{1}{N}\sum L_i\frac{y_i}{a(z_i)} = \sum \frac{N(h)}{N}\frac{n(h)}{N(h)}\frac{1}{a(h)}\overline{Y}(h)$$

erfüllt. Mit

$$\overline{V} = \frac{1}{N}\sum L_i\frac{z_i}{a(z_i)} = \sum \frac{N(h)}{N}\frac{n(h)}{N(h)}\frac{1}{a(h)}\zeta(h)$$

gelten sie auch für

$$\frac{\overline{U}}{\overline{V}}\,\overline{z} = \sum \frac{N(h)}{N}\frac{\dfrac{n(h)}{N(h)}\dfrac{\overline{z}}{a(h)}}{\sum \dfrac{N(h')}{N}\dfrac{n(h')}{N(h')}\dfrac{\zeta(h')}{a(h')}}\overline{Y}(h)\,.$$

Insofern sind alle im Abschnitt 9.5 betrachteten Schätzfunktionen in unsere jetzige Diskussion einbezogen.

Wir nehmen im folgenden an, [-] sei durch

$$\sigma_{yy} - 2\,\frac{\bar{y}}{\bar{z}}\,\sigma_{yz} + \left(\frac{\bar{y}}{\bar{z}}\right)^2 \sigma_{zz} \leq c^2 \tag{2}$$

festgelegt, wofür wir auch schreiben können

$$\sum \frac{N(h)}{N} \cdot \left[\sigma_{yy}(h) + \left(\bar{y}(h) - \frac{\bar{y}}{\bar{z}}\,\zeta(h)\right)^2\right] \leq c^2 \; .$$

Wenn speziell

$$a(z_1) = a(z_2) = \ldots = a(z_N) = \frac{n}{N}$$

gilt und damit

$$\frac{\bar{U}}{\bar{V}}\,\bar{z} = \frac{\sum L_i y_i}{\sum L_i z_i}\,\bar{z}$$

erhalten wir aus Abschnitt 9.4

$$E\left(\frac{\bar{U}}{\bar{V}}\bar{z} - \bar{y}\right)^2 \sim \frac{1}{n}\left(1 - \frac{n}{N}\right)\left(\sigma_{yy} - 2\,\frac{\bar{y}}{\bar{z}}\,\sigma_{yz} + \left(\frac{\bar{y}}{\bar{z}}\right)^2 \sigma_{zz}\right)$$

$$\leq \frac{1}{n}\left(1 - \frac{n}{N}\right)c^2$$

und hieraus

$$\lim NE\left(\frac{\bar{U}}{\bar{V}}\bar{z} - \bar{y}\right)^2 \leq c^2\left(\frac{N}{n} - 1\right) \tag{3}$$

für alle $\underline{y} = (y_1, \ldots y_N) \in [\,-\,]$. Nun gilt:

Satz

[-] *sei durch (2) definiert. Festzulegen sei ein (modifiziertes) POISSON-Auswahlverfahren mit (1) und eine Schätzfunktion X mit den oben angegebenen Regularitätseigenschaften. In der Klasse der damit in Betracht zu ziehenden Stichprobenstrategien ist die Auswahl auf der Basis*

$$a(z_i) = \frac{n}{N}$$

zusammen mit der Schätzfunktion

$$\frac{\bar{U}}{\bar{V}}\,\bar{z} = \frac{\sum L_i y_i}{\sum L_i z_i}\,\bar{z}$$

*eine Minimaxstrategie (im asymptotischen Sinn) , d.h. es ist unmöglich ein a
mit (1) und eine Schätzfunktion X in der obigen Klasse zu finden mit*

$$\lim NE\left(X - \bar{y}\right)^2 < c^2\left(\frac{N}{n} - 1\right) \quad \text{für alle} \quad \underline{y} \in [\,-\,] .$$

Beweis: Die Wahrscheinlichkeit, mit der $n(1), n(2), \dots n(H)$ Einheiten
aus den Schichten $g(1), g(2), \dots g(H)$ in die Auswahl gelangen, bezeichnen
wir mit

$$q(n(1), n(2), \dots n(H)) .$$

Wir schreiben

$$r_{n(1), n(2), \dots n(H)}$$

für die uneingeschränkt zufällige Auswahl von $n(1), n(2), \dots . n(H)$ Einheiten aus den Schichten $g(1), g(2), \dots g(H)$. Die beschriebene POISSON-Auswahl kann dann als Produkt der Wahrscheinlichkeitsverteilungen

$$q(n(1), n(2), \dots n(H)) \quad \text{und} \quad r_{n(1), n(2), \dots n(H)}$$

aufgefaßt werden. Im folgenden beziehen sich E_2, var_2 auf $r_{n(1), n(2), \dots n(H)}$
und E_1, var_1 auf q .

Für $\delta > 0$ und $h = 1, 2, \dots H$ soll $\underline{\delta}^{(h)}$ dasjenige N-tupel $\underline{y}$ bezeichnen,
für das gilt

$$
\begin{aligned}
\bar{y}(h) &= \delta \\
\bar{y}(h') &= 0 \quad \text{für } h' \neq h \\
\sigma_{yy}(h') &= 0 \quad \text{für } h' = 1, 2, \dots H
\end{aligned}
$$

Wir wählen δ so klein, daß erfüllt ist

$$\underline{\delta}^{(h)} \in [\,-\,] \quad \text{für } h = 1, 2, \dots H .$$

Nun hat man (vgl. Abschnitt 14.3)

$$E_2\left(X - \bar{y}\right)^2 = var_2 X + \left(E_2 X - \bar{y}\right)^2$$

$$= \underline{\sum}^* \lambda^2\left(\frac{n(1)}{N(1)}, \dots \frac{n(H)}{N(H)}; h\right)\frac{s_{yy}(h)}{n(h)}\left(1 - \frac{n(h)}{N(h)}\right)$$

$$+ \left(\sum\left[\lambda\left(\frac{n(1)}{N(1)}, \dots \frac{n(H)}{N(H)}; h\right) - \frac{N(h)}{N}\right]\bar{y}(h)\right)^2 \tag{4}$$

und an der Stelle $\underline{y} = \underline{\delta}^{(h)}$

$$E_1 E_2 \left(X - \bar{y} \right)^2 = \delta^2 E_1 \left[\lambda \left(\frac{n(1)}{N(1)}, \; \dots \; \frac{n(H)}{N(H)} ; h \right) - \frac{N(h)}{N} \right]^2 \qquad (5)$$

$(h = 1, 2, \dots H)$. Nehmen wir an, für ein $h = 1, 2, \dots H$ gelte

$$\lambda \left(a(1), \dots a(H) ; h \right) \neq \frac{N(h)}{N} \; .$$

Aus (5) folgt dann

$$E_1 E_2 \left(X - \bar{y} \right)^2 \geq \delta^2 E_1 \left[\lambda \left(\frac{n(1)}{N(1)}, \; \dots \; \frac{n(H)}{N(H)} ; h \right) - \frac{N(h)}{N} \right]^2$$

$$\sim \delta^2 \left[\lambda \left(a(1), \dots a(H) ; h \right) - \frac{N(h)}{N} \right]^2$$

(vgl. die Bemerkung vor 9.5 Satz 2) und

$$\lim NE \left(X - \bar{y} \right)^2 = \infty \; .$$

Im folgenden beschränken wir uns daher auf Schätzfunktionen X mit

$$\lambda \left(a(1), \dots a(H) ; h \right) = \frac{N(h)}{N} \text{ für } h = 1, 2, \dots H \; .$$

Für sie gilt nach (4)

$$E \left(X - \bar{y} \right)^2 \geq E_1 \sum {}^*\lambda^2 \left(\frac{n(1)}{N(1)}, \; \dots \; \frac{n(H)}{N(H)} ; h \right) \frac{s_{yy}(h)}{n(h)} \left(1 - \frac{n(h)}{N(h)} \right)$$

$$\sim \frac{1}{N} \sum \frac{N(h)}{N} \sigma_{yy}(h) \left(\frac{1}{a(h)} - 1 \right)$$

und damit

$$\lim N E \left(X - \bar{y} \right)^2 \geq \sum \frac{N(h)}{N} \sigma_{yy}(h) \left(\frac{1}{a(h)} - 1 \right) . \qquad (6)$$

Nun wählen wir $(y_1, y_2, \dots y_N)$ mit

$$\bar{y}(h) \quad = \quad 0$$

$$\sigma_{yy}(h) \quad = \quad c^2$$

für $h = 1, 2, \ldots H$. Für dieses zu [-] gehörende N-tupel $(y_1, y_2, \ldots y_N)$ gilt nach (6)

$$\lim NE \left(X - \overline{y} \right)^2 \geq c^2 \sum \frac{N(h)}{N} \left(\frac{1}{a(h)} - 1 \right). \tag{7}$$

Nun überlegt man sich, daß

$$\sum \frac{N(h)}{N} \frac{1}{a(h)} \geq \frac{1}{\sum \frac{N(h)}{N} a(h)}$$

(vgl. 3.6 Aufgabe 10 Teil c))

$$\lim NE \left(X - \overline{y} \right)^2 \geq c^2 \left(\frac{N}{n} - 1 \right)$$

erfüllt ist. Aus (3) folgt also die Behauptung des Satzes. ∎

14.5 Aufgaben

Aufgabe 1

Einer Erhebungsgesamtheit vom Umfang $N = 6$ sind die (bekannten) z-Werte

$$\begin{aligned} z_1 = z_2 &= 3 \\ z_3 = z_4 = z_5 = z_6 &= 2 \end{aligned}$$

zugeordnet. Für die y-Werte gelte

$$\sum \frac{z_i}{z} \left(\frac{y_i}{z_i} - \frac{y}{z} \right)^2 \leq c^2$$

$(c > 0)$. Man wählt zwei Einheiten aus und bezeichnet die Wahrscheinlichkeit, die Stichprobe (g_i, g_j) zu erhalten, mit $p(ij)$; es gilt:

$$p(ij) = \begin{cases} 0 & \text{für} & i = 1; j = 2 \\ 25/392 & \text{für} & i = 1, 2: j = 3, 4, 5, 6 \\ 4/49 & \text{für} & 3 \leq i < j \leq 6 \\ 0 & \text{für} & i > j \end{cases}$$

a) Zeigen Sie, daß das maximale Risiko der Verhältnisschätzung $7c^2 / 3$ ist.

b) Berechnen Sie das maximale Risiko der RHC-Strategie.

c) Beweisen Sie, daß die Verhältnisschätzung mit dem durch $p(ij)$ gegebenen Auswahlverfahren keine Minimaxstrategie ist.

Lösung:

a) Es ist

$$E\left(\frac{\bar{\bar{Y}}}{\bar{\bar{Z}}}\,\bar{z}-\bar{y}\right)^2 = \frac{25}{392}\sum_{\substack{i=1,2\\j=3,4,5,6}}\left(\frac{y_i+y_j}{5}\,\frac{7}{3}-\bar{y}\right)^2$$

$$+\frac{4}{49}\sum_{3\le i<j\le 6}\left(\frac{y_i+y_j}{4}\,\frac{7}{3}-\bar{y}\right)^2$$

$$=\frac{25}{392}\sum_{\substack{i=1,2\\j=3,4,5,6}}\left[\frac{7}{5}\left(\frac{y_i}{3}-\frac{\bar{y}}{7/3}\right)+\frac{14}{15}\left(\frac{y_j}{3}-\frac{\bar{y}}{7/3}\right)\right]^2$$

$$+\frac{4}{49}\sum_{3\le i<j\le 6}\left[\frac{7}{6}\left(\frac{y_i}{2}-\frac{\bar{y}}{7/3}\right)+\frac{7}{6}\left(\frac{y_j}{2}-\frac{\bar{y}}{7/3}\right)\right]^2$$

$$=\sum_{i=1}^{2}\left(\frac{y_i}{3}-\frac{\bar{y}}{7/3}\right)^2\cdot\frac{25}{392}\cdot\frac{49}{25}\cdot 4$$

$$+\sum_{i=3}^{6}\left(\frac{y_i}{2}-\frac{\bar{y}}{7/3}\right)^2\left(\frac{25}{392}\cdot\frac{196}{225}\cdot 2+3\cdot\frac{4}{49}\cdot\frac{49}{36}\right)$$

$$+2\,\frac{25}{392}\cdot\frac{7}{5}\cdot\frac{14}{15}\sum_{\substack{i=1,2\\j=3,4,5,6}}\left(\frac{y_i}{3}-\frac{\bar{y}}{7/3}\right)\left(\frac{y_j}{2}-\frac{\bar{y}}{7/3}\right)$$

$$+2\,\frac{4}{49}\cdot\frac{7}{6}\cdot\frac{7}{6}\sum_{3\le i<j\le 6}\left(\frac{y_i}{2}-\frac{\bar{y}}{7/3}\right)\left(\frac{y_j}{2}-\frac{\bar{y}}{7/3}\right)$$

$$=\frac{1}{2}\sum_{i=1}^{2}\left(\frac{y_i}{z_i}-\frac{\bar{y}}{\bar{z}}\right)^2+\frac{4}{9}\sum_{i=3}^{6}\left(\frac{y_i}{z_i}-\frac{\bar{y}}{\bar{z}}\right)^2$$

$$+\frac{1}{6}\left(\frac{y_1+y_2}{3}-\frac{2\bar{y}}{\bar{z}}\right)\left(\frac{y_3+y_4+y_5+y_6}{2}-\frac{4\bar{y}}{\bar{z}}\right)$$

$$+\frac{1}{9}\left[\left(\frac{y_3+y_4+y_5+y_6}{2}-\frac{4\bar{y}}{\bar{z}}\right)^2-\sum_{i=3}^{6}\left(\frac{y_i}{z_i}-\frac{\bar{y}}{\bar{z}}\right)^2\right]$$

$$=\frac{1}{2}\sum_{i=1}^{2}\left(\frac{y_i}{z_i}-\frac{\bar{y}}{\bar{z}}\right)^2+\frac{1}{3}\sum_{i=3}^{6}\left(\frac{y_i}{z_i}-\frac{\bar{y}}{\bar{z}}\right)^2$$

$$=\frac{7}{3}\sum\frac{z_i}{z}\left(\frac{y_i}{z_i}-\frac{\bar{y}}{\bar{z}}\right)^2\le\frac{7}{3}c^2\,.$$

b) Für die RHC-Strategie erhalten wir als maximales Risiko

$$\frac{(7/3)^2}{2}\left(1-\frac{2}{6}\right)\cdot\frac{6}{5}\,c^2 = \frac{98}{45}\,c^2\,.$$

c) Da $\frac{98}{45} < \frac{7}{3}$ ist, kann die vorgeschlagene Strategie keine Minimaxstrategie

sein.

Aufgabe 2

Wir nennen ein Auswahlverfahren *zusammenhängend*, wenn für beliebige
Einheiten g_i und g_j gilt:

Es existieren Einheiten

$$g_{i_1}, \ldots g_{i_m}$$

derart, daß alle Wahrscheinlichkeiten

$$\pi_{ii_1},\; \pi_{i_r i_{r+1}}\quad ;\; (r=1,\ldots m-1),\, \pi_{i_m j}$$

größer Null sind.

Weiter bezeichne D_n die Menge aller Auswahlverfahren mit dem effektiven
Stichprobenumfang n und

$$\pi_i = \frac{n\,z_i}{z}\quad \text{für}\quad i=1,2,\ldots N\,.$$

Es sei $p^{(0)} \in D_n$ nicht zusammenhängend und $p^{(1)} \in D_n$ zusammenhängend.

Zeigen Sie, daß im Falle

$$[-] = \left\{ \left(y_1, \ldots y_N\right) \in \mathbb{R}^N : \sum \frac{z_i}{z}\left(\frac{y_i}{z_i}-\frac{y}{z}\right)^2 \leq c^2 \right\}$$

$(c^2 > 0)$ für die HT-Schätzung

$$t = \frac{z}{n}\frac{1}{N}\sum L_i\,\frac{y_i}{z_i}$$

gilt

$$\max_{[-]} var^{(0)} t \;>\; \max_{[-]} var^{(1)} t\,.$$

Hierbei bezeichnet $var^{(j)}$ Varianzbildung bzgl. $p^{(j)}\,; j=0,1\,.$

Lösung: Mit 10.5 Aufgabe 4 haben wir für alle Auswahlverfahren in D_n und für alle $(y_1, y_2, \ldots y_N) \in [\,-\,]$

$$\operatorname{var} t = n \sum \frac{n z_i}{N \bar{z}} \left(\frac{y_i}{n z_i} \bar{z} - \frac{\bar{y}}{n} \right)^2 - \frac{1}{2 N^2} \sum_{i \neq j} \pi_{ij} \left(\frac{y_i}{\pi_i} - \frac{y_j}{\pi_j} \right)^2 \leq c^2 \bar{z}^2 .$$

Da $p^{(0)}$ kein zusammenhängendes Auswahlverfahren ist, kann man g in zwei nichtleere Schichten $g(1)$ und $g(2)$ zerlegen, so daß $\pi_{ij}^{(0)} = 0$ für alle $g_i \in g(1)$ und $g_j \in g(2)$ ist.

Wir setzen $y_i^0 = c_j z_i$ falls g_i in $g(j)$ liegt $(j = 1, 2)$ und erhalten

$$\sum_{i \neq j} \pi_{ij}^{(0)} \left(\frac{y_i^0}{\pi_i^{(0)}} - \frac{y_j^0}{\pi_j^{(0)}} \right)^2 = \frac{\bar{z}^2}{n^2} \sum_{i \neq j} \pi_{ij}^{(0)} \left(\frac{y_i^0}{z_i} - \frac{y_j^0}{z_j} \right)^2$$

$$= \frac{\bar{z}^2}{n^2} \sum_{\substack{i : g_i \in g(1) \\ j : g_j \in g(2)}} \pi_{ij}^{(0)} \left(c_1 - c_2 \right)^2 = 0 .$$

Hierbei wählen wir $c_1 \neq c_2$ so, daß

$$\sum \frac{z_i}{\bar{z}} \left(\frac{y_i^0}{z_i} - \frac{y^0}{\bar{z}} \right)^2 = c^2$$

gilt und damit $\left(y_1^0, \ldots y_N^0 \right)$ in $[\,-\,]$ liegt; wegen

$$\sum \frac{z_i}{\bar{z}} \left(\frac{y_i^0}{z_i} - \frac{y^0}{\bar{z}} \right)^2$$

$$= \sum_{g(1)} \frac{z_i}{\bar{z}} \left(c_1 - \frac{c_2 \sum_{g(1)} z_i + c_1 \sum_{g(2)} z_j}{\bar{z}} \right)^2$$

$$+ \sum_{g(2)} \frac{z_j}{\bar{z}} \left(c_1 - \frac{c_2 \sum_{g(1)} z_i + c_1 \sum_{g(2)} z_j}{\bar{z}} \right)^2$$

$$= \left(c_1 - c_2 \right)^2 \frac{\sum_{g(1)} z_i \sum_{g(2)} z_j}{\bar{z}^2}$$

erreichen wir dies beispielsweise durch

$$c_1 = c \sqrt{\frac{\sum\limits_{g(1)} z_i}{\sum\limits_{g(2)} z_j}} \quad \text{und} \quad c_2 = -c \sqrt{\frac{\sum\limits_{g(2)} z_j}{\sum\limits_{g(1)} z_i}} \; .$$

Bei Verwendung von $p^{(0)}$ ist daher das Maximum der Varianz von t gleich $c^2 \bar{z}^2$.

Da $p^{(1)}$ ein zusammenhängendes Auswahlverfahren ist, gilt

$$\sum_{i \neq j} \pi_{ij}^{(1)} \left(\frac{y_i}{\pi_i^{(1)}} - \frac{y_j}{\pi_j^{(1)}} \right)^2 = 0$$

nur, wenn y_i proportional zu $\pi_i^{(1)}$ und damit zu z_i für alle $i = 1, \dots N$ ist.

Daraus folgt die Behauptung.

Aufgabe 3

Einer Erhebungsgesamtheit mit bekannten z-Werten werden n verschiedene Einheiten entnommen. Die Wahrscheinlichkeit, die Stichprobe

$$\left(g_{i_1}, \dots g_{i_n} \right); \; 1 \leq i_1 < \dots < i_n \leq N$$

zu erhalten, sei proportional zu

$$\left(\sum_{j=1}^{n} z_{i_j} \right)^2 = n^2 \bar{Z}^2 \; .$$

a) Beweisen Sie

$$E\left(\frac{\bar{Y}}{\bar{Z}} \bar{z} - \bar{y} \right)^2 = \frac{N-1}{N^2 \left(\sum \left(\frac{z_i}{\bar{z}} \right)^2 + \frac{n-1}{N-n} \right)} \left(s_{yy} - 2 \frac{\bar{y}}{\bar{z}} s_{yz} + \left(\frac{\bar{y}}{\bar{z}} \right)^2 s_{zz} \right) .$$

b) Folgern Sie aus a), daß erfüllt ist

$$E\left(\frac{\bar{Y}}{\bar{Z}} \bar{z} - \bar{y} \right)^2 \leq \frac{1}{n} \left(1 - \frac{n}{N} \right) \left(s_{yy} - 2 \frac{\bar{y}}{\bar{z}} s_{yz} + \left(\frac{\bar{y}}{\bar{z}} \right)^2 s_{zz} \right)$$

wobei das Gleichheitszeichen nur im Falle $z_1 = z_2 = \dots = z_N$ zutrifft.

c) Folgern Sie aus a), daß das Risiko der hier betrachteten Strategie asymptotisch gleich dem Risiko ist, das mit der Schätzfunktion $\overline{Y}\,\overline{z}/\overline{Z}$ bei POISSON-Auswahl auf der Basis $a(z_i) = n/N$ verbunden ist (d.h. mit der Strategie, die nach 14.4 eine Minimaxstrategie ist).

Lösung:

a) Es ist

$$E\left(\frac{\overline{Y}}{\overline{Z}}\,\overline{z} - \overline{y}\right)^2 = K \sum{}^{*} \overline{Z}^2 \left(\frac{\overline{Y}}{\overline{Z}}\,\overline{z} - \overline{y}\right)^2$$

$$= K \binom{N}{n} \frac{1}{\binom{N}{n}} \sum{}^{*} \left[\left(\overline{Y} - \overline{y}\right)\overline{z} - \left(\overline{Z} - \overline{z}\right)\overline{y}\right]^2$$

$$= K \binom{N}{n} \left[\overline{z}^2 \frac{s_{yy}}{n}\left(1 - \frac{n}{N}\right) - 2\,\overline{y}\,\overline{z}\,\frac{s_{yz}}{n}\left(1 - \frac{n}{N}\right) + \overline{y}^2 \frac{s_{zz}}{n}\left(1 - \frac{n}{N}\right)\right].$$

Dabei bezeichnet Σ^{*} die Summation über alle Elemente des Stichprobenraumes und K ist die Normierungskonstante mit

$$K \sum{}^{*} \overline{Z}^2 = 1 .$$

Wegen

$$\frac{1}{\binom{N}{n}} \sum{}^{*} \overline{Z}^2 = \frac{S_{zz}}{n}\left(1 - \frac{n}{N}\right) + \overline{z}^2$$

$$= \frac{1}{n(N-1)}\left[\frac{N-n}{N} \sum z_i^2 + N(n-1)\,\overline{z}^2\right]$$

folgt

$$K \binom{N}{n} = \frac{n(N-1)}{\dfrac{N-n}{N} \sum z_i^2 + N(n-1)\,\overline{z}^2}$$

und

$$E\left(\frac{\overline{Y}}{\overline{Z}}\,\overline{z} - \overline{y}\right)^2$$

$$= \frac{n(N-1)}{\dfrac{N-n}{N}\,\dfrac{\sum z_i^2}{\overline{z}^2} + N(n-1)}\,\frac{1}{n}\left(1 - \frac{n}{N}\right)\left(s_{yy} - 2\,\frac{\overline{y}}{\overline{z}}\,s_{yz} + \left(\frac{\overline{y}}{\overline{z}}\right)^2 s_{zz}\right).$$

Hieraus ergibt sich die Behauptung a).

b) Weil

$$\sum \left(\frac{z_i}{z} \right)^2 \geq \frac{1}{N}$$

gilt, wobei das Gleichheitszeichen nur im Falle $z_1 = z_2 = \dots = z_N$ zutrifft, folgt die Behauptung b) aus a).

c) Wegen

$$\frac{N-1}{N^2 \left(\sum \left(\frac{z_i}{z} \right)^2 + \frac{n-1}{N-n} \right)} \sim \frac{1}{n} \left(1 - \frac{n}{N} \right)$$

ergibt sich aus a) unmittelbar

$$E \left(\frac{\overline{Y}}{\overline{Z}} \, \overline{z} - \overline{y} \right)^2 \sim \frac{1}{n} \left(1 - \frac{n}{N} \right) \left(s_{yy} - 2 \, \frac{\overline{y}}{\overline{z}} \, s_{yz} + \left(\frac{\overline{y}}{\overline{z}} \right)^2 s_{zz} \right).$$

Die Behauptung ergibt sich aus Abschnitt 14.4 .

A   Grundbegriffe der Wahrscheinlichkeitsrechnung

A 1   Wahrscheinlichkeitsverteilungen und Zufallsexperimente

Ω sei eine beliebige Menge. Eine auf Ω definierte Funktion p wird *Wahrscheinlichkeitsverteilung* (auf Ω) genannt, wenn gilt

$$p(e) \geq 0 \quad \text{für alle } e \in \Omega$$
$$p(e) > 0 \quad \text{für endlich viele } e \in \Omega$$
$$\sum_{e \in \Omega} p(e) = 1 \ .$$

Wahrscheinlichkeitsverteilungen eignen sich zur Beschreibung von *Zufallsexperimenten*, d.h. von Vorgängen, die wiederholbar sind und deren Ergebnis nicht mit Sicherheit vorhergesagt werden kann. Man denke etwa an das Ausspielen eines Würfels oder an das Werfen einer Münze.

Das Ausspielen eines (speziellen) Würfels wäre durch die Menge

$$\Omega = \{1, 2, \ldots 6\}$$

der möglichen Ergebnisse *1, 2, ... 6* und durch eine Wahrscheinlichkeitsverteilung p auf dieser Menge zu beschreiben. Unter Umständen ist die sog. *Gleichverteilung p* , für die

$$p(1) = p(2) = \ldots = p(6) = \frac{1}{6}$$

gilt, angemessen - dann jedenfalls, wenn die Symmetrie des Vorganges vollkommen ist, so daß eine Veränderung der Punkteanordnung auf dem Würfel keine Änderung der Beschreibung (durch eine Wahrscheinlichkeitsverteilung) erforderlich macht.

Würde jemand die Punkte auf dem eben betrachteten Würfel beseitigen und 4 Seiten mit $+$ und die restlichen 2 Seiten mit $-$ versehen, so wäre das Ausspielen durch die Menge

$$\Omega = \{+, -\}$$

und durch die Wahrscheinlichkeitsverteilung p mit

$$p(+) = \frac{2}{3}, \quad p(-) = \frac{1}{3}$$

zu beschreiben.

Ω wird in Zukunft als *Ergebnismenge* oder als *Ergebnisraum* bezeichnet. Jede Teilmenge von Ω heißt *Ereignis*. Wenn A ein Ereignis ist, wird

$$W(A) = \sum_{e \in A} p(e)$$

Wahrscheinlichkeit von A genannt.

Bei beliebigem $e \in \Omega$ ist $\{e\}$ ein Ereignis und es gilt

$$W(\{e\}) = p(e) \ .$$

Demnach ist $p(e)$ eine Wahrscheinlichkeit, die Wahrscheinlichkeit des Ereignisses $\{e\}$ nämlich. Wir wollen $p(e)$ auch als Wahrscheinlichkeit für das Ergebnis e bezeichnen.

Im allgemeinen steht der Statistiker einem Zufallsexperiment gegenüber und muß eine passende Beschreibung - die durch das Zufallsexperiment festgelegte Wahrscheinlichkeitsverteilung also - finden. Für die Stichprobentheorie ist die entgegengesetzte Aufgabenstellung typisch. Zu vorgegebener Wahrscheinlichkeitsverteilung ist ein passendes Zufallsexperiment anzugeben.

Nehmen wir beispielsweise an, Ω sei die Menge aller n-tupel, die aus den Zahlen $1, 2, \ldots N$ ohne Wiederholung gebildet sind, d.h.

$$\Omega = \left\{ (a_1, a_2, \ldots a_n) : a_1, a_2, \ldots a_n = 1, 2, \ldots N : i \neq j \Rightarrow a_i \neq a_j \right\} \ .$$

p sei die Gleichverteilung auf Ω, d.h. jedes n-tupel aus Ω besitzt dieselbe Wahrscheinlichkeit, die Wahrscheinlichkeit

$$\frac{1}{N(N-1)\ldots(N-n+1)} \ .$$

Gesucht ist ein Zufallsexperiment, das durch p angemessen beschrieben ist.

Wir betrachten das folgende *Urnenexperiment*:

Man füllt ein irgendwie geartetes Gefäß - meist spricht man von einer Urne - mit N Kugeln, die von 1 bis N numeriert sind, sonst aber keine Unterschiede aufweisen. Man mischt die Kugeln, greift nacheinander n Kugeln blindlings heraus und notiert ihre Nummern in der Reihenfolge des Auftretens.

Als Resultat des beschriebenen Urnenexperiments erhält man ein Element aus Ω . Wenn sorgfältig gemischt wird - man denke etwa an die Modalitäten für die Ziehung der Lottozahlen - ist die Gleichverteilung sicherlich die angemessene Beschreibung.

Wir wollen die Wahrscheinlichkeiten für einige Ereignisse des betrachteten Urnenexperiments berechnen und setzen

$$A_{ik} = \left\{ \left(a_1, a_2, \dots a_n\right) \in \Omega : a_i = k \right\} \quad .$$

A_{ik} bedeutet, daß beim i-ten Zug die Kugel mit der Nummer k herausgegriffen wird. Somit umfaßt A_{ik} alle n-tupel mit $a_i = k$. Es gibt nun

$$(N - 1)(N - 2) \dots (N - n + 1)$$

derartige n-tupel: Wenn nämlich an i-ter Stelle die Kugel Nr. k steht, kann an 1-ter Stelle jede der $N-1$ Kugeln $1, 2, \dots k - 1, k + 1, \dots N$ stehen; wenn auch die 1-te Stelle besetzt ist, verbleiben für die Besetzung der 2-ten Stelle $N - 2$ Möglichkeiten etc.

Nach dem Vorangehenden erhält man

$$W\left(A_{ik}\right) = (N-1) \dots (N-n+1) \; \frac{1}{N(N-1)\dots(N-n+1)} = \frac{1}{N} . \tag{1}$$

Für $i \neq j \, ; \, k \neq l$ berechnet man in naheliegender Weise

$$W\left(A_{ik} \cap A_{jl}\right) = \frac{1}{N(N-1)} \quad . \tag{2}$$

Wir wollen noch

$$A_k = \left\{ \left(a_1, \dots a_n\right) : k \in \left\{a_1, a_2, \dots a_n\right\} \right\}$$

betrachten. Offenbar gilt

$$A_k = A_{1k} \cup A_{2k} \cup \dots \cup A_{nk} \quad .$$

Da die Ereignisse $A_{1k}, A_{2k}, \dots$ disjunkt sind, folgt aus (1)

$$W\left(A_k\right) = W\left(A_{1k}\right) + W\left(A_{2k}\right) + \dots + W\left(A_{nk}\right) = \frac{n}{N} \tag{3}$$

Schließlich sei für $k \neq l$ das Ereignis $A_k \cap A_l$ betrachtet.

Es gilt

$$
\begin{aligned}
A_k \cap A_l = &\left(A_{1k} \cap A_{1l}\right) \cup \left(A_{1k} \cap A_{2l}\right) \cup \ldots \cup \left(A_{1k} \cap A_{nl}\right) \\
\cup &\left(A_{2k} \cap A_{1l}\right) \cup \left(A_{2k} \cap A_{2l}\right) \cup \ldots \cup \left(A_{2k} \cap A_{nl}\right) \\
&\quad\vdots \\
\cup &\left(A_{nk} \cap A_{1l}\right) \cup \left(A_{nk} \cap A_{2l}\right) \cup \ldots \cup \left(A_{nk} \cap A_{nl}\right) .
\end{aligned}
$$

Weil die auf der sog. Hauptdiagonalen dieses $n \times n$-Schemas stehenden Ereignisse $A_{1k} \cap A_{1l}$, $A_{2k} \cap A_{2l}$, ... $A_{nk} \cap A_{nl}$ gleich der leeren Menge $\varnothing$ sind und daher die Wahrscheinlichkeit 0 besitzen, folgt aus (2)

$$
W\left(A_k \cap A_l\right) = \frac{n(n-1)}{N(N-1)} . \tag{4}
$$

A 2   Zufallsvariablen

Gegeben sei eine Wahrscheinlichkeitsverteilung p auf Ω ; dann nennt man jede auf Ω definierte Funktion *Zufallsvariable* (auf Ω) .

Angenommen, ein Roulettspieler habe den Betrag *1* auf Rot gesetzt. Wenn die Ausspielung dann eine rote Zahl liefert, erhält er den Betrag *2* , so daß sein Gewinn gleich *1* ist; wenn sich die Null oder eine schwarze Zahl einstellt, bekommt er nichts und erreicht damit einen Gewinn von *−1* .

Der Gewinn des betrachteten Spielers ist offenbar eine Funktion auf der Menge Ω der Ergebnisse *0, 1, 2, ... 36* . Wir bezeichnen diese Funktion mit X und haben

$$
X(e) = \begin{cases} 1 & \text{falls } e \text{ eine rote Zahl bezeichnet} \\ 0 & \text{sonst .} \end{cases}
$$

Da auf dem Definitionsbereich Ω von X eine Wahrscheinlichkeitsverteilung festgelegt ist - vermutlich die Gleichverteilung - ist X als Zufallsvariable zu bezeichnen.

X sei eine Zufallsvariable auf Ω und $u(x)$ eine beliebige Funktion. Mit $u(X)$ bezeichnet man diejenige Zufallsvariable, die dem Ergebnis $e \in \Omega$ den Wert $u(X(e))$ zuordnet. Einem Ergebnis, dem X den Wert a zuordnet, ordnet also z.B. X^2 den Wert a^2, $1 - X$ den Wert $1-a$ zu.

Betrachten wir beispielsweise die Zufallsvariable $(X - 1)(X + 1)$. Sie ordnet dem Ergebnis $e \in \Omega$ die Zahl

$$\left[X(e) - 1 \right] \left[X(e) + 1 \right]$$

zu, für die man auch

$$\left[X(e) \right]^2 - 1$$

schreiben kann. Nun ist $[X(e)]^2 - 1$ der Wert, der dem Ergebnis e durch die Zufallsvariable $X^2 - 1$ zugeordnet wird. Also sind die Zufallsvariablen $(X - 1)(X + 1)$ und $X^2 - 1$ identisch.

Durch Verallgemeinerung der vorangehenden Überlegung sieht man, daß mit Zufallsvariablen wie mit reellen Zahlen zu rechnen ist.

Zufallsvariablen können dazu benützt werden, Ereignisse zu definieren. So bezeichnet man z.B. mit $\{ X = 10 \}$ die Menge aller Ergebnisse, denen durch X die Zahl 10 zugeordnet wird.

Nehmen wir an, X sei eine Zufallsvariable. Jede reelle Zahl x mit

$$W(\{X = x\}) > 0$$

nennt man *Ausprägung* von X; $W(\{X = x\})$ ist die Wahrscheinlichkeit, mit der X die Ausprägung x annimmt.

Durch eine Zufallsvariable X wird einer auf Ω gegebenen Wahrscheinlichkeitsverteilung p eine Wahrscheinlichkeitsverteilung p_X auf $\mathbb{R}$ zugeordnet. Es gilt

$$p_X(x) = W\left(\left\{ X = x \right\}\right) = \sum_{e\,:\,X(e)\,=\,x} p(e) \,.$$

p_X ist offenbar genau für die reellen Zahlen positiv, die Ausprägungen von X sind.

A 3   Erwartungswert, Varianz und Kovarianz

Wenn p eine Wahrscheinlichkeitsverteilung auf Ω ist, bezeichnet man

$$E\,X = \sum_{e} X(e)\, p(e)$$

als *Erwartungswert* der Zufallsvariablen X.

$u(x)$ sei eine beliebige Funktion der Variablen x. Die Zufallsvariable $u(X)$ besitzt dann den Erwartungswert

$$E\,u\,(X) \;=\; \sum_{e\,\in\,\Omega}\; u\left(X\,(e)\right) p\,(e)\;.$$

Wenn p_X die durch X auf $\mathbb{R}$ definierte Wahrscheinlichkeitsverteilung ist, gilt - wie sich leicht zeigen läßt -

$$E\,u\,(X) \;=\; \sum_{x}\; u\,(x)\; p_X\,(x)\;.$$

Nehmen wir an, man betrachte Zufallsvariablen $X_1, X_2, \ldots X_k$ auf Ω ; insbesondere interessiere eine *Linearkombination*

$$a_0 + a_1 X_1 + \ldots a_k X_k = a_0 + \sum a_i X_i$$

dieser Zufallsvariablen, wobei $a_0, a_1, \ldots a_k$ vorgegebene reelle Zahlen sind. Natürlich ist auch diese Linearkombination eine Zufallsvariable. Es gilt, wie man sich leicht überlegt,

$$E\left(a_0 + \sum a_i X_i\right) = a_0 + \sum a_i\,E\,X_i$$

d.h. die Erwartungswertbildung ist eine *lineare Operation*.

Den Erwartungswert der Zufallsvariablen $(X - E\,X)^2$ bezeichnet man als *Varianz* von X :

$$var\,X = E\,(X - E\,X)^2\;.$$

Wegen $(X - E\,X)^2 = X^2 - 2\,X\,E\,X + (E\,X)^2$ gilt

$$var\,X = E\,X^2 - (E\,X)^2\;.$$

Für die Zufallsvariablen X und Y definiert man

$$cov\,(X,Y) = E\,(X - E\,X)(Y - E\,Y)\;.$$

$cov\,(X,Y)$ heißt *Kovarianz* von X und Y. Man hat

$$cov\,(X,Y) = E\,X\,Y - E\,X\,E\,Y\;.$$

Im übrigen ist offensichtlich erfüllt

$$cov\,(X,X) = var\,X\;.$$

Wenn $a_0, a_1, \ldots a_k$ beliebige reelle Zahlen und $X_1, X_2, \ldots X_k$ Zufallsvariablen sind, gilt

$$var\left(a_0 + \sum a_i X_i\right) = \sum a_i^2\, var X_i + \sum_{i \neq j} a_i a_j\, cov\left(X_i, X_j\right).$$

Wenn auch $b_0, b_1, \ldots b_l$ reelle Zahlen und $Y_1, Y_2, \ldots Y_l$ Zufallsvariablen sind, ist erfüllt

$$cov\left(a_0 + \sum a_i X_i, b_0 + \sum a_j Y_j\right) = \sum_{i,j} a_i b_j\, cov\left(X_i, Y_j\right).$$

Wir wollen insbesondere die Begriffe "Erwartungswert" und "Varianz" erläutern; wir gehen zu diesem Zweck von einer beliebigen Zufallsvariablen X aus. Man kann zeigen, daß für $\varepsilon > 0$, $a \in \mathbb{R}$ und $m \in \mathbb{N}$ gilt

$$W\left(\left\{a - \varepsilon \leq X \leq a + \varepsilon\right\}\right) \geq 1 - \frac{E\,(X-a)^{2m}}{\varepsilon^{2m}}. \qquad (1)$$

Mit $a = EX$ und $m = 1$ ergibt sich speziell die sog. *Ungleichung von TSCHE-BYSCHEFF*

$$W\left(\left\{EX - \varepsilon \leq X \leq EX + \varepsilon\right\}\right) \geq 1 - \frac{var X}{\varepsilon^2}.$$

Je nach Zusammenhang empfiehlt es sich, ε durch

$$t\,\sqrt{var X} \quad oder \quad \frac{\sqrt{var X}}{\sqrt{1 - T}}$$

zu ersetzen.

Man erhält dadurch

$$W\left(\left\{EX - t\,\sqrt{var X} \leq X \leq EX + t\,\sqrt{var X}\right\}\right) \geq 1 - \frac{1}{t^2} \quad \text{bzw.}$$

$$\left(\left\{EX - \frac{\sqrt{var X}}{\sqrt{1 - T}} \leq X \leq EX + \frac{\sqrt{var X}}{\sqrt{1 - T}}\right\}\right) \geq T$$

wobei für t beliebige positive Zahlen und für T beliebige Elemente des Intervalls $[\,0\,,\,1\,)$ eingesetzt werden dürfen.

Die letzte Ungleichung besagt, daß bei beliebig vorgegebener Wahrscheinlichkeit T ein Intervall um EX konstruiert werden kann, in welches X mit der vorgegebenen oder einer höheren Wahrscheinlichkeit fällt. Die Länge hängt selbstverständlich von der vorgegebenen Wahrscheinlichkeit T, außerdem aber entscheidend von der Varianz der Zufallsvariablen X ab. EX ist also ein Wert, um den X streut, und $var\ X$ gibt an, wie sehr X um EX streut.

Nehmen wir an, man solle vor Durchführung des Zufallsexperiments eine Aussage über X machen. Dann wird man wohl EX als Prognosewert und $var\ X$ als Kennzahl für die Fehlermöglichkeit angeben.

A 4   Unabhängigkeit von Zufallsvariablen

Wir betrachten Wahrscheinlichkeitsverteilungen p' und p'' auf Ω' bzw. Ω'' und setzen für $e' \in \Omega'$, $e'' \in \Omega''$

$$p(e', e'') = p'(e')\, p''(e'') \ .$$

Offenbar ist dann p eine Wahrscheinlichkeitsverteilung auf $\Omega = \Omega' \times \Omega''$. Man bezeichnet p als *unabhängiges Produkt* von p' und p'' .

Wie findet man ein zu p passendes Zufallsexperiment? Man wird Zufallsexperimente $\mathbf{E}'$ und $\mathbf{E}''$ suchen, die zu p' bzw. p'' passen. Dann führt man sowohl $\mathbf{E}'$ als auch $\mathbf{E}''$ durch. Die Zusammenfassung wird durch p angemessen beschrieben, ohne daß dies hier näher erläutert werden soll.

Jetzt seien Zufallsvariablen X, Y und Wahrscheinlichkeitsverteilungen p_X, p_Y betrachtet. X und Y heißen *unabhängig*, wenn für alle x, y (insbesondere also für alle Ausprägungen x von X und für alle Ausprägungen y von Y) erfüllt ist

$$W\left(\left\{X = x, Y = y\right\}\right) = p_X(x)\ p_Y(y) \ .$$

Nehmen wir an, man habe Wahrscheinlichkeitsverteilungen p' auf Ω' und p'' auf Ω'' (die Zufallsexperimente $\mathbf{E}'$ und $\mathbf{E}''$ beschreiben). Auf Ω' sei X' definiert, auf Ω'' habe man Y''. Nun führe man sowohl $\mathbf{E}'$ als auch $\mathbf{E}''$ durch. X und Y sollen angeben, welche Werte X' und Y'' hierbei liefern; d.h.

$$X(e', e'') = X'(e')$$
$$Y(e', e'') = Y''(e'') \ .$$

Man überlegt sich leicht, daß X und Y dann unabhängig sind.

Die vorangehend angegebene Definition der Unabhängigkeit läßt sich in naheliegender Weise auf mehr als zwei Zufallsvariablen übertragen.

Zufallsvariablen X und Y heißen *unkorreliert*, wenn

$$cov\,(\,X\,,Y\,)\,=\,0$$

gilt. Man überlegt sich leicht, daß aus der Unabhängigkeit zweier Zufallsvariablen ihre Unkorreliertheit folgt (während Unkorreliertheit nicht unbedingt Unabhängigkeit zur Folge hat). Es liegt auf der Hand, wie sich die in Abschnitt A 3 angegebene Formel für die Varianz einer linearen Funktion von unabhängigen Zufallsvariablen vereinfacht.

A 5   Unabhängig identisch verteilte Zufallsvariablen

X_1, X_2, ... X_n seien unabhängige Zufallsvariablen mit derselben Wahrscheinlichkeitsverteilung, d.h. es gibt eine Wahrscheinlichkeitsverteilung p auf $\mathbb{R}$ mit der Eigenschaft

$$W\left(X_1 = x_1,\ X_2 = x_2,\ ...\ X_n = x_n\right)\ =\ p\,(\,x_1\,)\,p\,(\,x_2\,)\,...\,p\,(\,x_n\,)\ .$$

Dann bezeichnet man $X_1, X_2, ... X_n$ als *unabhängig identisch verteilt.*

Man denke beispielsweise an ein Zufallsexperiment $\mathbf{E}$, auf dessen Ergebnisraum die Zufallsvariable X definiert ist. Nun führe man $\mathbf{E}$ n-mal durch; X_i gebe an, welchen Wert X bei der i-ten Durchführung liefert $(i = 1, 2, ... n)$. Dann sind $X_1, X_2, ... X_n$ unabhängig und identisch verteilt.

Für unabhängig identisch verteilte Zufallsvariablen X_1, X_2, ... X_n gilt insbesondere

$$\begin{aligned}
E\,X_1\ &=\ E\,X_2\ =\ ...\ =\ E\,X_n \\
var\,X_1\ &=\ var\,X_2\ =\ ...\ =\ var\,X_n\ .
\end{aligned}$$

Wir schreiben μ_x und σ_{xx} für den Erwartungswert und die Varianz der Zufallsvariablen. Für

$$\overline{X}\ =\ \frac{1}{n}\sum X_i$$

folgt wegen der Linearität der Erwartungswertbildung

$$E\,\overline{X}\ =\ \mu_x$$

und wegen der Unkorreliertheit von X_i und X_j $(i \neq j)$

$$var \, \overline{X} = \frac{\sigma_{xx}}{n} \, .$$

Für

$$S_{xx} = \frac{1}{n-1} \sum \left(X_i - \overline{X} \right)^2 = \frac{n}{n-1} \left[\frac{1}{n} \sum \left(X_i - \mu_x \right)^2 - \left(\overline{X} - \mu_x \right)^2 \right]$$

erhält man

$$E \, S_{xx} = \frac{n}{n-1} \left[\sigma_{xx} - \frac{\sigma_{xx}}{n} \right] = \sigma_{xx} \, .$$

Insgesamt haben wir also:

Satz 1

Wenn $X_1, X_2, \ldots X_n$ unabhängig identisch verteilt sind mit dem Erwartungswert μ_x und der Varianz σ_{xx}, ist mit $\overline{X} = \sum X_i / n$ und $S_{xx} = \sum (X_i - \overline{X})^2 / (n-1)$ erfüllt

$$\begin{aligned} E \, \overline{X} &= \mu_x \\ var \, \overline{X} &= \sigma_{xx} / n \\ E \, S^2 &= \sigma_{xx} \, . \end{aligned}$$

Wir betrachten jetzt $2\,n$ Zufallsvariablen

$$\begin{aligned} &Y_1, Y_2, \ldots Y_n \\ &Z_1, Z_2, \ldots Z_n \, . \end{aligned}$$

Die Wahrscheinlichkeit

$$\begin{aligned} &y_1, y_2, \ldots y_n \\ &z_1, z_2, \ldots z_n \, . \end{aligned}$$

zu beobachten, lasse sich in der Gestalt

$$p(y_1, z_1) \, , \, p(y_2, z_2) \, , \ldots p(y_n, z_n)$$

schreiben, wobei p eine Wahrscheinlichkeitsverteilung auf $\mathbb{R}^2$ ist. Dies ist insbesondere der Fall, wenn Y und Z für ein Zufallsexperiment $\mathbf{E}$ definiert sind, $\mathbf{E}$ n-mal durchgeführt wird und Y_i und Z_i angeben, welche Werte Y und Z bei der i-ten Durchführung liefern.

Dann bezeichnet man (Y_1, Z_1) , (Y_2, Z_2) , ... (Y_n, Z_n) als *unabhängig identisch verteilt*; offenbar ist erfüllt

$$cov(Y_i, Z_j) = 0 \qquad \text{falls } i \neq j$$
$$cov(Y_1, Z_1) = cov(Y_2, Z_2) = ... = cov(Y_n, Z_n) \ .$$

Man beweist leicht:

Satz 2

Wenn $(Y_1, Z_1), (Y_2, Z_2)$, ... (Y_n, Z_n) *unabhängig identisch verteilt sind und*

$$\sigma_{yz} = cov\left(Y_i, Z_i\right)$$
$$\overline{Y} = \frac{1}{n} \sum Y_i$$
$$\overline{Z} = \frac{1}{n} \sum Z_i$$
$$S_{yz} = \frac{1}{n-1} \sum \left(Y_i - \overline{Y}\right)\left(Z_i - \overline{Z}\right) \ .$$

gesetzt wird, gilt

$$cov\left(\overline{Y}, \overline{Z}\right) = \frac{\sigma_{yz}}{n}$$
$$E\,S_{yz} = \sigma_{yz} \ .$$

A 6   Produkte von Wahrscheinlichkeitsverteilungen

Wir gehen von einer Wahrscheinlichkeitsverteilung p auf Ω_1 aus. Jedem

$$e \in \Omega_1 \ \textit{mit } p(e) > 0$$

sei eine Wahrscheinlichkeitsverteilung q_e auf Ω_2 zugeordnet. Für $(e, f) \in \Omega_1 \times \Omega_2$ definieren wir

$$r(e, f) = p(e)\, q_e(f) \ .$$

Dadurch ist eine Wahrscheinlichkeitsverteilung r auf $\Omega_1 \times \Omega_2$ festgelegt. Sie wird als *Produkt der Wahrscheinlichkeitsverteilungen* p *und* q_e; $p(e) > 0$ bezeichnet. (Vgl. Abbildung 12.)

Nehmen wir an, das Zufallsexperiment **P** werde durch p beschrieben und die Zufallsexperimente $\mathbf{Q}_e$ durch q_e ; dies gelte für alle e mit $p(e) > 0$. Dann bescheibt r die folgende Zusammenfassung. Man führt zunächst **P** durch;

wenn sich dabei das Ergebnis e einstellt, schließt sich das Experiment $\mathbf{Q}_e$ an.

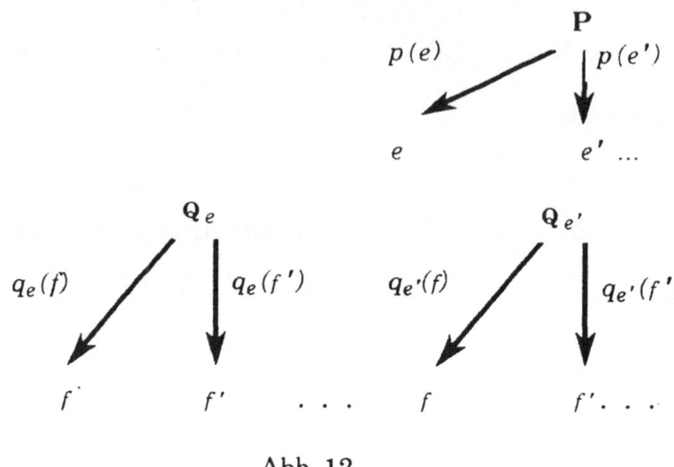

Abb. 12

Man stelle sich beispielsweise vor, daß einer von zwei vorgelegten Würfeln zufällig auszuwählen und dann auszuspielen ist. Ein Würfel sei rot und liefere die Augenzahlen 1 und 2 je mit Wahrscheinlichkeit $1/4$, die übrigen je mit Wahrscheinlichkeit $1/8$. Der andere Würfel sei grün und ordne den Augenzahlen 5 und 6 je die Wahrscheinlichkeit $1/4$, den Augenzahlen 1, 2, 3 und 4 je die Wahrscheinlichkeit $1/8$ zu.

Dann liefert $\mathbf{P}$ mit Wahrscheinlichkeit $1/2$ R (Auswahl des roten Würfels) und mit Wahrscheinlichkeit $1/2$ G (Auswahl des grünen Würfels). Also gilt

$$\Omega_1 = \left\{ R, G \right\}$$

$$p(R) = p(G) = \frac{1}{2}$$

$$\Omega_2 = \left\{ 1, 2, 3, 4, 5, 6 \right\}$$

$$q_R(i) = \begin{cases} \dfrac{1}{4} & \text{für} \quad i = 1, 2 \\[2ex] \dfrac{1}{8} & \text{für} \quad i = \quad 3, 4, 5, 6 \end{cases}$$

$$q_G(i) = \begin{cases} \dfrac{1}{8} & \text{für} \quad i = 1, 2, 3, 4, \\[2ex] \dfrac{1}{4} & \text{für} \quad i = \quad\quad 5, 6 \end{cases}$$

und für das Produkt r von p und q_e ; $e \in \Omega_1$ gilt

$$r(R,i) = \begin{cases} \dfrac{1}{8} & \text{für} \quad i = 1,2 \\[2ex] \dfrac{1}{16} & \text{für} \quad i = \quad\quad 3,4,5,6 \end{cases}$$

$$r(G,i) = \begin{cases} \dfrac{1}{16} & \text{für} \quad i = 1,2,3,4 \\[2ex] \dfrac{1}{8} & \text{für} \quad i = \quad\quad 5,6 \end{cases}.$$

Wir schließen im folgenden die Möglichkeit

$$\Omega_1 = \Omega_2$$

nicht aus. Auch die Gleichheit der Wahrscheinlichkeitsverteilungen

$$q_e , \; e \in \Omega_1$$

wird zugelassen; wenn

$$q_e = q \; \text{für alle } e \text{ mit } p(e) > 0$$

gilt, ist r natürlich das unabhängige Produkt von p und q.

A 7 Bedingte Erwartungswerte und Varianzen

Wir nehmen an, r sei das Produkt einer Wahrscheinlichkeitsverteilung p auf Ω_1 und der Wahrscheinlichkeitsverteilungen

$$q_e, \; e \in \Omega_1$$

auf Ω_2. X sei eine Zufallsvariable bzgl. der Wahrscheinlichkeitsverteilung r. Wir stellen uns vor, daß - bevor das durch r beschriebene Zufallsexperiment begonnen wird - eine Prognose für X vorzunehmen ist. Dann bietet sich

$$E X = \sum_{e,f} X(e,f) \, r(e,f) = \sum_{e,f} X(e,f) \, p(e) \, q_e(f)$$

als Prognosewert und

$$var X = \sum_{e,f} \left[X(e,f) - E X \right]^2 r(e,f) = \sum_{e,f} \left[X(e,f) - E X \right]^2 p(e) \, q_e(f)$$

als Maß für die Unschärfe der Prognose an (vgl. Abschnitt A 3).

Jetzt werde **P** durchgeführt und e ermittelt; vor Durchführung von **Q**$_e$ sei eine - revidierte - Prognose für X vorzunehmen. Unter diesen Umständen
steht man der Wahrscheinlichkeitsverteilung q_e gegenüber und wird sicherlich

$$\sum_f X(e,f)\, q_e(f) = X'(e)$$

als revidierte Prognose und

$$\sum_f \left[X(e,f) - X'(e) \right]^2 q_e(f) = X''(e)$$

als Maß für die damit verbundene Unschärfe verwenden.

X' und X'' sind auf Ω_1 definiert. Wir bezeichnen Erwartungs- und Varianzbildung bzgl. Ω_1 und p durch E_1 bzw. var_1 (während E und var sich auf
$\Omega_1 \times \Omega_2$ und r beziehen) und zeigen

$$E_1 X' = EX$$
$$E_1 X'' + \mathrm{var}_1 X' = \mathrm{var}\, X \; .$$

Die erste Gleichung ergibt sich unmittelbar durch geeignete Festlegung der
Summationsreihenfolge in EX :

$$\begin{aligned}
EX &= \sum_{e,f} X(e,f)\, p(e)\, q_e(f) \\
&= \sum_e p(e) \sum_f X(e,f)\, q_e(f) \\
&= \sum_e p(e)\, X'(e) \; .
\end{aligned}$$

$\mathrm{var}\, X$ ist gleich

$$\sum_{e,f} \left(\left[X(e,f) - X'(e) \right] + \left[X'(e) - EX \right] \right)^2 p(e)\, q_e(f)$$

$$= \sum_{e,f} \left[X(e,f) - X'(e) \right]^2 p(e)\, q_e(f)$$

$$+ \sum_{e,f} \left[X'(e) - EX \right]^2 p(e)\, q_e(f)$$

weil

$$\sum_f \Big[X(e,f) - X'(e)\Big]\Big[X'(e) - EX\Big] q_e(f)$$

$$= \Big[X'(e) - EX\Big] \sum_f \Big[X(e,f) - X'(e)\Big] q_e(f)$$

nach Definition von X' verschwindet (so daß auch gilt

$$\sum_{e,f} \Big[X(e,f) - X'(e)\Big]\Big[X'(e) - EX\Big] p(e)\, q_e(f) = 0\Big).$$

Also erhält man für $var\,X$

$$\sum_e p(e) \sum_f \Big[X(e,f) - X'(e)\Big]^2 q_e(f)$$

$$+ \sum_e p(e) \Big[X'(e) - EX\Big]^2 \sum_f q_e(f)$$

$$= \sum p(e)\, X''(e) + \sum p(e)\Big[X'(e) - EX\Big]^2$$

womit die zweite Behauptung bewiesen ist.

Üblicherweise schreibt man

$$E_2 X \quad \text{an Stelle von} \quad X' \text{ und}$$
$$var_2 X \quad \text{an Stelle von} \quad X''.$$

Durch den Index 2 wird dabei zum Ausdruck gebracht, daß der 2. Teil des Experiments zur Debatte steht. Man stellt sich also vor, daß **P** bereits durchgeführt ist und Erwartungswert- und Varianzbildung nur noch die Ungewißheit betrifft, die mit dem (nach Vorliegen des Ergebnisses von **P**) relevanten sekundären Zufallsexperiment verbunden ist.

$\mathbf{E}_2 X$ heißt *bedingter Erwartungswert*, $var_2 X$ *bedingte Varianz* von X.

Unter Verwendung der jetzt eingeführten Symbolik schreiben sich die oben abgeleiteten Identitäten wie folgt:

$$E X \quad = \quad E_1 E_2 X$$
$$var\,X \quad = \quad E_1 \, var_2 X + var_1 E_2 X.$$

Wir kommen auf das Beispiel des vorangehenden Abschnitts zurück und bezeichnen mit X die gewürfelte Augenzahl. Dann ordnet die Zufallsvariable $E_2 X$ dem Ergebnis R den Wert

$$\left(1 + 2\right)\frac{1}{4} + \left(3 + 4 + 5 + 6\right)\frac{1}{8} = 3$$

und dem Ergebnis G den Wert

$$\left(1 + 2 + 3 + 4\right)\frac{1}{8} + \left(5 + 6\right)\frac{1}{4} = 4$$

zu. Also gilt

$$E X = E_1 E_2 X = \left(3 + 4\right)\frac{1}{2} = \frac{7}{2}$$

$$var_1 E_2 X = \frac{1}{4} \; .$$

Die Zufallsvariable $var_2 X$ nimmt für R den Wert

$$\left(1 - 3\right)^2 \frac{1}{4} + \left(2 - 3\right)^2 \frac{1}{4} + \left(3 - 3\right)^2 \frac{1}{8} + \left(4 - 3\right)^2 \frac{1}{8}$$

$$+ \left(5 - 3\right)^2 \frac{1}{8} + \left(6 - 3\right)^2 \frac{1}{8} = 3$$

und, wie man sich leicht überlegt, für G ebenfalls den Wert 3 an. Folglich erhält man

$$E_1 var_2 X = 3$$

und

$$var X = E_1 var_2 X + var_1 E_2 X = \frac{13}{4} \; .$$

B   Große Stichprobenumfänge

B 1   Konvergenzbegriffe

Jeder Zufallsvariablen X ist durch die Definition

$$F(x) = W(X \leq x)$$

eine Funktion auf $\mathbb{R}$ zugeordnet. F ist eine Sprungfunktion und wächst monoton von 0 bis 1 (vgl. Abbildung 13)

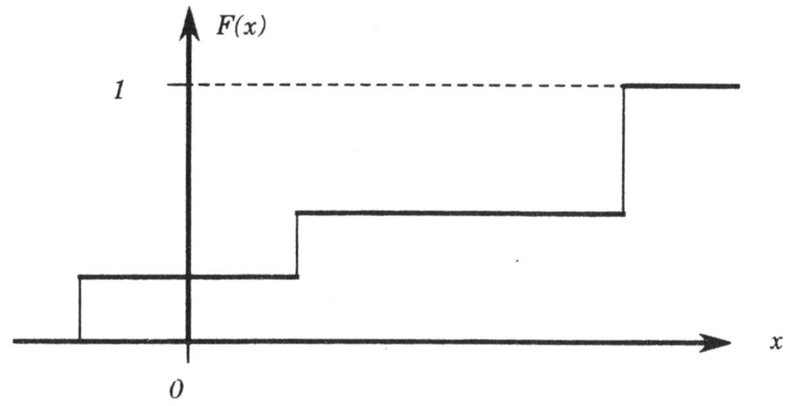

Abb. 13

F heißt *Verteilungsfunktion von X.*

Wenn p_X die durch X definierte Wahrscheinlichkeitsverteilung auf $\mathbb{R}$ ist, hat man offenbar

$$F(x) = \sum_{y\,:\,y \leq x} p_X(y)$$

Wir betrachten eine Folge

$$X_1, X_2, \dots$$

von Zufallsvariablen mit den Verteilungsfunktionen

$$F_1, F_2, \dots$$

Unter Umständen existiert $a \in \mathbb{R}$ mit der Eigenschaft:

$$\lim_{n \to \infty} F_n(x) = \begin{cases} 0 \text{ für } x < a \\ 1 \text{ für } x > a \end{cases}$$

Dann sagt man, die Folge X_1, X_2, ... *konvergiere stochastisch* gegen a (oder auch, X_n konvergiere stochastisch gegen a).

Nehmen wir beispielsweise an, Y_1, Y_2, ... Y_n seien unabhängig und identisch verteilt. Dann gilt nach A 5 Satz 1 für $\overline{Y} = \Sigma\, Y_i\, /\, n$

$$E\,\overline{Y} = \mu$$

$$var\,\overline{Y} = \frac{\sigma^2}{n}$$

wenn μ und σ^2 Erwartungswert und Varianz der Y_1,... Y_n sind. Aus der Ungleichung von TSCHEBYSCHEFF (vgl. Abschnitt A 3) erhalten wir somit bei beliebigem $\varepsilon > 0$

$$W\left(\left\{\mu - \varepsilon \leq \overline{Y} \leq \mu + \varepsilon\right\}\right) \geq 1 - \frac{\sigma^2}{n\,\varepsilon^2}$$

und wenn F_n die Verteilungsfunktion von $\overline{Y}$ ist

$$\lim_n\,\left(F_n\,(\mu + \varepsilon) - F_n\,(\mu - \varepsilon)\right) = 1\,.$$

Also konvergiert $\overline{Y}$ stochastisch gegen μ .

Wir betrachten die Funktionen

$$\varphi\,(x) = \frac{1}{\sqrt{2\,\pi}}\;e^{-\frac{x^2}{2}} \qquad (\text{vgl. Abb. 14})$$

$$\phi\,(x) = \int_{-\infty}^{x} \frac{1}{\sqrt{2\,\pi}}\;e^{-\frac{y^2}{2}}\,dy \qquad (\text{vgl. Abb. 15})$$

$\phi(x)$ wächst monoton von 0 bis 1 - wie die nachstehend betrachteten Verteilungsfunktionen - ist jedoch im Gegensatz zu diesen überall differenzierbar; man bezeichnet $\phi(x)$ als *Standardnormalverteilung* (vgl. Abschnitt C 1).

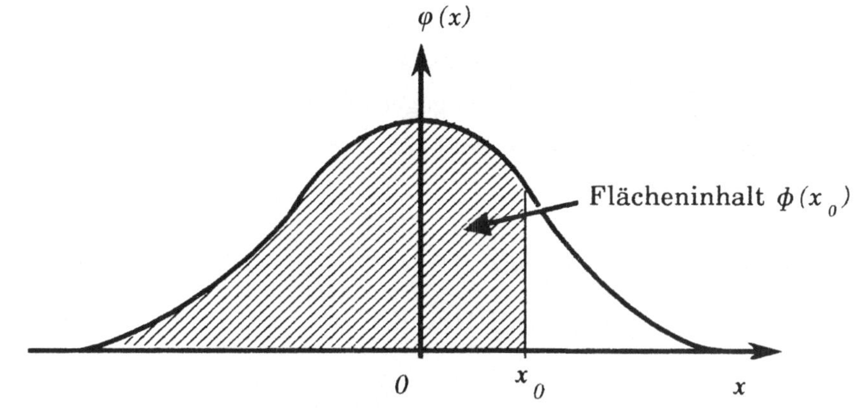

Abb. 14

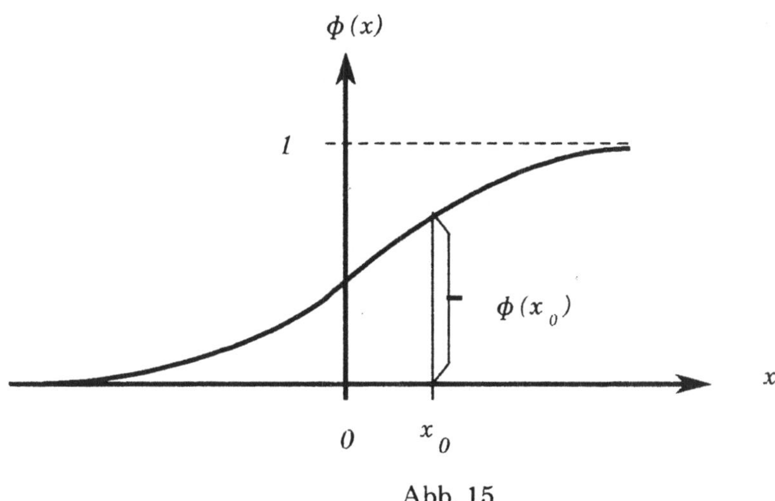

Abb. 15

Für $\nu = 1, 2, \ldots$ definiert man

$$\mu_\nu = \int_{-\infty}^{\infty} x^\nu \, \varphi(x) \, dx$$

und zeigt

$$\mu_\nu = \begin{cases} (\nu-1)(\nu-3)\ldots 3\cdot 1 & \text{für gerades } \nu \\ 0 & \text{für ungerades } \nu \end{cases}$$

$$= \begin{cases} \dfrac{\nu!}{\left(\frac{\nu}{2}\right)! \, 2^{\nu/2}} & \text{für gerades } \nu \\ 0 & \text{für ungerades } \nu \end{cases}$$

Man hat vielfach Zufallsvariablen X_1, X_2, ... zu betrachten, deren Verteilungsfunktionen F_1, F_2, ... gegen ϕ konvergieren. Solche Zufallsvariablen nennt man *verteilungskonvergent* gegen ϕ oder auch *asymptotisch standardnormal*. Es gilt (vgl. WILKS (1962) 125, 228) .

Satz 1

Zufallsvariablen X_1, X_2, ... mit

$$\lim_{n \to \infty} E\, X_n^\nu = \mu_\nu$$

für $\nu = 1, 2, ...$ sind asymptotisch standardnormal.

Satz 2

Wenn die Zufallsvariablen X_1, X_2, ... asymptotisch standardnormal sind und Y_1, Y_2, ... stochastisch gegen 1 konvergieren, sind auch die Zufallsvariablen

$$X_1 Y_1 , \ X_2 Y_2 , ...$$

asymptotisch standardnormal.

B 2   Konvergenzaussagen für Mittelwerte unabhängig identisch verteilter Zufallsvariablen

Wir beweisen in Abschnitt B 4:

Satz 1

Y_1, Y_2, ... Y_n seien unabhängig identisch verteilte Zufallsvariablen mit dem Erwartungswert μ_y und der Varianz σ_{yy}. Mit $\overline{Y} = \Sigma\, Y_i / n$ gilt dann

$$\lim_{n \to \infty} \left[n \left(\overline{Y} - \mu_y \right)^2 \right]^{\frac{\nu}{2}} = \mu_\nu \left[\sigma_{yy} \right]^{\frac{\nu}{2}}$$

für alle $\nu = 1, 2, ...$.

Nach B 1 Satz 1 folgt hieraus unmittelbar, daß $(\overline{Y} - \mu_y) \sqrt{n} / \sqrt{\sigma_{yy}}$ asymptotisch standardnormal ist. Für die Anwendungen wichtiger ist, daß S_{yy} stochastisch gegen σ_{yy} konvergiert, $\sqrt{\sigma_{yy} / S_{yy}}$ also gegen 1 , so daß

$$\frac{\overline{Y} - \mu_y}{\sqrt{\dfrac{\sigma_{yy}}{n}}} \cdot \sqrt{\dfrac{\sigma_{yy}}{S_{yy}}} = \frac{\overline{Y} - \mu_y}{\sqrt{\dfrac{S_{yy}}{n}}}$$

nach B 1 , Satz 2 asymptotisch standardnormal ist.

Wenn wir γ_a für $0 < a < 1/2$ durch die Gleichung

$$\phi(\gamma_a) = 1 - a$$

definieren (vgl. Abbildung 16), gilt demnach

$$- \gamma_a \leq \frac{\overline{Y} - \mu_y}{\sqrt{\dfrac{S_{yy}}{n}}} \leq \gamma_a$$

mit einer Wahrscheinlichkeit, die für wachsendes n gegen $1 - 2a$ konvergiert.

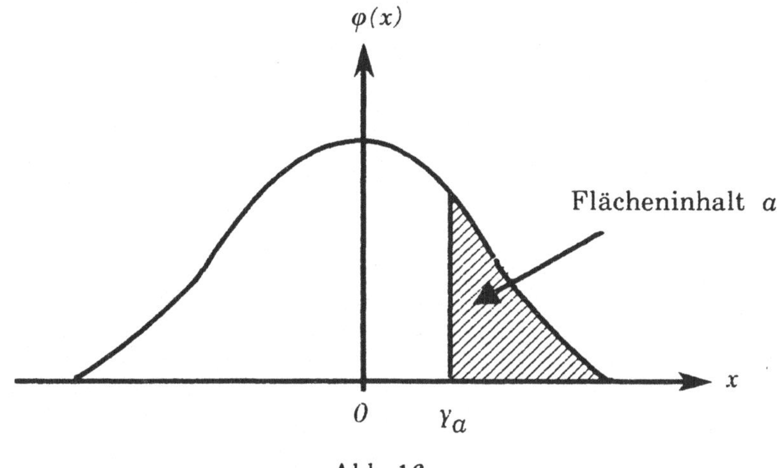

Abb. 16

Man zeigt durch einfache algebraische Umformung, daß die obige Doppelungleichung mit der folgenden äquivalent ist

$$\overline{Y} - \gamma_a \sqrt{\frac{S_{yy}}{n}} \leq \mu_y \leq \overline{Y} + \gamma_a \sqrt{\frac{S_{yy}}{n}}$$

Damit ist in

$$\left[\overline{Y} - \gamma_a \sqrt{\frac{S_{yy}}{n}} \ , \ \overline{Y} + \gamma_a \sqrt{\frac{S_{yy}}{n}} \right]$$

ein Intervall gefunden, das den Erwartungswert μ_y mit einer Wahrscheinlichkeit von näherungsweise *1 - 2a* überdeckt, ein sog. *Konfidenzintervall* zum Sicherheitsgrad *1 - 2a* , oder kürzer: ein *(1 - 2a)*-Konfidenzintervall. Man hat beispielsweise (vgl. Abschnitt C 1)

a	γ_a	Sicherheitsgrad
0,025	1,96	0,95
0,0228	2	0,9544
0,005	2,575	0,99

Häufig interessieren Funktionen einer oder mehrerer Zufallsvariablen. Wir wollen im folgenden Funktionen auf einem abgeschlossenen 1- bzw. mehrdimensionalen Intervall I betrachten, die beliebig oft differenzierbar bzw. partiell differenzierbar sind. Als Symbol für eine in diesem Sinn "glatte" Funktion verwenden wir H.

Satz 2

Für das Intervall I , auf dem H (y) definiert ist , gelte stets

$$\overline{Y} \in I$$

und zwar für n = 1, 2, ... Dann ist für v = 1, 2, ... erfüllt

$$\lim E\left[n\left(H(\overline{Y}) - H(\mu_y) \right)^2 \right]^{\frac{v}{2}} = \mu_v \left(\left[H'(\mu_y) \right]^2 \sigma_{yy} \right)^{\frac{v}{2}} .$$

Aus diesem Satz folgt insbesondere

$$\lim E\, n \left[H(\overline{Y}) - H(\mu_y) \right]^2 = \left[H'(\mu_y) \right]^2 \sigma_{yy} \tag{1}$$

und daher $\lim E [H(\overline{Y}) - H(\mu_y)]^2 = 0$.

Erst recht gilt also $\lim [E H(\overline{Y}) - H(\mu_y)]^2 = 0$ und somit

$$\lim E H(\overline{Y}) = H(\mu_y) \tag{2}$$

so daß der Erwartungswert von $H(Y)$ gegen $H(\mu_y)$ konvergiert. Daß $H(\overline{Y})$ stochastisch gegen $H(\mu_y)$ konvergiert, ist ebenso einfach zu sehen.

Weiterhin liefert der Satz, zusammen mit B 1 Satz 1, die Aussage, daß

$$\frac{H(\overline{Y}) - H(\mu_y)}{\sqrt{\left[H'(\mu_y)\right]^2 \dfrac{\sigma_{yy}}{n}}}$$

asymptotisch standardnormal ist. Weil

$$\sqrt{\left[\frac{H'(\mu_y)}{H'(\overline{Y})}\right]^2} \; \sqrt{\frac{\sigma_{yy}}{S_{yy}}}$$

stochastisch gegen *1* konvergieren, erhält man aufgrund von B 1 Satz die asymptotische Standardnormalität von

$$\frac{H(\overline{Y}) - H(\mu_y)}{\sqrt{\left[H'(\overline{Y})\right]^2 \dfrac{S_{yy}}{n}}} \tag{3}$$

so daß Konfidenzintervalle für $H(\mu_y)$ konstruiert werden können.

Wegen

$$E\left[H(\overline{Y}) - H(\mu_y)\right]^2 = var\, H(\overline{Y}) + \left[E H(\overline{Y}) - H(\mu_y)\right]^2$$

folgt aus (1)

$$\lim n\, var\, H(\overline{Y}) \le \left[H'(\mu_y)\right]^2 \sigma_{yy} \;. \tag{4}$$

(Streng genommen hat man **lim sup** an Stelle von **lim** zu schreiben, da die Existenz eines Grenzwertes nicht gesichert ist.)

Zu fragen ist, ob in (4) das Gleichheitszeichen zutrifft. Zur Beantwortung gehen wir von folgendem Satz aus (zum Beweis vgl. Beweisteil (g) in Abschnitt B 4):

Satz 3

Unter der Voraussetzung von Satz 2 ist erfüllt

$$\lim n\left[E H(\overline{Y}) - H(\mu_y)\right] = \frac{1}{2} H''(\mu_y)\,\sigma_{yy} \;.$$

Demnach gilt

$$\lim \sqrt{n}\left(E H(\overline{Y}) - H(\mu_y)\right) = 0$$

und daher

$$\lim n\left(E H(\overline{Y}) - H(\mu_y)\right)^2 = 0 \;.$$

Aus (1) folgt also das Gleichheitszeichen in (4).

Es sei angemerkt, daß unter Verwendung der in Abschnitt 4.2 erläuterten Symbolik Satz 3 in der Gestalt

$$E H(\overline{Y}) - H(\mu_y) \sim \frac{1}{2} H''(\mu_y) \frac{\sigma_{yy}}{n}$$

geschrieben werden kann.

Jetzt seien $(Y_1, Z_1), (Y_2, Z_2), \ldots (Y_n, Z_n)$ unabhängig identisch verteilt; wir setzen

$$\mu_y = E Y_i \qquad\qquad \overline{Y} = \frac{1}{n} \sum Y_i$$

$$\mu_z = E Z_i \qquad\qquad \overline{Z} = \frac{1}{n} \sum Z_i$$

$$\sigma_{yy} = var\, Y_i$$

$$\sigma_{yz} = cov\left(Y_i, Z_i\right)$$

$$\sigma_{zz} = var\, Z_i$$

und haben Aussagen, die den vorangehend für Funktionen einer Variablen erörterten entsprechen.

Satz 4

Es gelte stets $(\overline{Y}, \overline{Z}) \in I$, und zwar für $n = 1, 2, \ldots$. Dann ist erfüllt

$$E H(\overline{Y}, \overline{Z}) \sim H(\mu_y, \mu_z) \tag{5}$$

$$E\left(H(\overline{Y}, \overline{Z}) - H(\mu_y, \mu_z)\right)^2 \sim var\, H(\overline{Y}, \overline{Z})$$

$$\sim \frac{1}{n}\left(H_y H_y\, \sigma_{yy} + 2 H_y H_z\, \sigma_{yz} + H_z H_z\, \sigma_{zz}\right)$$

$$\sim E\, \frac{1}{n}\left(H_Y H_Y\, S_{yy} + 2 H_Y H_Z\, S_{yz} + H_Z H_Z\, S_{zz}\right) \tag{6}$$

und

$$\frac{H(\overline{Y}, \overline{Z}) - H(\mu_y, \mu_z)}{\sqrt{\frac{1}{n}\left(H_Y H_Y S_{yy} + 2 H_Y H_Z S_{yz} + H_Z H_Z S_{zz}\right)}}$$

ist asymptotisch standardnormal. Hierbei sind H_y und H_z die partiellen Ableitungen von $H(y, z)$ nach y und z an der Stelle (μ_y, μ_z); H_Y und H_Z sind die entsprechenden Ableitungen an der Stelle $(\overline{Y}, \overline{Z})$.

Das Analogon zu (6) für Funktionen einer Variablen lautet *(1 / n* kann beiderseits weggelassen werden *)*

$$E\left[H'(\overline{Y})\right]^2 S_{yy} \sim \left[H'(\mu_y)\right]^2 \sigma_{yy}. \tag{7}$$

Wir wollen uns überlegen, daß (7) aus (5) folgt. Dazu setzen wir $Z_i = Y_i^2$ und haben

$$S_{yy} = \frac{n}{n-1}\left(\overline{Z} - \overline{Y}^2\right).$$

Aus (5) ergibt sich dann wegen $n / (n\text{-}1) \sim 1$

$$E\left[H'(\overline{Y})\right]^2 S_{yy} \sim E\left[H'(\overline{Y})\right]^2 \left[\overline{Z} - \overline{Y}^2\right]$$

$$\sim \left[H'(\mu_y)\right]^2 \left[\mu_z - \mu_y^2\right] \tag{8}$$

wobei $\mu_z = E Z_i = E Y_i^2$ gesetzt ist.

Demnach gilt $\mu_z = \sigma_{yy} + \mu_y^2$ und $\mu_z - \mu_y^2 = \sigma_{yy}$ und (8) impliziert (7).

B 3 Konvergenzaussagen für das Stichprobenmittel bei uneingeschränkter Zufallsauswahl

Wir stellen uns eine Folge

$$g^{(1)}, g^{(2)}, \ldots$$

von Gesamtheiten vor, deren Umfänge

$$N^{(1)}, N^{(2)}, \ldots$$

streng monoton wachsen. Für die der Einheit $g_i^{(K)} \in g^{(K)}$ zugeordnete reelle Zahl schreiben wir $y_i^{(K)}$; wir definieren

$$\overline{y}^{(K)} = \frac{1}{N^{(K)}} \sum_i y_i^{(K)}$$

$$s_{yy}^{(K)} = \frac{1}{N^{(K)} - 1} \sum_i \left(y_i^{(K)} - \overline{y}^{(K)}\right)^2.$$

Wir gehen davon aus, daß der Gesamtheit $g^{(K)}$ durch uneingeschränkt zufällige Auswahl $n^{(K)}$ Einheiten entnommen werden, definieren $Y_i^{(K)}$ in naheliegender Weise und schreiben $\overline{Y}^{(K)}$ für das Stichprobenmittel und $S_{yy}^{(K)}$ für die Stichprobenvarianz.

Die verschiedenen Gesamtheiten mit den zugeordneten reellen Zahlen sollen nicht beziehungslos nebeneinander stehen. Wir setzen vielmehr voraus, daß

(i)   die Werte $y_i^{(K)}$; $i = 1, 2, \ldots N^{(K)}$; $K = 1, 2, \ldots$ beschränkt sind, d.h. daß $c > 0$ exisitert mit

$$| y_i^{(K)} | \leq c \quad \text{für alle} \quad i = 1, 2, \ldots N^{(K)} ; K = 1, 2, \ldots$$

(ii)   der Anteil der Einheiten mit y-Werten kleiner gleich η konvergiert, d.h. daß

$$\lim_{K \to \infty} \frac{\text{Zahl der } g_i^{(K)} \text{ mit } y_i^{(K)} \leq \eta}{N^{(K)}}$$

existiert, und zwar für alle $\eta \in \mathbb{R}$.

(iii) $$f^* = \lim_{K \to \infty} f^{(K)} = \lim_{K \to \infty} \frac{n^{(K)}}{N^{(K)}} \quad \text{existiert} .$$

Aufgrund von (ii) existieren insbesondere die Grenzwerte

$$\overline{y}^* = \lim_{K \to \infty} \overline{y}^{(K)}$$

$$s_{yy}^* = \lim_{K \to \infty} s_{yy}^{(K)} .$$

Wir identifizieren nun eine real gegebene Gesamtheit g mit dem K-ten Element der Folge $g^{(1)}, g^{(2)}, \ldots$.

An Stelle von

$$N^{(K)}, n^{(K)}, f^{(K)}, \overline{y}^{(K)}, s_{yy}^{(K)}, \overline{Y}^{(K)}, S_{yy}^{(K)}$$

notieren wir einfacher

$$N, \quad n, \quad f, \quad \overline{y}, \quad s_{yy}, \quad \overline{Y}, \quad S_{yy}$$

und haben (vgl. den Beweis in Abschnitt B 4)

Satz 1

Unter den obigen Voraussetzungen gilt für alle $v \in \mathbb{N}$

$$\lim_{K \to \infty} E \left[n \left(\overline{Y} - \overline{y} \right)^2 \right]^{\frac{v}{2}} = \mu_v \left[\overset{*}{s}_{yy} \left(1 - f^* \right) \right]^{\frac{v}{2}}.$$

Entsprechend den Erläuterungen in Abschnitt B 2 ergibt sich auch jetzt aus Satz 1, daß

$$\frac{\overline{Y} - \overline{y}}{\sqrt{\dfrac{S_{yy}}{n} \left(1 - \dfrac{n}{N} \right)}}$$

asymptotisch standardnormal ist. Die folgenden Sätze sind in Analogie zu den Sätzen des vorangehenden Abschnitts formuliert. Beweise werden in Abschnitt B 4 gegeben.

Satz 2

Unter den Voraussetzungen von B 2 Satz 2 gilt für $v = 1, 2, \ldots$

$$\lim E \left[n \left(H(\overline{Y}) - H(\overline{y}) \right)^2 \right]^{\frac{v}{2}} = \mu_v \left(\left[H'(\overline{y}^*) \right]^2 \overset{*}{s}_{yy} \left(1 - f^* \right) \right)^{\frac{v}{2}}.$$

Satz 3

Unter den Voraussetzungen von B 2 Satz 2 gilt

$$E H(\overline{Y}) - H(\overline{y}) \sim \frac{1}{2} H''(\overline{y}) \frac{s_{yy}}{n} \left(1 - \frac{n}{N} \right).$$

Im folgenden wird angenommen, daß neben dem Untersuchungsmerkmal Y ein weiteres Merkmal, ein sog. Hilfsmerkmal Z, in die Überlegungen einbezogen wird, d.h. daß jeder Einheit $g_i \in g$ nicht nur der (unbekannte) Wert y_i, sondern ein weiterer Wert z_i zugeordnet ist, dessen Kenntnis wir nicht voraussetzen.

$\overline{z}, s_{zz}, s_{zy}, \overline{Z}, S_{zz}, S_{zy}$ sind wie üblich definiert. Diese Definitionen betreffen die Gesamtheit $g^{(K)}$; daß der obere Index weggelassen ist, sollte keine Mißverständnisse verursachen.

Wir setzen voraus, daß für das Hilfsmerkmal eine zu (i) analoge Beschränktheitsbedingung gegeben ist und daß entsprechend (ii) der Anteil der Einheiten mit einem y-Wert von höchstens η und einem z-Wert von höchstens ζ konvergiert, d.h. daß

$$\lim_{K \to \infty} \frac{\text{Zahl der } g_i^{(K)} \text{ mit } y_i^{(K)} \leq \eta \text{ und } z_i^{(K)} \leq \zeta}{N^{(K)}}$$

existiert, und zwar für alle $\eta, \zeta \in \mathbb{R}$. Dann sind insbesondere (ii) und eine analoge Bedingung für die z-Werte erfüllt. Es ist offensichtlich, daß $\bar{y}, \bar{z}, s_{yy}$, s_{yz}, s_{zz} konvergieren; wir bezeichnen die Grenzwerte mit $\bar{y}^*, \bar{z}^*, s^*_{yy}, s^*_{yz}$, s^*_{zz}.

Satz 4

Unter den Voraussetzungen von B 2 Satz 4 gilt

$$E\, H(\bar{Y}, \bar{Z}) \sim H(\bar{y}, \bar{z})$$

$$E\left(H(\bar{Y}, \bar{Z}) - H(\bar{y}, \bar{z})\right)^2 \sim var\, H(\bar{Y}, \bar{Z})$$

$$\sim \frac{1}{n}\left(1 - \frac{n}{N}\right)\left(H_y H_y s_{yy} + 2 H_y H_z s_{yz} + H_z H_z s_{zz}\right)$$

$$\sim E\, \frac{1}{n}\left(1 - \frac{n}{N}\right)\left(H_Y H_Y S_{yy} + 2 H_Y H_Z S_{yz} + H_Z H_Z S_{zz}\right)$$

und

$$\frac{H(\bar{Y}, \bar{Z}) - H(\bar{y}, \bar{z})}{\sqrt{\frac{1}{n}\left(1 - \frac{n}{N}\right)\left(H_Y H_Y S_{yy} + 2 H_Y H_Z S_{yz} + H_Z H_Z S_{zz}\right)}}$$

ist asymptotisch standardnormal. Hierbei sind H_y und H_z die partiellen Ableitungen von $H(y, z)$ nach y und z an der Stelle $(\bar{y}, \bar{z})$; H_Y und H_Y die entsprechenden Ableitungen an der Stelle $(\bar{Y}, \bar{Z})$.

B 4   Beweise

Der Beweis von B 2 Satz 1 wird in den Unterabschnitten (a) und (b) gegeben, der Beweis von B 3 Satz 1 in (a), (c), (d) und (e); in (f) werden B 2 Satz 2
und B 3 Satz 2 bewiesen, in (g) B 2 Satz 3 und B 3 Satz 3.

(a) Wir lassen offen, ob Y_1, Y_2, ... Y_n den in B 2 Satz 1 formulierten Voraussetzungen genügen oder denen von B 3 Satz 1, und definieren

$$X_i = Y_i - E\, Y_i$$
$$\overline{X} = \overline{Y} - E\, \overline{Y}\,.$$

Dann gilt

$$\left(\overline{Y} - E\,\overline{Y}\right)^\nu = \overline{X}^\nu = \frac{1}{n^\nu} \sum_{\substack{\nu_1,\,...\,\nu_n \geq 0 \\ \nu_1 + ... \nu_n = \nu}} \frac{\nu\,!}{\nu_1\,!\,...\,\nu_n\,!}\; X_1^{\nu_1} X_2^{\nu_2} ... X_n^{\nu_n}\,.$$

Wir betrachten das Produkt

$$X_1^{\nu_1} X_2^{\nu_2} ... X_n^{\nu_n}$$

l gebe an, wieviele ν_1, ν_2, ... ν_n von 0 verschieden sind; ν'_1, ν'_2, ... ν'_l
entstehe aus ν_1, ν_2, ... ν_n durch Weglassen der Nullen. Weil

$$X_1^{\nu_1} X_2^{\nu_2} ... X_n^{\nu_n} \quad \text{und} \quad X_1^{\nu'_1} X_2^{\nu'_2} ... X_l^{\nu'_l}$$

dieselbe Verteilung besitzen, haben $(\overline{Y} - E\,\overline{Y})^\nu$ und

$$\frac{1}{n^\nu} \sum_{l=1}^{\nu} \binom{n}{l} \sum_{\substack{\nu_1,\,...\,\nu_l \geq 1 \\ \nu_1 + ... \nu_l = \nu}} \frac{\nu\,!}{\nu_1\,!\,...\,\nu_l\,!}\; X_1^{\nu_1} X_2^{\nu_2} ... X_l^{\nu_l}$$

denselben Erwartungswert; hierbei ist ν_1, ... ν_l an Stelle von ν'_1, ... ν'_l
geschrieben. Weil

$$\frac{\sqrt{n}^{\,\nu}}{n^\nu} \binom{n}{l} \sim \frac{n^{l-\frac{\nu}{2}}}{l\,!}$$

gilt und $E\, X_1^{\nu_1} X_2^{\nu_2} ... X_l^{\nu_l}$ nach unseren Voraussetzungen beschränkt ist,

ist $\lim E\left[\sqrt{n}\left(\overline{Y} - E\,\overline{Y}\right)\right]^{v}$ gleich

$$\sum_{l=\frac{v}{2}}^{v} \frac{1}{l!} \sum_{\substack{v_1,\,\ldots\,v_l \geq 1 \\ v_1 + \ldots v_l = v}} \frac{v!}{v_1!\ldots v_l!} \lim n^{l-\frac{v}{2}} E\,X_1^{v_1} X_2^{v_2} \ldots X_l^{v_l} \ . \tag{1}$$

(b) Unter den Voraussetzungen von B 2 Satz 1 sind $X_1, X_2, \ldots X_n$ unabhängig. Wegen $E\,X_1 = E\,X_2 = \ldots = 0$ impliziert

$$E\,X_1^{v_1} X_2^{v_2} \ldots X_l^{v_l} \neq 0 \quad \text{also} \quad v_1, v_2, \ldots v_l \geq 2\ .$$

Wegen $l \geq v/2$ ist (1) gleich

$$\frac{1}{\left(\frac{v}{2}\right)!} \ \frac{v!}{2^{v/2}} \ \lim E\,X_1^2 X_2^2 \ldots X_{v/2}^2$$

falls v geradzahlig ist, und 0 sonst. Wegen der Unabhängigkeit der X_1, $X_2, \ldots$ und wegen $E\,X_1^2 = E\,X_2^2 = \ldots = \sigma_{yy}$ erhält man also für (1)

$$\mu_v\,\sigma_{yy}^{v/2}$$

und B 2 Satz 1 ist bewiesen.

(c) Im folgenden unterstellen wir die Voraussetzungen von B 3 und betrachten $E\,X_1^2 X_2^2 \ldots X_m^2$.

Mit E_2 bezeichnen wir die Erwartungswertbildung bzgl. des letzten, d.h. des m-ten Zuges, mit E_1 die Erwartungswertbildung bzgl. der vorangehenden Züge.

Für $m = 2$ haben wir offenbar

$$E\,X_1^2 X_2^2 = E_1 E_2 X_1^2 X_2^2 = E_1\,X_1^2 E_2 X_2^2$$

und wegen

$$E_2 X_2^2 = \frac{1}{N-1}\left(\sum x_i^2 - X_1^2\right) = s_{yy} - \frac{X_1^2}{N-1}$$

folgt

$$E\,X_1^2 X_2^2 = E_1 X_1^2 \left(s_{yy} - \frac{X_1^2}{N-1}\right) = \frac{N-1}{N} s_{yy}^2 - E_1 \frac{X_1^4}{N-1}$$

und

$$\lim E X_1^2 X_2^2 = \left[\, s_{yy}^* \, \right]^2 .$$

Man überlegt sich (durch vollständige Induktion), daß allgemeiner

$$\lim E X_1^2 X_2^2 \ldots X_m^2 = \left[\, s_{yy}^* \, \right]^m \tag{2}$$

erfüllt ist.

(d) Jetzt betrachten wir den Ausdruck

$$\sqrt{n}^{\,a} \, X_1^{v_1} X_2^{v_2} \ldots X_m^{v_m} \, X_{m+1} X_{m+2} \cdots X_{m+a}$$

$$= \sqrt{n}^{\,a} \, A \, X_{m+1} X_{m+2} \cdots X_{m+a}$$

und bezeichnen wieder mit E_2 die Erwartungswertbildung bzgl. des letzten, d.h. des $(m+a)$-ten Zuges.

Für $a = 1$ haben wir dann (wegen $\sum x_i = 0$)

$$E_2 \sqrt{N} \, A \, X_{m+1} = \frac{\sqrt{N}}{N-m} \, A \left(0 - X_1 - X_2 - \ldots - X_m \right) .$$

Weil

$$\lim E A \sum_{1}^{m} X_i$$

existiert, erhält man

$$\lim E \sqrt{N} \, A \, X_{m+1} = - \lim \frac{\sqrt{N}}{N-m} E A \sum X_i = 0 .$$

Jetzt sei $a = 2$, d.h. wir betrachten

$$E_2 \sqrt{N}^{\,2} A \, X_{m+1} X_{m+2} = - \frac{\sqrt{N}^{\,2}}{N-m-1} A \, X_{m+1} \sum_{1}^{m+1} X_i$$

$$= - \frac{N}{N-m-1} \left(A \sum_{1}^{m} X_i \right) X_{m+1} - \frac{N}{N-m-1} A \, X_{m+1}^2 .$$

Nach unserer Überlegung zum Fall $a = 1$ ist

$$\lim E \sqrt{N}^{\,2} A \, X_{m+1} X_{m+2} = - \lim E A \, X_{m+1}^2 .$$

Wir wollen nun beweisen,

$$\lim E \sqrt{n}^{\,a} A X_{m+1} X_{m+2} \cdots X_{m+a}$$

$$= \begin{cases} (-1)^{a/2} (a-1)(a-3) \cdots \\ \qquad \cdot \lim E A X^2_{m+1} \cdots X^2_{m+a/2} & \text{falls } a \text{ geradzahlig ist} \\ 0 & \text{sonst.} \end{cases} \tag{3}$$

Für $a = 1$ und $a = 2$ ist dies bereits geschehen. Gehen wir also davon aus, die Behauptung treffe für a zu.

Dann haben wir

$$E_2 \sqrt{N}^{\,a+1} A X_{m+1} \cdots X_{m+a+1}$$

$$= - \frac{\sqrt{N}^{\,a+1}}{N-m-a} A X_{m+1} \cdots X_{m+a} \sum_1^{m+a} X_i$$

und

$$E \sqrt{N}^{\,a+1} A X_{m+1} \cdots X_{m+a+1}$$

$$= - \frac{\sqrt{N}^{\,a+1}}{N-m-a} E \left(A \sum_1^{m} X_i \right) X_{m+1} \cdots X_{m+a}$$

$$- a \frac{\sqrt{N}^{\,a+1}}{N-m-a} E A X^2_{m+1} X_{m+2} \cdots X_{m+a}$$

und (da die Behauptung für a zutrifft)

$$\lim E \sqrt{N}^{\,a+1} A X_{m+1} \cdots X_{m+a+1}$$

$$= -a \lim \sqrt{N}^{\,a-1} E A X^2_{m+1} X_{m+2} \cdots X_{m+a}$$

$$= -a \cdot \begin{cases} (-1)^{(a-1)/2} (a-2)(a-4) \cdots \\ \qquad \cdot E A X^2_{m+1} \cdots X^2_{m+(a+1)/2} & \text{falls } a-1 \text{ geradzahlig ist} \\ 0 & \text{sonst.} \end{cases}$$

Also folgt aus der Gültigkeit der Behauptung für a die Gültigkeit für $a+1$. Damit ist (3) bewiesen.

(e) Nach (d) braucht man in (1) nur diejenigen l-tupel $(v_1, v_2, \ldots v_l)$ zu berücksichtigen, in denen die 1 höchstens $(2l - v)$-mal vorkommt. Nun gilt

$$(2l - v) \cdot 1 + [\, l - (2l - v)\,] \cdot 2 = v \; .$$

Also haben wir in (1) nur die l-tupel zu berücksichtigen, in denen genau $(2l - v)$-mal die 1 und sonst die 2 auftritt. Da es

$$\binom{l}{2l-v}$$

derartige l-tupel gibt, ist (1) gleich

$$\sum_{l=v/2}^{v} \binom{l}{2l-v} \frac{1}{l!} \frac{v!}{2^{v-l}} \, \lim n^{\, l - \frac{v}{2}} E\, X_1^2 X_2^2 \ldots X_{v-l}^2 X_{v-l+1} \ldots X_l \; . \tag{4}$$

Wenn nun v ungerade ist, ist auch $2l - v$ ungerade (bei beliebigem l) und (4) verschwindet infolge (3). Bei geradzahligem v erhalten wir nach (2) und (3) für (4)

$$\sum_{l=v/2}^{v} \binom{l}{2l-v} \frac{1}{l!} \frac{v!}{2^{v-l}} \left[-f^* \right]^{l - \frac{v}{2}} \left(2l - v - 1 \right) \left(2l - v - 3 \right) \ldots$$

$$\cdot \; \lim E\, X_1^2 X_2^2 \ldots X_{v/2}^2$$

$$= \sum_{l=v/2}^{v} \frac{v!}{(2l-v)!\,(v-l)!\,2^{v-l}} \left[-f^* \right]^{l - \frac{v}{2}} \frac{(2l-v)!}{\left(l - \frac{v}{2} \right)!\, 2^{l - v/2}} \left[s_{yy}^* \right]^{\frac{v}{2}}$$

$$= \frac{v!}{\frac{v}{2}!\, 2^{v/2}} \left[s_{yy}^* \right]^{\frac{v}{2}} \sum_{l=\frac{v}{2}}^{v} \binom{\frac{v}{2}}{l - \frac{v}{2}} \left[-f^* \right]^{l - \frac{v}{2}}$$

$$= \mu_v \left[s_{yy}^* \right]^{\frac{v}{2}} \left[1 - f^* \right]^{\frac{v}{2}} \; .$$

Damit ist B 3 Satz 1 vollständig bewiesen.

(f) Für $y \in I$ gilt

$$H(y) = H(E\,\overline{Y}) + H'(E\,\overline{Y})(y - E\,\overline{Y}) + \frac{H''(\tilde{y})}{2} \left(y - E\,\overline{Y} \right)^2$$

mit

$$| \tilde{y} - E\,\overline{Y}\,| \;\leq\; |\,y - E\,\overline{Y}\,| \;.$$

Es folgt für $v = 1, 2, \ldots$

$$\left[H(\overline{Y}) - H(E\,\overline{Y}) \right]^{v} = \left[H'(y)\,(\overline{Y} - E\overline{Y}) + \frac{H''(\tilde{y})}{2}\left(\overline{Y} - E\,\overline{Y}\right)^{2} \right]^{v}$$

und somit

$$\left| \left[H(\overline{Y}) - H(E\,\overline{Y}) \right]^{v} - \left[H'(E\overline{Y})\,(\overline{Y} - E\,\overline{Y}) \right]^{v} \right|$$

$$\leq \sum_{i=1}^{v} d^{i} \;\left| H'(E\overline{Y})\,(\overline{Y} - E\overline{Y}) \right|^{v-i} \left(\overline{Y} - E\,\overline{Y}\right)^{2i}$$

wenn d das Maximum von $H''(y)\,/\,2$ auf I bezeichnet. Hierbei bleibt offen, ob $\overline{Y}$ den Voraussetzungen von Abschnitt B 2 oder denen von Abschnitt B 3 genügt.

Nun gilt

$$E\,\sqrt{n}^{\,-v}\left|\; H'(E\overline{Y})\,(\overline{Y} - E\overline{Y})\;\right|^{v-i} \left(\overline{Y} - E\,\overline{Y}\right)^{2i}$$

$$= \frac{1}{\sqrt{n}^{\,-i}}\, E\,\sqrt{n}^{\,-v-i}\left|\; H'(E\overline{Y})\,(\overline{Y} - E\overline{Y})\;\right|^{v-i} \sqrt{n}^{\,-2i}\left(\overline{Y} - E\,\overline{Y}\right)^{2i}$$

$$\leq \frac{1}{\sqrt{n}^{\,-i}}\, \sqrt{\; E\,\sqrt{n}^{\,-2(v-i)}\left[H'(E\overline{Y})\,(\overline{Y} - E\overline{Y})\right]^{2(v-i)}\, E\,\sqrt{n}^{\,-4i}\left(\overline{Y} - E\,\overline{Y}\right)^{i}\;}$$

und durch Grenzübergang erhält man für die rechte Seite der Ungleichung 0 .

Folglich ist für $v = 1, 2, \ldots$ erfüllt

$$\lim E\,\sqrt{n}^{\,-v}\left[H'(\overline{Y}) - H(E\overline{Y}) \right]^{v} = \lim \sqrt{n}^{\,-v}\left| H'(E\overline{Y})\right|^{v} E\,(\overline{Y} - E\overline{Y})^{v}$$

$$= \begin{cases} \mu_{v}\left(\left[H'(\mu_{y})\right]^{2}\sigma_{yy}\right)^{\frac{v}{2}} & \text{unter den Voraussetzungen von B 2} \\[2em] \mu_{v}\left(\left[H'(\overline{y}^{*})\right]^{2} s^{*}_{yy}\left[1 - f^{*}\right]\right)^{\frac{v}{2}} & \text{unter den Voraussetzungen von B 3.} \end{cases}$$

Damit sind B 2 Satz 2 und B 3 Satz 2 bewiesen.

Unter den Bedingungen von Abschnitt B 3 interessiert eventuell eine Funktion von $\overline{Y}$ und $\overline{y}$, beispielsweise $\overline{Y} / \overline{y}$. Dann ist zu beachten, daß $\overline{y}$ von K abhängt; trotzdem bleibt der vorangehende Beweis gültig: H' und H'' sind jetzt als partielle Ableitungen zu interpretieren, und es ist zu fordern, daß H, H' und H'' als Funktionen auf $I \times I$ stetig sind.

(g) Für $y \in I$ hat man

$$H(y) = H(E\,\overline{Y}) + H'(E\,\overline{Y})(y - E\,\overline{Y}) + \tfrac{1}{2}H''(E\,\overline{Y})(y - E\,\overline{Y})^2$$

$$+ \frac{H'''(\tilde{y})}{6}(y - E\,\overline{Y})^3$$

mit $|\tilde{y} - E\overline{Y}| < |y - E\overline{Y}|$. Wir setzen nun

$$Z = H(\overline{Y}) - H(E\,\overline{Y}) - H'(E\,\overline{Y})(\overline{Y} - E\,\overline{Y}) - \tfrac{1}{2}H''(E\,\overline{Y})(\overline{Y} - E\,\overline{Y})^2 .$$

Wenn mit c das Maximum der Funktion $H'''(y)$ auf I bezeichnet wird, gilt

$$|Z| \leq \frac{c}{6} | \overline{Y} - E\,\overline{Y} |^3 = \frac{c}{6} \sqrt{(\overline{Y} - E\,\overline{Y})^6} .$$

Es folgt

$$\lim |n\,E\,Z| \leq \lim n\,E\,|Z| = \frac{c}{6} \lim n\,E \sqrt{(\overline{Y} - E\,\overline{Y})^6}$$

$$\leq \frac{c}{6} \lim \sqrt{E\,n^2(\overline{Y} - E\,\overline{Y})^6} = 0 .$$

Also konvergiert

$$n\,E\,Z = n\left[E\,H(\overline{Y}) - H(E\,\overline{Y}) - \tfrac{1}{2}H''(E\,\overline{Y})\,var\,\overline{Y} \right]$$

gegen 0 und B 2 Satz 3 und B 3 Satz 3 sind bewiesen.

C   Tabellen

C 1   Standardnormalverteilung

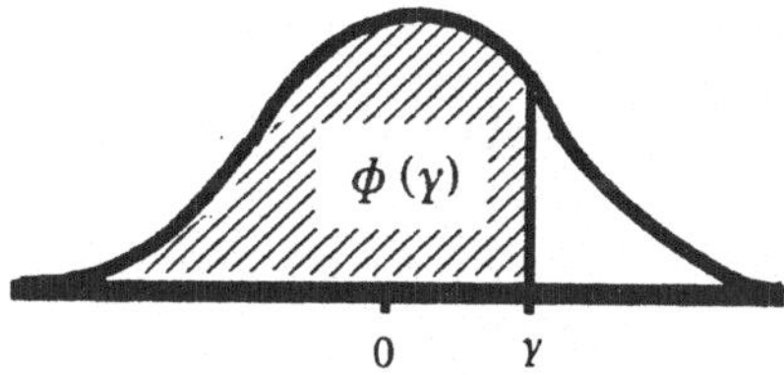

Es gilt beispielsweise

$\phi(1,96) = 0,9750$ wofür man auch schreibt

$1,96 = \gamma_{0,0250}$

γ	0,00	0,01	0,02	0,03	0,04	0,05	0,06	0,07	0,08	0,09
0,0	0,5000	0,5040	0,5080	0,5120	0,5160	0,5199	0,5239	0,5279	0,5319	0,5359
0,1	0,5398	0,5438	0,5478	0,5517	0,5557	0,5596	0,5636	0,5675	0,5714	0,5753
0,2	0,5793	0,5832	0,5871	0,5910	0,5948	0,5987	0,6026	0,6064	0,6103	0,6141
0,3	0,6179	0,6217	0,6255	0,6293	0,6331	0,6368	0,6406	0,6443	0,6480	0,6517
0,4	0,6554	0,6591	0,6628	0,6664	0,6700	0,6736	0,6772	0,6808	0,6844	0,6879
0,5	0,6915	0,6950	0,6985	0,7019	0,7054	0,7088	0,7123	0,7157	0,7190	0,7224
0,6	0,7257	0,7291	0,7324	0,7357	0,7389	0,7422	0,7454	0,7486	0,7517	0,7549
0,7	0,7580	0,7611	0,7642	0,7673	0,7703	0,7734	0,7764	0,7794	0,7823	0,7852
0,8	0,7881	0,7910	0,7939	0,7967	0,7995	0,8023	0,8051	0,8078	0,8106	0,8133
0,9	0,8159	0,8186	0,8212	0,8238	0,8264	0,8289	0,8315	0,8340	0,8365	0,8389
1,0	0,8413	0,8438	0,8461	0,8485	0,8508	0,8531	0,8554	0,8577	0,8599	0,8621
1,1	0,8643	0,8665	0,8686	0,8708	0,8729	0,8749	0,8770	0,8790	0,8810	0,8830
1,2	0,8849	0,8869	0,8888	0,8907	0,8925	0,8944	0,8962	0,8980	0,8997	0,9015
1,3	0,9032	0,9049	0,9066	0,9082	0,9099	0,9115	0,9131	0,9147	0,9162	0,9177
1,4	0,9192	0,9207	0,9222	0,9236	0,9251	0,9265	0,9279	0,9292	0,9306	0,9319
1,5	0,9332	0,9345	0,9357	0,9370	0,9382	0,9394	0,9406	0,9418	0,9429	0,9441
1,6	0,9452	0,9463	0,9474	0,9484	0,9495	0,9505	0,9515	0,9525	0,9535	0,9545
1,7	0,9554	0,9564	0,9573	0,9582	0,9591	0,9599	0,9608	0,9616	0,9625	0,9633
1,8	0,9641	0,9649	0,9656	0,9664	0,9671	0,9678	0,9686	0,9693	0,9699	0,9706
1,9	0,9713	0,9719	0,9726	0,9732	0,9738	0,9744	0,9750	0,9756	0,9761	0,9767
2,0	0,9772	0,9778	0,9783	0,9788	0,9793	0,9798	0,9803	0,9808	0,9812	0,9817
2,1	0,9821	0,9826	0,9830	0,9834	0,9838	0,9842	0,9846	0,9850	0,9854	0,9857
2,2	0,9861	0,9864	0,9868	0,9871	0,9875	0,9878	0,9881	0,9884	0,9887	0,9890
2,3	0,9893	0,9896	0,9898	0,9901	0,9904	0,9906	0,9909	0,9911	0,9913	0,9916
2,4	0,9918	0,9920	0,9922	0,9925	0,9927	0,9929	0,9931	0,9932	0,9934	0,9936
2,5	0,9938	0,9940	0,9941	0,9943	0,9945	0,9946	0,9948	0,9949	0,9951	0,9952
2,6	0,9953	0,9955	0,9956	0,9957	0,9959	0,9960	0,9961	0,9962	0,9963	0,9964
2,7	0,9965	0,9966	0,9967	0,9968	0,9969	0,9970	0,9971	0,9972	0,9973	0,9974
2,8	0,9974	0,9975	0,9976	0,9977	0,9977	0,9978	0,9979	0,9979	0,9980	0,9981
2,9	0,9981	0,9982	0,9982	0,9983	0,9984	0,9984	0,9985	0,9985	0,9986	0,9986

C 2   Zufallszahlen

03	47	43	73	86	36	96	47	36	61	46	98	63	71	62	33	26	16	80	45
97	74	24	67	62	42	81	14	57	20	42	53	32	37	32	27	07	36	07	51
16	76	62	27	66	56	50	26	71	07	32	90	79	78	53	13	55	38	58	59
12	56	85	99	26	96	96	68	27	31	05	03	72	93	15	57	12	10	14	21
55	59	56	35	64	38	54	82	46	22	31	62	43	09	90	06	18	44	32	53
16	22	77	94	39	49	54	43	54	82	17	37	93	23	78	87	35	20	96	43
84	42	17	53	31	57	24	55	06	88	77	04	74	47	67	21	76	33	50	25
63	01	63	78	59	16	95	55	67	19	98	10	50	71	75	12	86	73	58	07
33	21	12	24	29	78	64	56	07	82	52	42	07	44	38	15	51	00	13	42
57	60	86	32	44	09	47	27	96	54	49	17	46	09	62	90	52	84	77	27
18	18	07	92	46	44	17	16	58	09	79	83	86	19	62	06	76	50	03	10
26	62	38	97	75	84	16	07	44	99	83	11	46	32	24	20	14	85	88	45
23	42	40	64	74	82	97	77	77	81	07	45	32	14	08	32	98	94	07	72
52	36	28	19	95	50	92	26	11	97	00	56	76	31	38	80	22	02	53	53
37	85	94	35	12	83	39	50	08	30	42	34	07	96	88	54	42	06	87	98
70	29	17	12	13	40	33	20	38	26	13	89	51	03	74	17	76	37	13	04
56	62	18	37	35	96	83	50	87	75	97	12	25	93	47	70	33	24	03	54
99	49	57	22	77	88	42	95	45	72	16	64	36	16	00	04	43	18	66	79
16	08	15	04	72	33	27	14	34	09	45	59	34	68	49	12	72	07	34	45
31	16	93	32	43	50	27	89	87	19	20	15	37	00	49	52	85	66	60	44
68	34	30	13	70	55	74	30	77	40	44	22	78	84	26	04	33	46	09	52
74	57	25	65	76	59	29	97	68	60	71	91	38	67	54	13	58	18	24	76
27	42	37	86	53	48	55	90	65	72	96	57	69	36	10	96	46	92	42	45
00	39	68	29	61	66	37	32	20	30	77	84	57	03	29	10	45	65	04	26
29	94	98	94	24	68	49	69	10	82	53	75	91	93	30	34	25	20	57	27
16	90	82	66	59	83	62	64	11	12	67	19	00	71	74	60	47	21	29	68
11	27	94	75	06	06	09	19	74	66	02	94	37	34	02	76	70	90	30	86
35	24	10	16	20	33	32	51	26	38	79	78	45	04	91	16	92	53	56	16
38	23	16	66	38	42	38	97	01	50	87	75	66	81	41	40	01	74	91	62
31	96	25	91	47	96	44	33	49	13	34	86	82	53	91	00	52	43	48	85
66	67	40	67	14	64	05	71	95	86	11	05	65	09	68	76	83	20	37	90
14	90	84	45	11	75	73	88	05	90	52	27	41	14	86	22	98	12	22	08
68	05	51	18	00	33	96	02	75	19	07	60	62	93	55	59	33	82	43	90
20	46	78	73	90	97	51	40	14	02	04	02	33	31	08	39	54	16	49	36
64	19	58	97	79	15	06	15	93	20	01	90	10	75	06	40	78	78	89	62
05	26	93	70	60	22	35	85	15	13	92	03	51	59	77	59	56	78	06	83
07	87	10	88	23	09	98	42	99	64	61	71	62	99	15	06	51	29	16	93
68	71	86	85	85	54	87	66	47	54	73	32	08	11	12	44	95	92	63	16
26	99	61	65	53	58	37	78	80	70	42	10	50	67	42	32	17	55	85	74
14	65	52	68	75	87	59	36	22	41	26	78	63	06	55	13	08	27	01	50
17	53	77	58	71	71	41	61	50	72	12	41	94	96	26	44	95	27	36	99
90	26	59	21	19	23	52	23	33	12	96	93	02	18	39	07	02	18	36	07
41	23	52	55	99	31	04	49	69	96	10	47	48	45	88	13	41	43	89	20
60	20	50	81	69	31	99	73	68	68	35	81	33	03	76	24	30	12	48	60
91	25	38	05	90	94	58	28	41	36	45	37	59	03	09	90	35	57	29	12

Literaturverzeichnis

(Einschlägige Monographien; sonstige Publikationen, soweit im Text zitiert.)

Anderson, O. /Popp, W. /Schaffranek, M. / Steinmetz, D. / Stenger, H. (1976):
Schätzen und Testen - eine Einführung in die Wahrscheinlichkeitstheorie und Schließende Statistik, Springer-Verlag, Berlin.

Arbeitskreis Deutscher Marktforschungsinstitute (Hrsg.) (1979):
Musterstichprobenpläne, Verlag Moderne Industrie, München.

Barnett, V. (1974):
Elements of Sampling Theory, The English Universities Press, London

Brewer, K.R.W. / Hanif, M. (1983):
Sampling with Unequal Probabilities, Springer-Verlag, New York.

Cassel, C.M. / Särndal, C.E. / Wretmann, J.H. (1977):
Foundations of Inference in Survey Sampling, John Wiley & Sons, New York.

Cochran, W.G. (1972):
Stichprobenverfahren, Walter de Gruyter, Berlin.

Deffar, W. (1982):
Anonymisierte Befragungen mit zufallsverschlüsselten Antworten, Verlag Peter Lang, Frankfurt/M.

Deming, W.E. (1950):
Some Theory of Sampling, John Wiley & Sons, New York.

Deming, W.E. (1960):
Sample Design in Business Research, John Wiley & Sons, New York.

Hájek, J. (1981):
Sampling from a Finite Population, Marcel Dekker, New York.

Hansen, M.M. / Hurwitz, W.N. / Madow, W.G. (1953):
Sample Survey Methods and Theory I, II, John Wiley & Sons, New York.

Hüttebräuker, K. (1980):
Konstruktion einer Auswahlgrundgesamtheit für die Erstellung eines Mietenspiegels in Hamburg. In: **Stenger, H. (Hrsg.):** Praktische Anwendungen von Stichprobenverfahren, Vandenhoeck & Ruprecht, Göttingen.

Jessen, R.J. (1978):
Statistical Survey Techniques, John Wiley & Sons, New York.

Kellerer, H. (1953):
Theorie und Technik des Stichprobenverfahrens. Einzelschrift der Deutschen Statistischen Gesellschaft Nr. 5, München.

Kirschner, H.P. (1983):
ALLBUS 1980, Stichprobenplan und Gewichtung. In: **Mayer, K.U. / Schmidt, P. (Hrsg.):** Allgemeine Bevölkerungsumfrage der Sozialwissenschaften, Monographien Sozialwissenschaftliche Methoden, Bd. 5, Campus, Frankfurt.

Kish, L. (1965):
Survey Sampling, John Wiley & Sons, New York.

Konijn, M.S. (1973):
Statistical Theory of Sample Survey Design and Analysis, North-Holland Publishing Company, Amsterdam.

Krug, W. / Nourney, M (1982):
Wirtschafts- und Sozialstatistik: Gewinnung von Daten, Oldenbourg-Verlag, München.

Menges, G. (1959):
Stichproben aus endlichen Gesamtheiten, Klostermann, Frankfurt.

Murthy, M.N. (1967):
Sampling Theory and Methods, Statistical Publishing Society, Calcutta.

Pokropp, F. (1980):
Stichproben: Theorie und Verfahren, Athenäum-Verlag, Königstein.

Raj, D. (1968):
Sampling Theory, McGraw-Hill, New York.

Raj, D. (1972):
The Design of Sample Surveys, McGraw-Hill, New York.

Sampford, M.R. (1962):
An Introduction to Sampling Theory with Application to Agriculture, Oliver and Boyd, Edingburgh.

Schwarz, H. (1975):
Stichprobenverfahren, Oldenbourg-Verlag, München.

Statistisches Bundesamt (Hrsg.) (1960):
Stichproben in der Amtlichen Statistik, Kohlhammer-Verlag, Stuttgart.

Statistisches Bundesamt (Hrsg.) (1975):
Die Entwicklung der Erwerbstätigkeit. Ergebnisse des Mikrozensus aus der EG-Arbeitskräftestatistik, Fachserie A, Reihe 6, Kohlhammer-Verlag, Stuttgart.

Stadt Mannheim (Hrsg.) (1978):
Mannheimer Mietspiegel 77. Beiträge zur Statistik der Stadt Mannheim, Heft 77.

Stenger, H. (1971):
Stichprobentheorie, Physica-Verlag, Würzburg.

Stenger, H. (1980):
Praktische Anwendungen von Stichprobenverfahren, Vandenhoeck & Ruprecht, Göttingen.

Strecker, H. (1957):
Moderne Methoden der Agrararstatistik. Einzelschriften der Deutschen Statistischen Gesellschaft Nr. 8, Würzburg.

Strecker, H. / Wiegert, J.P. / Peeters, J. / Kafka, K. (1983):
Messung der Antwortvariabilität auf Grund von Erhebungsmodellen mit Wiederholungszählungen, Vandenhoeck & Ruprecht, Göttingen.

Sudman, S. (1976):
Applied Sampling, Academic Press, New York.

Sukhatme, P.V. / Sukhatme, B.V. (1970):
Sampling Theory of Surveys with Applications, Asia Publishing House, London.

Szameitat, K. / Deininger, R. (1967):
Some Remarks on the Problem of Errors in Statistical Results, Bull. of the Internat. Stat. Inst. 42, 66-89.

Ungerer, A. (1980):
Stichproben bei der Inventur von Lagerbeständen. In: **Stenger, H. (Hrsg.):** Praktische Anwendungen von Stichprobenverfahren, Vandenhoeck & Ruprecht, Göttingen.

Wilks, S.S. (1962):
Mathematical Statistics, John Wiley & Sons, New York.

Yamane, T. (1967):
Elementary Sampling Theory, Prentice-Hall, Englewood Cliffs.

Yates, F. (1949):
Sampling Methodes for Censuses and Surveys, Griffin, London.

Sachverzeichnis